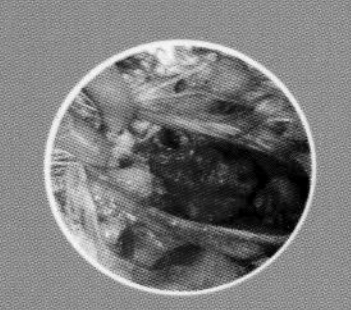
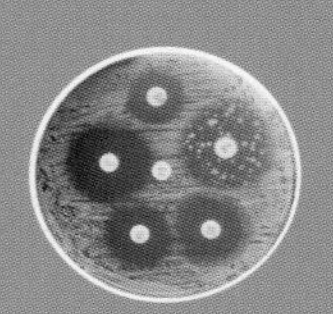

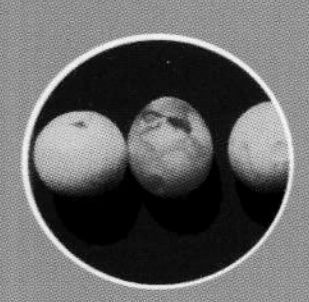
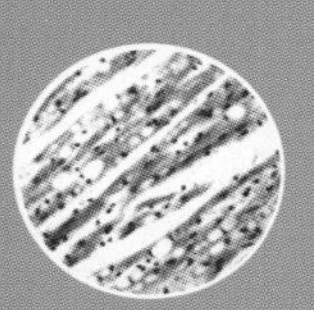

# 禽病病理诊断与防治彩色图谱

王新华　逯艳云　王秋霞　主编

QINBING BINGLI ZHENDUAN YU FANGZHI CAISE TUPU

中国农业出版社
农村读物出版社
北　京

# 内容提要

本图谱是主编五十多年来从事教学、科研、生产工作过程中获得的珍贵资料，同时吸纳国内外同行专家的科研成果编写而成，共收集65种禽病，近500幅图片，涵盖家禽的病毒性、细菌性、支原体及真菌性、寄生虫性、营养代谢性、中毒性、杂症等七类疾病。以精美典型的图片展示病理变化特征，配以简要的病变特点描述，扼要叙述诊断要点。本书图文并茂，文辞简要精炼，重点突出，实用性强，可供禽病工作者、广大兽医师、高校动物医学专业师生、养禽和禽病专业师生以及其他相关专业师生学习参考。

# 本书编者名单


**主　编：**王新华　河南科技学院

逯艳云　黄冈市黄州区第一中学

王秋霞　河南科技学院

**副主编：**马林凤　海南省农业学校

赵克锋　漯河市源汇区动物疫病预防控制中心

娄淑红　漯河市动物检疫站

陈玲丽　河南科技学院

王异民　河南科技学院

**参　编**（按姓氏笔画排序）：

邓红娟　昌邑市畜牧业发展中心

付景杰　漯河市畜牧兽医执法大队

刘志科　河南科技学院

李慧珍　娄底职业技术学院

陈圆圆　商丘美兰生物工程有限公司

郭亚迪　襄城县农业农村局

魏小兵　河南科技学院

我国家禽养殖业经过几十年的发展，由原来的农户少量散养，到专业户几百只、几千只的小规模养殖，再逐渐到几万只乃至数十万只以上规模的工厂化养殖，在饲养技术、饲料配方和疾病预防控制技术等方面都有了明显提高。尽管养殖业卫生环境、卫生防疫管理等制度和措施正在逐步改进、完善，家禽疾病的威胁依然存在，还必须提高警惕，做好常态化防控。为此，我们编写此书，以逐步加强家禽养殖人员、兽医师等对禽病的认识，提高相关人员的疫病防治技术水平，为养禽业保驾护航。

本书以图谱形式，用典型、精美的图片展示常见禽病的病理特征，为诊断禽病提供可靠的参照标准。本书对禽病的阐述部分按疾病原因分为：病毒性疾病、细菌性疾病、支原体及真菌性疾病、寄生虫病、营养代谢性疾病、中毒性疾病和杂症等七个章节。共收入65种禽病，彩色图片近500幅。以图片展示为主，配合简要文字说明，文辞简练、图文并茂、重点突出、实用性强，可供养殖场技术人员、禽病防治工作者、兽医师以及大专院校动物医学专业、养禽专业、卫生检疫专业师生学习参考。

虽然编入的图片多数系编者数十年来积累的资料，但也引用了不少国内外专家教授的珍贵图片。在图片下方均已注明图片作者，在此表示真诚的感谢。对中国农业出版社的大力支持和辛勤认真工作表示衷心感谢。

由于本人学识有限，错漏之处在所难免，敬请同行专家和广大读者不吝赐教。

编　者

2023年3月

目 录
CONTENTS

## 第五章 家禽寄生虫病的病理特征和诊断要点



## 第六章 家禽营养代谢性疾病的病理特征和诊断



## 第七章 家禽中毒性疾病的病理特征和诊断要点

## 第八章
## 家禽杂症的病理特征和诊断要点

# 第一章 CHAPTER ONE 家禽病理剖检

## 第一节 家禽病理剖检的目的意义

疾病是一定因素与机体相互作用的结果。在发病过程中，机体（人或动物）的机能代谢、形态结构就会发生某种程度的变化，这些变化通过机体的体征、症状和病理变化表现出来。医生（兽医）通过观察研究体征、症状和病理变化推断疾病的原因，从而找出预防和治疗方案。

体征和症状是动物体内机能代谢障碍的外在表现，病理变化则是机能代谢障碍导致的机体内部损伤，或者说病理变化是机能代谢障碍引起的可见现象。所以研究病理变化是研究疾病的必要手段之一，因此在医学和兽医学领域中都十分重视病理学工作。

家禽由于个体较小，靠临床诊断比较困难，病理学诊断是诊断家禽疾病的主要方法。

病理学诊断包括尸体剖检和组织学检验。尸体剖检快速、简便、不需要仪器设备，只要有手术刀具就可以进行，并能在短时间内做出诊断，因此，尸体剖检是禽病检验中最常用的一种诊断方法。

病理剖检可以快速诊断疾病，拟定防治方案，是科学研究的必要手段。新发生的疾病更需病理剖检来提供可靠的实物证据。

## 第二节 剖检前的准备和注意事项

家禽个体较小，剖检时只要准备一把锋利的剪刀即可进行。为了采取病料还应准备相应的器材，此外，应准备一稍大的方形或圆形搪瓷盘，以及剖检结束后的洗刷、消毒用品（脸盆、肥皂、消毒药液、毛巾等）。在现场剖检时可用塑料薄膜等代替搪瓷盘。现场剖检应选择远离禽舍、水源、料库、道路的偏僻地方进行，以免病原扩散，造成环境污染。剖检时最好采用自然光，光线要充足明亮以便识别病变。无关人员特别是饲养人员最好不要在场观看和动手帮忙。

剖检人员要戴口罩和手套防止被感染。

在剖检前和剖检中要询问有关禽群饲养、防疫、发病、治疗、死亡的情况等，也要询问发病后的诊断、治疗情况，包括在何处被何人诊断为何病，用过何种药物（产地、名称、主要成分等），以便为建立诊断提供参考材料。对询问获得的信息应进行整理，去伪存真，使之条理化，以便获取与本病相关的资料。根据询问可以确定剖检的重点，不致盲目进行。如果要进行科学研究，不仅准备要充分，对询问的材料也要作文字记载。

剖检结束后，无论被检尸体患何种疾病，都不能食用，应深埋或焚烧。被污染的器具、场地要严格消毒，防止病原扩散。剖检人员的手臂要认真消毒防止被感染。

## 第三节　剖检的程序和方法

### 一、外部检查

剖检前对禽尸的外部进行详细的检查，首先观察个体的大小、营养状况、羽毛、冠髯、口、鼻、眼、肛门部羽毛的情况，如：消瘦或肥胖，鸡冠的色泽以及有无结节、痂皮，肛门下方羽毛是否污秽，肢体、皮肤颜色的改变，出血、坏死等。然后，触摸全身检查有无肿瘤、肿胀、溃烂等，打开口腔观察口腔、喉头黏膜的色泽、分泌情况以及有无坏死和渗出物等。

### 二、剥皮和皮下检查

经过外部检查后，将被检禽尸（如为病鸡应先行放血致死）浸泡在消毒药水中数分钟，使羽毛浸湿，既可防止病原扩散又不致在剖检时羽毛飞扬而影响工作。放禽尸于搪瓷盘中，腹部向上，由腹下剪开皮肤，用手撕剥，死亡不久的禽只皮肤很容易剥下，将禽尸两腿皮肤也剥至膝关节处，向背侧按压两腿使髋关节脱臼，以便使尸体平稳放置。剥皮后仔细检查皮下和肌肉的情况，注意有无出血、水肿、坏死、肿瘤形成，腱鞘、滑液囊有无肿胀，胸骨的形状，胸肌肥瘦情况等。注射油乳剂型疫苗后会在颈部或胸部皮下、肌间残存没有吸收的疫苗，如果疫苗质量不好局部可能出现灰黄色肿胀、坏死。注射劣质高免蛋黄液也会使注射部位呈灰黄色肿胀和坏死。还应检查胸腺的情况，有无出血、萎缩等。然后沿口角一侧剪开食道和气管，检查口腔、食道黏膜情况和气管黏膜情况。从眼角前方剪断上喙，观察鼻腔、鼻窦黏膜情况。

### 三、剖开体腔和内脏器官检查

皮下检查完毕后从禽尸腹下部剪开腹壁肌肉、剪断两侧肋骨，注意不要损伤肠管、肝脏和肺脏，将胸骨向前掀起，向下按压，使内脏器官充分暴露。此时可以观察体腔情况：有无胸腔积液，肝脏体积大小，肝脏和心脏表面有无附着的渗出物，有无出血点、坏死灶，有无肿瘤形成，气囊是否增厚、混浊，囊腔内有无渗出物等（正常的气囊囊壁菲薄透明，光滑明亮）。剪开心包，观察心包液的情况：心包内有无渗出物、心外膜有无出血点、心肌中有无肿瘤形成等。

然后，将心脏和肝脏摘除，检查胸部气囊和肺脏，观察气囊、肺脏有无病变。接下来检查腺胃、肌胃、肠管、胰腺和脾脏，消化系统可以原位检查也可取出检查，先观察消化器官浆膜情况，再依次剪开腺胃、肌胃、肠管观察黏膜情况。消化系统取出后可以检查卵巢、肾脏和法氏囊的情况。必要时剪开输卵管检查输卵管内有无渗出物及黏膜情

况，如患$H_9$低致病禽流感时病禽输卵管内往往有灰白色脓样渗出物。有时需要检查骨髓和脑，怀疑马立克氏病时还应检查腰间神经、坐骨神经和臂神经丛等。

器官的检查要根据问诊情况有重点地检查，必要时做全面系统的检查。

## 第四节　送检材料的采取和处理

1.病原学检验材料的采取　根据具体情况，需要做病原检验时，在打开腹腔后应立即无菌采取或直接涂片检验。所取病料应立即放入无菌容器中，送实验室待检（如需送检则病料应冷藏）。

2.组织学检验材料的采取　如需做组织学检验，应采取病变组织和正常组织，切成1cm大小的小块投入10%的甲醛溶液中固定，送实验室待检。

## 第五节　病理组织切片的制作技术

### （常规石蜡切片操作程序）

在禽病检验中为了进一步确诊或探明发病机理，除了作病原学和血清学检验外，还常常进行病理组织学检验，以便查明组织器官的微细变化，为诊断提供充足的依据。病理组织学检验是以解剖学、组织学和病理学理论和技术为基础的实验室检验方法。本节将简要讨论病理组织学经典技术——石蜡组织切片技术。

组织切片的制作程序繁多，费时费力，每一步都会影响所制切片的质量，并影响到结果的判断。随着由于科学技术的发展，现在已经有更好的仪器设备，使切片制作变得轻松许多，所制切片质量也较好：如组织从脱水透明到浸蜡包埋的过程实现了自动化，把烦琐的操作交给机器去完成,大大节省了人力资源（图1-1至图1-4）。下面我们仍然以传统方法为例进行介绍，便于制片人员在没有高档设备时仍然可以完成切片制作。

图1-1　组织脱水透明浸蜡机

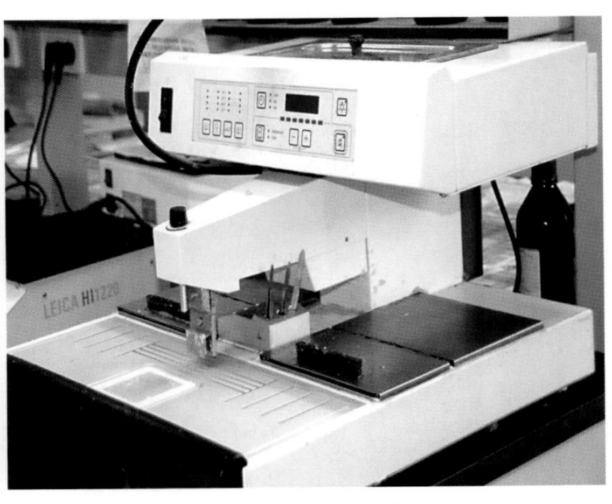


图1-2　组织包埋机

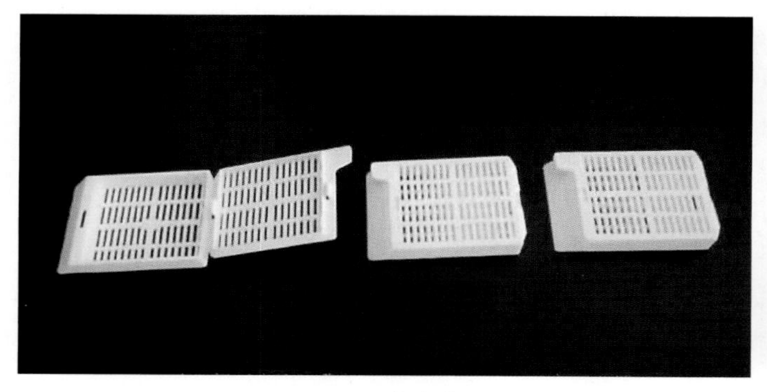

图1-3 包埋框

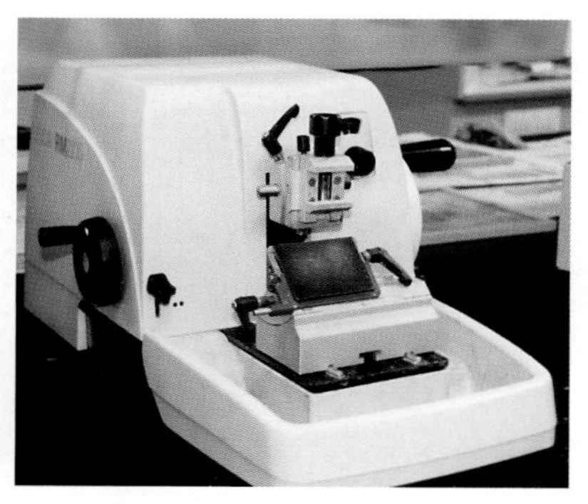

图1-4 组织切片机

石蜡组织切片的制作程序是：取材、固定、水洗、脱水、透明、浸蜡、包埋、切片、裱贴、脱蜡、染色、封片等。下面分别叙述切片制作的主要步骤和相关原理。

## 一、取材

根据剖检的情况决定取材的部位，一般是选取病理变化明显的部位和病变与健康组织交界部位。用锋利的刀、剪切割，在保证能取到典型病变部位的前提下尽量使切取的组织块小一点，以便快速固定。组织块的长、宽应在1cm左右，厚度在0.6cm为宜。柔软的组织不便切割，在取材时可以适当大些，固定几小时后再切成小块。采取的病料及时放入固定液中固定。做冰冻切片的组织不需固定，可直接进行切片。

## 二、固定

固定是用合适的固定剂使病理标本尽量保持其离体时状态的过程，称为固定(fixation)。病理标本（样本）离体后，由于环境温度的变化和组织内酶的作用将会发生自溶和（或）腐败，将其固有组织结构破坏。固定的目的和机制是：①使蛋白质凝固，终止或减少分解酶的作用，防止自溶，保存组织、细胞的结构状态，包括保存组织或细胞的抗原性，使抗原不失活，不发生弥散；②保存组织、细胞内的蛋白质、脂肪、糖原、某些维生素及病理性产物，使其保持病变的特异性特征；③使上述物质变为不溶解状态，防止和尽量减少制片过程中人为的溶解和丢失；④起助染作用。

禽病检验中常用化学试剂做固定剂，固定应在标本离体后尽快进行，固定液不少于标本体积的5倍。有特殊要求者应事先配制相应的固定液，如欲查糖原，应选择无水乙醇做固定液等。固定的时间应适当，微小标本（如胃黏膜等）固定2 ~ 4h即可，大标本应固定12 ~ 24h，但亦不应过久，以免影响抗原性，增加免疫组化操作中的困难。

常用固定液及其配制如下。

1.甲醛　甲醛是无色气体，易溶于水成为甲醛溶液。易挥发，且有强烈刺激气味，商品甲醛是37% ~ 40%的甲醛溶液，商品名为福尔马林（formalin）。用作固定的浓度通常为10%福尔马林，甲醛实际含量为3.7% ~ 4%。10%福尔马林渗透力强，固定均匀，

组织收缩较少。对脂肪、神经及髓鞘、糖等固定效果好，是最常用的固定剂。经福尔马林长期固定的组织，易产生褐色的沉淀，称福尔马林色素。因此，长期用福尔马林固定的组织制片前应充分水洗，以除去福尔马林色素。

2.乙醇　乙醇是无色液体，易溶于水，它除可作为固定剂外，还可作脱水剂，对组织有硬化作用。固定组织一般用80%～95%的浓度。

3.中性甲醛液（混合固定液）　37%甲醛120mL，加蒸馏水880mL，磷酸二氢钠（$NaH_2PO_4 \cdot H_2O$）4.0g，磷酸氢二钠（$Na_2HPO_4$）13.0g。此液固定效果比单纯10%福尔马林要好。

4.AF液（混合固定液）　95%乙醇90mL、甲醛（37%）10mL、冰醋酸5mL。或95%乙醇85mL、37%甲醛10mL、冰醋酸5mL。此液除有固定作用外，兼有脱水作用，因此，固定后可直接入95%乙醇脱水。

5.秦克氏（Zenker）固定液　氯化汞7.0g、重铬酸钾2.5g、硫酸钠1.0g、蒸馏水100mL。将氯化汞加到蒸馏水中，加热溶化后加入重铬酸钾，再加入硫酸钠即可。用前加入10%甲醛5mL。一般组织固定12～24h。

固定液种类很多，以上5种固定液中，以中性甲醛为首选，其次为10%福尔马林。

## 三、水洗

经过固定的组织一般都要水洗（washing），其目的是清除组织内外残留的固定剂，以免影响脱水等后续过程；防止有些固定剂在组织中发生沉淀或结晶而影响观察。水洗时最好是从容器的底部进水，再从容器上面缓慢流出，水洗时间一般为2～4h。使用甲醛固定的组织如果固定时间不是太长，可以不经水洗，直接进行脱水。

## 四、脱水

为保证石蜡进入组织内部，采用适当的脱水剂，将已固定和水洗过的组织中水分彻底除去的过程称为脱水（dehydration）。脱水剂必须是可与水以任意比例混合的液体。最常用的脱水剂有乙醇、正丁醇、叔丁醇等。

脱水用的乙醇浓度一般从70%或75%开始，然后依次经过80%、95%、100%乙醇脱水，即由低浓度逐步到高浓度。脱水的时间与组织块大小、厚薄有很大关系：组织块厚而大，脱水时间要长些；小而薄的组织块脱水时间可以相对短些。组织脱水时间在低浓度乙醇中可以长些（如70%～80%乙醇），而在高浓度乙醇中要短些，这是因为高浓度的乙醇渗透力不强，延长脱水时间容易使组织收缩、变硬变脆，切片时容易碎裂。特别要注意，脱水一定要充分，它是切片制作成功的关键。

一般在75%、85%的乙醇中脱水2～4h，在95%、100%的乙醇中脱水1～2h。用正丁醇或叔丁醇脱水效果较好，组织不易变脆而且兼有透明作用。正丁醇或叔丁醇脱水剂配制方法如表1-1。Ⅰ、Ⅱ、Ⅲ、Ⅳ、Ⅴ级正丁醇或叔丁醇脱水6～8h，Ⅵ（a）、Ⅵ（b）级为1～2h。

表1-1 各级正定醇的配制方法与脱水时间

| | Ⅰ级 | Ⅱ级 | Ⅲ级 | Ⅳ级 | Ⅴ级 | Ⅵa级 | Ⅵb级 |
| --- | --- | --- | --- | --- | --- | --- | --- |
| 正丁醇（mL） | 10 | 20 | 35 | 55 | 75 | 100 | 100 |
| 无水乙醇（mL） | 40 | 50 | 50 | 40 | 25 | 0 | 0 |
| 蒸馏水（mL） | 50 | 30 | 15 | 5 | 0 | 0 | 0 |
| 脱水时间（h） | 6～8 | 6～8 | 6～8 | 6～8 | 6～8 | 1～2 | 1～2 |

## 五、透明

采用既能与脱水剂（如乙醇）混合，又能作为石蜡溶媒的试剂，使石蜡容易渗入组织中的过程称为透明（clearing）。由于常用的透明剂（如二甲苯）作用之后，其折射指数与组织蛋白折射指数接近，组织呈现半透明状态。但并非所有透明剂都能使组织透明。常用的透明剂为二甲苯，它易使组织收缩、变脆，故透明时间不宜过长，一般为20～30min，最好是随时观察组织块的变化，处理至组织呈半透明状态时即可。使用正丁醇或叔丁醇脱水的组织无须再透明。

## 六、浸蜡

组织经透明后，放入熔化的石蜡内浸渍，使石蜡分子浸入组织中的过程称浸蜡或石蜡渗透。火棉胶切片时用火棉胶代替石蜡，称为浸胶。制作石蜡切片时浸蜡的温度一般控制在65℃左右（以石蜡处于最低的熔化温度为宜），浸蜡时间一般需4～6h，中间更换一次石蜡。浸蜡时间过短，石蜡没有完全渗入组织中，则组织容易松碎，切片困难；浸蜡时间过长，造成组织硬脆，切片也困难。经验证，多次使用过的石蜡效果更好，但是常含有透明剂和较多的组织碎屑，使用前应进行熬制，即加热至冒出大量烟雾，如此反复几次后用滤纸过滤后使用。注意温度过高可能会导致石蜡燃烧，一旦燃烧应立即切断电源并用适当的东西盖上，等温度降低后过滤备用。

## 七、包埋

把浸蜡后的组织块包埋在石蜡里的过程称为包埋（bag buried），包埋的目的是使组织块有一定的硬度和韧性，便于切片。包埋时把石蜡温度提高到70℃左右，先在包埋盒中倒入石蜡，再把组织块平稳地放入，自然冷却使石蜡完全凝固后方可取出进行下一步工作。

包埋工具是两个L形铜质金属条和一个铜板，包埋时把金属条呈相反方向放在铜板上，再倒入石蜡进行包埋（图1-5）。使用自制纸盒更方便，纸盒可以用较厚的纸折成，折叠方法如图1-6所示：先以线1为轴向上折起，再以线3为轴向上折起，再以线4为轴向外向下折叠，以长边对准线4折出线2，按折出的折痕即折叠成包埋盒子（图1-7）。

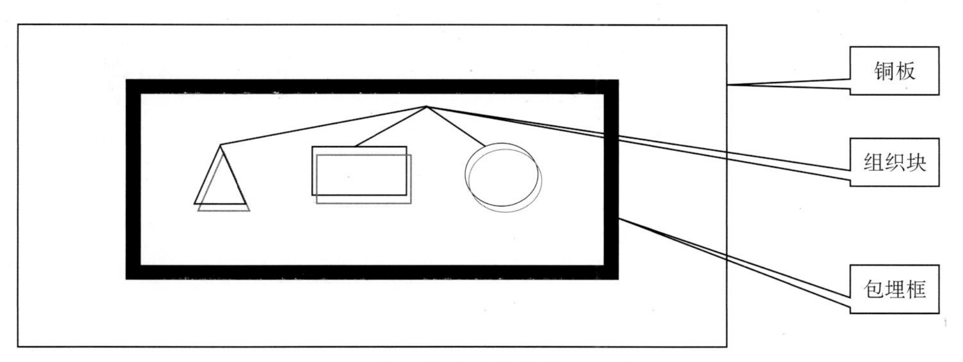


图1-5 包埋框和组织块放入示意图

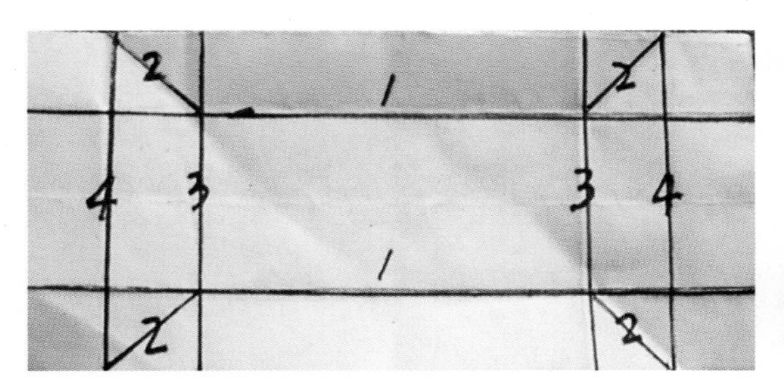


图1-6 自制包埋纸盒折线示意图

图1-7 自制包埋纸盒

## 八、切片和染色

1.蜡块整修 将包埋的蜡块分别切开，修整成合适的大小（图1-8），便于粘木和切片。

2.粘木 将修整后的蜡块粘在小木块上（图1-9）。

3.切片 把蜡块夹在切片机的持蜡钳上，调节切片厚度为5 ~ 7μm，右手转动切片机手轮，左手持毛笔牵引蜡带进行切片。切出的蜡带整齐地码放在载片木盘上。

4.贴片 在一个有色的小盆中加入56℃左右的温水，把蜡带放在水面使其展平，分成单个的组织片，在载玻片上涂抹少许甘油蛋白（也可不用甘油蛋白），垂直插入水中用毛笔或镊子牵引组织片接触玻片，垂直提出玻片组织片即随之贴附在玻片上。稍稍沥去水分，用镊子矫正组织片位置，使其在玻片中央稍靠一端（图1-10）。

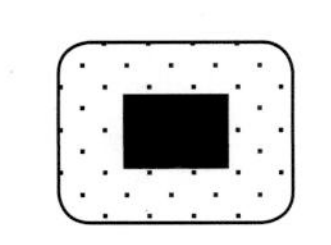

图1-8 修整后的蜡块

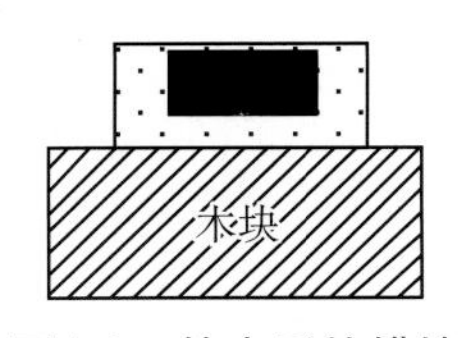


图1-9 粘木后的蜡块

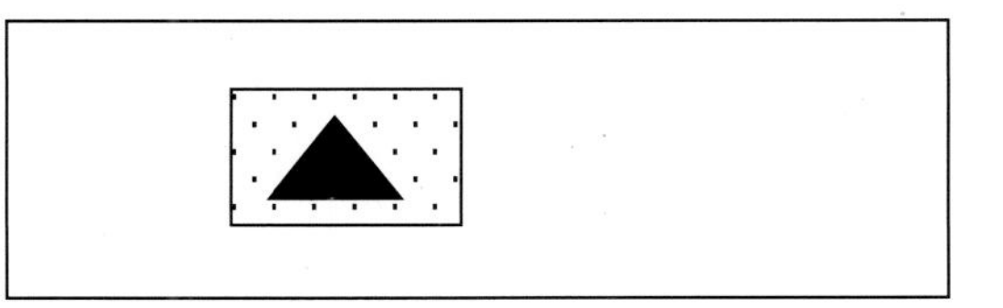

图10 切片裱贴

5.烤片　将裱贴好的玻片置于60 ～ 65℃温箱中烤干（至少烤12h以上）。

6.脱蜡　将烤干的玻片放入二甲苯中脱蜡，时间为2 ～ 3min，温热的玻片脱蜡更快。

7.浸水　脱蜡后的切片依次在100%、95%、85%、75%的酒精中浸水，分别浸泡2 ～ 3min，然后在常水中浸泡数分钟。

8.细胞核染色　浸水后的切片在苏木精染色液中浸染8 ～ 15min。

9.水洗　将染色后的切片在蒸馏水或常水中浸洗1 ～ 2min，除去浮色。

10.分化　切片在盐酸酒精中分化数秒钟（在盐酸酒精中蘸提两三次即可，不可分化过久，否则会将颜色完全脱掉）。

11.水洗、返蓝　将经分化后的切片放在常水中浸泡30 ～ 60min至切片呈蓝灰色；或在0.5%氨水中浸泡1 ～ 2min，并水洗除去氨水。

12.细胞质染色　返蓝后的切片放入伊红中浸染1 ～ 2min。新配置的伊红着色力很好，瞬间即可着色，如长期使用的伊红着色力下降，溶液出现荧光，此时可向其中滴加少许冰醋酸，着色力可立即恢复。

13.脱水　染过伊红后将切片依次经80%乙醇（数秒）、90%乙醇（0.5 ～ 1min）、95%乙醇（0.5 ～ 1min）、100%乙醇A（1 ～ 2min）、100%乙醇B（1 ～ 2min）脱水。脱水要充分，不然不易透明，封片后会出现云雾，不能观察。

14.透明　脱水后将切片放入二甲苯中透明2 ～ 4min。如不能透明可将切片放回100%乙醇中进一步脱水。

15.封片　切片从二甲苯中取出后稍微停留一会，待二甲苯将干未干时，在切片上滴加少许中性光学树胶，小心贴上盖玻片，避免产生气泡。注意切不可为了加速干燥向切片吹气，那样会使水分进入切片，导致封固时出现云雾。空气湿度过大时不宜封片，组织片也容易吸收空气中水分造成封片后组织呈灰白色云雾状。

16.烤片　刚封固的切片树胶尚未干燥时盖片容易滑脱，烤片温度为60 ～ 70℃，持续数天，烤干后再放入切片盒中。

## 九、常用染色液的配制

1.Ehrlich苏木精染色液

（1）配方

| 苏木精 | 2.0g | 无水乙醇 | 100.0mL |
|---|---|---|---|
| 甘油 | 100.0mL | 冰醋酸 | 10.0mL |
| 硫酸铝钾 | 3.0g | 蒸馏水 | 100.0mL |

（2）制法　将硫酸铝钾于乳钵中研磨，溶于蒸馏水中；苏木精溶于乙醇中，溶解后加入甘油和冰醋酸，然后加入硫酸铝钾液混匀。瓶口用三层纱布封口，置光线充足处氧化，经常摇动瓶子，2个月左右即可使用。染色时间为10 ～ 15min。

2.Harris苏木精液

（1）配方

| 苏木精 | 1.0g | 无水乙醇 | 20.0mL |
|---|---|---|---|
| 硫酸铝钾或硫酸铝铵 | 20.0g | 蒸馏水 | 200.0mL |
| 氧化汞 | 1.0g | | |

（2）制法　苏木精溶于乙醇中，硫酸铝钾溶于蒸馏水中，两液混合煮沸，加入氧化

汞混合均匀，立即于冷水中冷却，并用滤纸过滤，次日即可使用，用时加入冰醋酸（每10mL加冰醋酸2 ~ 3mL）。染色时间通常是5 ~ 20min。

3.Mayer苏木精液

（1）配方

| 苏木精 | 1.0g | 碘酸钠 | 0.2g |
|---|---|---|---|
| 硫酸铝钾 | 50.0g | 柠檬酸 | 1.0g |
| 水合氯醛 | 50.0g | 蒸馏水 | 1 000mL |

（2）制法　把苏木精、硫酸铝钾、碘酸钠加入蒸馏水溶解，过夜放置，以便苏木精充分溶解。再加入柠檬酸、水合氯醛，煮沸5min后冷却、过滤。染色时间通常是10min。

4.Gill改良苏木精液

（1）配方

| 苏木精 | 2.0g | 无水乙醇 | 250.0mL |
|---|---|---|---|
| 硫酸铝钾 | 17.6g | 蒸馏水 | 750.0mL |
| 碘酸钠 | 0.2g | 冰醋酸 | 20.0mL |

（2）制法　苏木精溶于无水乙醇，硫酸铝钾溶于蒸馏水，再将两液混合后加碘酸钠，最后加入冰醋酸。此配方为半氧化苏木精液，碘酸钠为氧化剂，硫酸铝钾为媒染剂，此液不会产生沉淀并很少有氧化膜。染色时间通常是10min。

5.伊红Y乙醇液

（1）配方　伊红Y　0.5g　　80%乙醇　100.0mL

冰醋酸少许

（2）制法　伊红Y溶于乙醇中，加少许冰醋酸即成。当着色能力降低时加少许冰醋酸，着色能力立即恢复。

6.盐酸酒精　70%乙醇99.0mL加浓盐酸1.0mL。

7.甘油蛋白　取鸡蛋一枚，分离出蛋清，弃蛋黄。将蛋清置于碗中用筷子充分搅拌至完全成泡沫状，滤纸过滤（由于过滤很缓慢，所以应放在冰箱中过滤），滤液加等量甘油即成。置于冰箱保存可用一年左右。

## 第六节　病理性产物的染色法

### 一、血红蛋白染色法

#### （一）染色液

1.Harris苏木精染色液

（1）配方

| | 试剂 | 用量 | 试剂 | 用量 |
|---|---|---|---|---|
| 甲液 | 苏木精 | 0.9g | 无水乙醇 | 10.0mL |
| 乙液 | 硫酸铝铵（钾） | 20.0g | 蒸馏水 | 200mL |
| 一氧化汞 | | 0.5 ~ 1.0g | | |

（2）制法　甲液、乙液分别溶解，合并两液煮沸，再加一氧化汞，搅拌至溶液呈深紫色，急速冷却过夜过滤后密闭保存。用前加少许冰醋酸。染色时间为5 ~ 10min。此液经3个月后着色力下降，不易多配。

2. 4%铁明矾液　配制4%铁明矾溶液即可。

3. 苦味酸复红　1%酸性复红液13.0mL、苦味酸饱和液87.0mL混合即成。

**（二）染色方法**

1. 涂片经甲醇固定后水洗或切片脱蜡、浸水后可直接入Harris苏木精染液染色2min。

2. 水洗、分化、返蓝。

3. 入4%硫酸铝钾液5min。

4. 蒸馏水洗数秒。

5. 入苦味酸复红液染15min。

6. 入95%乙醇3min，涂片干燥后进行显微镜检查（简称镜检）。切片脱水、透明后封固。

**（三）染色结果**

血红蛋白和红细胞呈绿色，细胞质呈黄色至棕色。

## 二、含铁血黄素染色法

**（一）染色液**

1. 亚铁氰化钾液　2%亚铁氰化钾液1份、1%盐酸液3份临用时混合，溶液呈极浅的黄色，如呈蓝绿色则表明试剂不纯。此液不能久存。

2. 稀释复红液　碱性复红1.0g、无水乙醇20.0mL，溶解后加5%苯酚溶液或蒸馏水80.0mL，此为贮存液。用时取1.0mL，加蒸馏水10.0mL，即成稀释复红液。

**（二）染色方法**

切片脱蜡浸水后或涂片固定后滴加亚铁氰化钾液，染色10 ~ 20min；蒸馏水冲洗2次；加稀释复红液染色5 ~ 10min（也可用1%中性红或1%的沙黄液）；水洗除去浮色，切片脱水、透明封固，涂片干燥后即可观察。

**（三）结果**

含铁血黄素呈鲜亮蓝色，细胞核呈深红色，细胞质呈浅红色。

## 三、尿酸及尿酸盐的染色

家禽患痛风或尿毒症时，在某些组织中常有尿酸盐沉积，可通过染色来鉴别。

**（一）染色液**

1. 丙酮苯混合液　丙酮、苯等量混合。

2. 氯化铵-卡红液　卡红1.0g、氯化铵2.0g、碳酸锂0.5g、蒸馏水50.0mL，混合煮沸，冷却后加浓氨水20.0mL。临用时取6.0mL，过滤后加氨水3.0mL和甲醇5.0mL，混均。

3. 亚甲蓝乙醇饱和液　亚甲蓝1.5g、95%乙醇100.0mL，混合。临用时取此液10.0mL，加无水乙醇5.0mL，混合。

4. 硫酸钠苦味酸液　三硝基苯酚饱和液9.0mL、硫酸钠饱和液（43%，加温）1.0mL，混合。

**（二）染色方法**

组织在无水乙醇中固定24h，再入丙酮液4 ~ 5h，中间更换3次；入丙酮-苯液30min，再入纯苯液30min；做石蜡切片，脱蜡后先浸入无水乙醇；入氯化铵-卡红液染色

5min；无水乙醇洗数次；入亚甲蓝乙醇饱和液30s；无水乙醇稍洗；入硫酸钠-三硝基苯酚液染色15min；无水乙醇脱水，二甲苯透明，封固。

**（三）结果**

尿酸钠呈绿色，尿酸结晶呈深蓝色，细胞核呈灰蓝色，细胞质呈黄色。

## 第七节 组织内病原体及包涵体染色法

### 一、组织切片的细菌染色方法

**（一）顾得巴斯德染色法**

适用于革兰氏阳性和阴性菌鉴别，组织用秦克氏液或亥利氏液固定。

1.染色液

（1）碱性复红液　碱性复红0.25g、苯胺1mL、结晶苯酚1.0g、30%酒精100.0mL，将苯胺和苯酚倒入酒精中混匀后加入碱性复红完全溶解即成。

（2）甲醛。

（3）苦味酸饱和液。

（4）斯特林氏（Stirling）结晶紫液　结晶紫5.0g、无水乙醇10.0mL、苯胺2.0mL、蒸馏水88.0mL，结晶紫溶于乙醇中，苯胺溶于蒸馏水中，将两液混合即成。

（5）碘液　碘片1.0g，碘化钾2.0g，蒸馏水300.0mL，溶解后即成。

（6）苯胺-二甲苯液　苯胺、二甲苯等量混合。

2.染色方法　切片脱蜡；浸水；滴加碱性复红液染10～30min；水洗；加甲醛液，经数秒钟切片变成淡红色；水洗；加三硝基苯酚液染2～3min，切片呈紫黄色；水洗；滴加9%酒精，脱去一部分黄色，切片呈红色；水洗；加斯特林氏结晶紫液染5min；水洗；加碘液染1min；使用吸水纸吸取碘液，稍干燥，入苯胺-二甲苯液分化至切片不脱色；使用二甲苯液透明、封固。

3.结果　革兰氏阳性菌呈蓝色，革兰氏阴性菌呈红色，其他成分呈深浅不一的紫色。

**（二）组织切片中抗酸菌染色方法**

1.染色液

（1）碱性品红25.0g、无水乙醇50mL、苯酚25.0g、蒸馏水500mL、吐温-80 75滴，将碱性品红放在研钵中，加乙醇研磨，然后加苯酚和部分蒸馏水，混合均匀后倒入一只玻璃烧杯中，加入全量水，滴加吐温-80，倒入磨口瓶中塞紧，静置24h后过滤。

（2）无水乙醇200mL、硫酸50mL、1%亚甲蓝液350mL（亚甲蓝粉5.0g、蒸馏水500mL溶解后密闭保存），将硫酸逐滴加到乙醇中，静置冷却后加入亚甲蓝350mL，密闭避光保存。

2.染色法　切片脱蜡浸水后滴加（1）液2～3滴，3min后用水冲洗，再滴加（2）液2～3滴染色1min，水洗，脱水、透明、封固后镜检。

3.结果　抗酸杆菌呈清晰红色，底色及其他细菌均呈蓝色。

## 二、包涵体染色法

病毒属于一类非细胞结构、无自主繁殖能力的微生物，它们必须依靠所侵蚀寄宿的宿主细胞提供高分子合成装置和能量，它们的基本结构由核酸和蛋白质构成，当它们融合在一起形成小体后，就能在光学显微镜下被观察到，这些小体依其属性不同存在于细胞的不同部位，这些小体通常被称为病毒包涵体。

病毒个体非常微小，最小的直径约为20nm。因而用一般的光学显微镜无法观察到，也就无法从病理技术的角度对它们进行鉴定。但是当它们进入机体，形成包涵体后，就可以根据它们的所在部位和形态，应用不同的染色方法对它们进行显示和确定。当然，鉴定病毒主要还要靠电子显微镜和其他手段。下述几种不同的特殊染色方法，对于已形成包涵体的几种病毒的显示来说是比较好的方法。

病毒种类很多，由于它们侵蚀机体的组织不同，形成包涵体的种类也有不同，研究发现包涵体由两类物质所构成，一类是由DNA所构成，属于碱性，HE染色时呈深蓝色。这类包涵体用姬姆萨染色法在pH7.6和9.5时染色效果好，应用伊红和甲基蓝染色显示效果也很不错。另一类病毒包涵体则由RNA构成，呈嗜酸性，位于细胞质基质或细胞核中，在HE染色中包涵体呈淡粉红色。

### （一）姬姆萨染色法（可显示多种病毒包涵体）

1.染色液　姬姆萨染色粉2.4g、甲醇50mL、甘油50mL，先将姬姆萨粉溶于甲醇中，然后加入甘油，混合后放入50℃左右的烤箱中加热助溶（姬姆萨原液）。然后放于4℃冰箱中备用。临用时取姬姆萨原液1mL加0.01mol/L磷酸盐溶液40mL，混合即可使用。

2.染色方法

（1）切片脱蜡，蒸馏水洗。

（2）浸入pH7.6的0.01mol/L磷酸盐溶液中，换洗3次，每次3min。

（3）浸染于pH7.6的姬姆萨染液中过夜。

（4）磷酸盐溶液冲洗15min。

（5）0.01%柠檬酸水溶液分化，于镜下控制。

（6）蒸馏水洗。

（7）吸水纸吸干或风干切片。

（8）丙酮脱水，1 ～ 2min。

（9）入1 ：1丙酮和二甲苯液1 ～ 2min。

（10）二甲苯透明，中性树胶封固。

3.结果　病毒包涵体呈鲜红色。

### （二）伊红亚甲蓝染色法

1.染色液　1%伊红35mL、1%亚甲蓝35mL、蒸馏水100mL混合过滤即成。

2.染色方法

（1）切片脱蜡，蒸馏水洗。

（2）浸入磷酸盐溶液，3次，每次3min。

（3）浸入伊红和甲基蓝浸染液中浸染过夜。

（4）0.01mol/L磷酸盐溶液冲洗5 ～ 10min。

（5）0.01柠檬酸水溶液分化切片，镜下控制。

（6）风干，二甲苯透明，中性树胶封固。

3.结果　包涵体呈鲜红色，其他组织呈鲜蓝色。

## 第八节　禽病检验中常见的病理变化

在任何疾病的剖检诊断中都会看到不同的病理变化，为了便于相关从业人员之间的互相交流，必须用语言对其进行如实的描述，这种描述用简要的名词概括地表达出来，这些名词称为术语。对术语的理解和使用必须统一，才能达到相互交流的目的。

对术语的理解和使用不统一往往会得出不同的诊断结果。为了便于互相交流，必须对病理术语有统一的标准。这里我们将常用术语的含义及相应的发生原因、病理变化进行简要介绍。

### 一、充血

#### （一）充血的定义

充血又称动脉性充血（arterial hyperemia）是指小动脉和毛细血管扩张流入组织器官中的动脉血量增多，而流出的血量正常，使组织器官中的动脉血量增多的一种现象。

#### （二）充血的原因

充血可分为生理性充血和病理性充血。生理性充血是由于器官功能加强引起的。病理性充血是由于致病因素的作用，使缩血管神经兴奋性降低，舒血管神经兴奋性升高，引起小动脉和毛细血管扩张而发生充血。炎性充血则是通过轴突反射引起的。

#### （三）充血的病理变化

充血时由于组织器官中动脉血含量增多，外观表现为鲜红色，充血的器官体积略有增大，温度比正常时稍高，组织器官的功能增强。禽类全身被覆羽毛，所以体表的充血现象不易被看到。尸体剖检时由于动物死亡后在短时间内小动脉痉挛性收缩，组织器官中的血液被挤压到静脉中去，因此，多数情况下也难看到充血现象。有时可见家禽的肠壁和肠系膜血管充血，表现为明显的树枝状、鲜红色，养殖户反映的“肠子严重出血”多属此类。

### 二、淤血

#### （一）淤血的定义

淤血又称静脉性充血（venous hyperemia）是由于小静脉和毛细血管回流受阻，血液淤积在小静脉和毛细血管中，血液流入正常，流出减少，使组织器官中静脉血含量增多的现象。

#### （二）淤血的原因

淤血可分为全身性淤血和局部淤血，全身性淤血是由于心脏功能障碍或胸腔疾病引起的；局部淤血是由于局部静脉血管受到压迫或阻塞造成静脉血回流障碍所致。

### （三）淤血的病理变化

由于组织器官中静脉血含量增多，淤血部位色泽暗红或呈蓝紫色，体积增大，温度比正常时低，器官组织功能减弱。淤血在尸体剖检中经常见到，如肝淤血、肺淤血、肾淤血等。此时肝、肺、肾脏的色泽暗红，湿润有光泽，体积肿大，切开后流出大量暗红色血液。禽患腹水综合征时，肠管、脾脏明显淤血，特别是肠管，表现为肠壁呈暗红色，血管明显增粗，充满暗红色血液。禽患鸡传染性喉气管炎、禽流感、新城疫等疾病时病禽全身淤血，头颈部的淤血最容易被观察到，表现为鸡冠、肉髯、皮肤、食管黏膜、气管黏膜呈暗红或紫红色。

## 三、出血

### （一）出血的定义

血液流出心脏或血管以外，称为出血（hemorrhage）。

### （二）出血的原因

出血的主要原因是血管损伤，根据血管损伤程度不同，可将出血分为破裂性出血和渗出性出血。前者是由于机械损伤导致血管破裂而发生出血；后者是由于在致病因素的作用下，血管壁的通透性升高而发生出血。在疾病中特别是传染病、中毒病以及寄生虫病中更多见到的是渗出性出血。

### （三）出血的病理变化

在多数传染病、寄生虫病、中毒性疾病中发生的出血多为渗出性出血，表现为点状、斑状或弥漫性出血。出血呈红色或暗红色，新鲜的出血呈鲜红色，时间较久的出血呈暗红色，陈旧性出血则呈黑褐色。色泽较深的器官出血时不易观察，如肝脏、脾脏等；颜色较浅的器官则十分明显。

虽然出血的外观表现大致相同，但是不同疾病的出血在发生部位、表现形式等方面有所不同，所以只要掌握其特点是可以根据出血的变化区别开不同疾病的：如鸡传染性法氏囊病多表现为腿肌、胸肌、翅肌的条纹状或斑块状出血和法氏囊的点状或斑状出血；鸡传染性贫血时也会在腿肌、胸肌等处发生斑块状出血；血管瘤病时会在趾部及肝、心、肠壁、输卵管、肾脏等内脏器官发生斑块状出血，特征性的是趾部皮下发生局灶性出血疱，这种血疱自行破溃后一般流血不止；新城疫时主要是腺胃乳头的点状出血；禽流感时可发生多处出血，如腺胃、心肌、气管黏膜、皮下等处出血，特征性的是腿部出血；传染性喉气管炎时主要是喉头和气管黏膜出血；巴氏杆菌病时特征性的是心冠脂肪的点状出血和小肠黏膜弥漫性出血；盲肠球虫主要是盲肠黏膜出血，肠腔内积有大量血液或血凝块；小肠球虫时主要是小肠点状出血，盲肠不一定出血；卡氏住白细胞虫病时鸡冠上有针尖状出血点，胸肌、肠浆膜、肠系膜、心外膜、肾脏、肺脏等处出血，有的出血点中心有灰白色小点（巨型裂殖体），严重时肾脏被膜下有大血疱，还会发生便血或咯血；弯曲杆菌性肝炎时主要是肝脏出血，严重时可在肝被膜下形成大的血疱，常因血疱破裂导致腹腔积血。

出血是十分常见的病理变化，只要掌握不同疾病的出血特点，可以很容易地区分开不同疾病。

## 四、贫血

### （一）贫血的定义

单位容积血液内红细胞数或血红蛋白含量低于正常范围，称为贫血（anemia）。

### （二）贫血的类型和原因

根据贫血发生的原因可分为失血性贫血、营养性贫血、溶血性贫血和再生障碍性贫血。鸡球虫病、弯曲杆菌性肝炎等急性出血性疾病可导致失血性贫血；长期营养不良（饲料中蛋白质不足）、肠道寄生虫（蛔虫、绦虫）等可导致营养性贫血；附红细胞体病、卡氏住白细胞虫病、磺胺类药物中毒等可导致溶血性贫血；禽白血病、传染性贫血、包涵体肝炎等可导致再生障碍性贫血。

### （三）贫血的病理变化

贫血可分为局部贫血和全身性贫血，家禽的贫血主要是全身性贫血。家禽贫血时主要表现为精神沉郁、行动迟缓、消瘦、冠髯苍白、红细胞数量减少、血红蛋白含量降低、肌肉苍白、器官体积缩小，红骨髓减少，被脂肪组织取代，黄骨髓增多。

## 五、水肿

### （一）水肿的定义

组织液在组织间隙蓄积过多的现象称为水肿（edema）。

### （二）水肿的类型和原因

不同的水肿其原因不同：由于心脏功能不全引起的水肿称为心性水肿；由于肾功能不全引起的水肿称为肾性水肿；由于肝功能不全引起的水肿称为肝性水肿；由于营养不良引起的水肿称为营养性水肿；炎症部位发生的水肿称为炎性水肿。鸡腹水综合征、维生素E-硒缺乏症引起的水肿属于心性水肿；鸡传染性法氏囊病、禽流感时局部水肿属于炎性水肿。

### （三）水肿的病理变化

禽类水肿表现为局部皮下、肌间呈淡黄色或灰白色胶冻样浸润，如维生素E-硒缺乏症时腹下、颈部等部位呈淡黄色或蓝绿色黏液样水肿；鸡传染性法氏囊病时法氏囊呈淡黄色胶冻样水肿；腹水综合征则表现为腹腔积水，呈无色或灰黄色。

## 六、萎缩

### （一）萎缩的定义

已经发育到正常大小的组织、器官，由于物质代谢障碍导致其体积缩小、功能减退的过程，称为萎缩（atrophy）。

### （二）萎缩的类型和原因

萎缩根据发生原因可分为生理性萎缩和病理性萎缩。生理性萎缩是随着年龄增长某些组织器官的生理功能自然减退，代谢水平降低而发生的萎缩，这种萎缩常和年龄有关，又称年龄性萎缩，如动物的胸腺、乳腺、卵巢、睾丸、法氏囊等器官，到一定年龄后即开始发生萎缩。病理性萎缩是组织和器官在致病因素作用下发生的萎缩，它又可分为全身性萎缩和局部性萎缩。全身性萎缩是由于长期营养不良、慢性消化道疾病、恶性肿瘤、寄生虫病等慢性消耗性疾病引起的。局部萎缩发生的原因有：外周神经损伤、局部组织器官受到长期压迫、长期缺乏活动以及激素供应不足或缺乏等。

### （三）萎缩的病理变化

在家禽中常见全身性萎缩，表现为生长发育不良，机体消瘦、贫血，羽毛松乱无光，冠髯萎缩苍白，血液稀薄，全身脂肪耗尽，肌肉苍白，器官体积缩小、重量减轻，肠壁变薄。

局部萎缩常见于马立克氏病时受害肢体肌肉严重萎缩。肾脏萎缩时体积缩小，色泽变淡。

## 七、变性

变性（degeneration）是指机体在物质代谢障碍的情况下，细胞或组织发生理化性质改变，在细胞或间质中出现了在正常生理状态下看不到的异常物质，或部分物质在正常时虽可见到，但其数量显著增多或出现位置改变。这些物质包括水分、糖类、脂类及蛋白质类等。变性是一种可逆性的病理过程，变性细胞仍保持着一定的生命活力，但功能往往减弱，只要除去病因，大多均可恢复正常。严重的变性则可导致细胞和组织坏死。

根据病理变化的不同可将变性分为许多种类，常见的有以下几种。

### （一）颗粒变性

颗粒变性（granular degeneration）是一种最常见的轻度细胞变性，其特征为：变性细胞体积增大，细胞质基质中水分增多，出现许多微小蛋白质颗粒，因此称为颗粒变性。颗粒变性的器官因体积肿大，色泽浑浊，失去固有的光泽，故又称浑浊肿胀（cloudy swelling），简称“浊肿”。又因这种变性主要发生在实质器官（心、肝、肾等）的细胞上，因此也称为实质变性（parenchymatous degeneration）。

1.颗粒变性的原因　颗粒变性最常见于缺氧、急性感染、发热、中毒和败血症等一些急性病理过程。

2.病理变化　颗粒变性多发生于线粒体丰富和代谢活跃的肝细胞、肾小管上皮细胞和心肌、骨骼肌纤维等。病变轻微时肉眼不易辨认，严重时变性器官体积增大、重量增加、被膜紧张、边缘钝圆、色泽变淡、浑浊无光、质地脆弱，且切面隆起、边缘外翻，结构模糊不清。

镜检可见变性细胞肿大，细胞质中出现大量微细颗粒，使细胞的微细结构模糊不清（图1-11、图1-12）。用新鲜变性器官的细胞作悬滴标本，胞核常被颗粒掩盖而隐约不清，若滴加2%醋酸溶液，则颗粒先膨胀而后溶解，核又重新显现。病变严重时，胞核崩解或溶解消失。

### （二）水泡变性

水泡变性（vacuolar degeneration）是指变性细胞内水分增多，在细胞质和细胞核内形成大小不等的、含有微量蛋白质液体的水泡，使整个细胞呈蜂窝状结构。镜检时，由于细胞内的水泡呈空泡状，所以又称空泡变性。

1.原因　水泡变性多发于烧伤、冻伤、口蹄疫、痘症、猪水疱病以及中毒等急性病理过程，其多发部位一般在表皮和黏膜，也可见于肝细胞、肾小管上皮细胞、结缔组织细

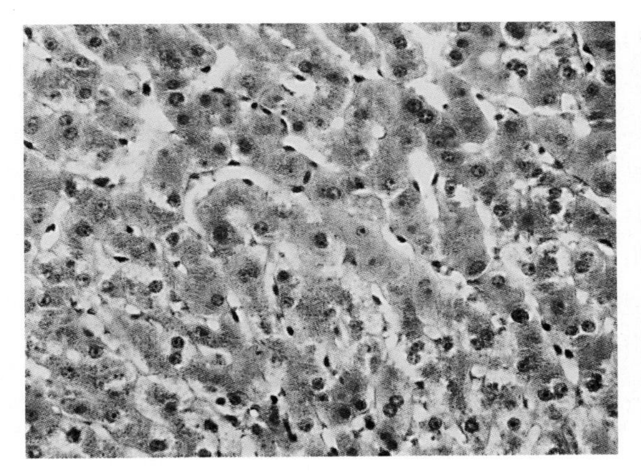

图1-11　肝脏颗粒变性

肝细胞肿大，界限分明，细胞内充满微细的蛋白质颗粒。HE×400（陈怀涛供图）

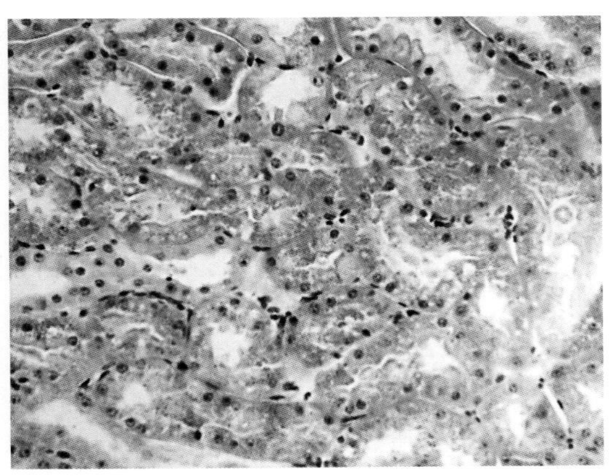

图1-12　肾脏颗粒变性

肾小管上皮细胞肿胀，管腔狭窄，肾小管上皮细胞内充满颗粒状物。HE×400（陈怀涛供图）

胞、白细胞以及横纹肌纤维。水泡变性的发生机理与颗粒变性基本相同，只是程度较重。

2.病理变化　轻度的水泡变性，肉眼常常不易辨认，在显微镜下才能发现，只有在发生严重水泡变性时，由于变性的细胞极度肿胀而破裂，细胞质内的浆液性水滴积聚于上皮下，形成肉眼可见的水疱。

镜检可见变性的细胞肿大，细胞质基质内含有大小不等的水泡，水泡之间有残留的细胞质基质，呈蜂窝状或网状。以后小水泡相互融合成大水泡，甚至充盈整个细胞，细胞质的原有结构完全破坏，细胞核悬浮于中央或被挤压在一侧，以致细胞显著肿大，形如气球，所以又有气球样变（balloning degeneration）之称。

### （三）脂肪变性

脂肪变性（fatty degeneration）是指除脂肪细胞外的实质细胞的细胞质内出现大小不等的脂肪小滴的现象，简称“脂变”。脂变细胞内的脂滴主要为中性脂肪，也可有类脂质，或两者的混合物。

脂肪变性和颗粒变性往往同时或先后发生于肝脏、肾脏和心脏等实质器官，故通常统称为实质变性。

1.原因　脂肪变性和颗粒变性一样，也多见于各种急性、热性传染病，以及中毒、败血症、酸中毒和缺氧的病理过程。肝脏是脂肪代谢的中心场所，故易发生脂变。

2.病理变化　脂肪变性初期，病变常不明显，仅见器官色泽稍带黄色。严重脂变时，器官的体积增大、边缘钝圆、被膜紧张、质地脆弱易碎，切面微隆起、切缘外翻，结构模糊，触之有油腻感。表面与切面的色泽均呈灰黄色或土黄色。

镜检可见变性细胞的细胞质中出现大小不一的球形脂滴。随着病变发展，小脂滴互相融合为大脂滴，使细胞原有结构消失，胞核常被挤压于一侧，严重时可发生核浓缩、碎裂或消失。

在石蜡切片上，变性细胞内的脂滴被乙醇、二甲苯等脂肪溶剂溶解，因此脂肪滴呈空泡状，易与水泡变性相混淆。其鉴别方法有：①用锇酸固定的组织，在石蜡切片中，细胞内的脂肪被锇酸染成黑色；②如用冰冻切片，苏丹Ⅲ染色，脂肪滴呈橘红色。

肝脏脂肪变性，变性轻微时与颗粒变性相似，仅色泽较黄；脂变严重时，肝脏体积增大、边缘钝圆、被膜紧张、色泽变黄、质地脆弱易碎，切面上肝小叶结构模糊不清。如果脂变的同时伴有淤血，在肝脏切面上可见由暗红色的淤血部分和黄褐色的脂变部分相互交织形成类似槟榔切面的花纹，故称为“槟榔肝”。

镜检可见肝细胞内有许多大小不等的脂滴。严重时小脂滴可融合成大脂滴，细胞核被挤压至细胞边缘（图1-13、图1-14）。肝脏脂变出现的部位与其出现原因有一定关系。脂变发生在肝小叶周边区域时，称为周边脂变，多见于中毒；脂变发生在肝小叶的中央区时称为中心脂变，多见于缺氧；严重变性时，脂变发生于整个肝小叶，使肝小叶失去正常的结构，与一般的脂肪组织相似，称为脂肪肝，多见于中毒和某些急性传染病。

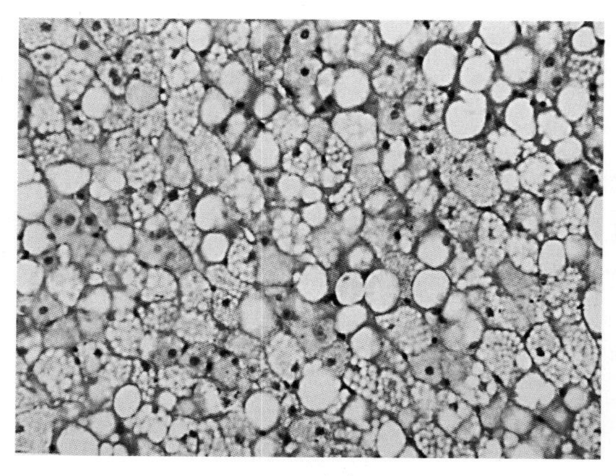

图1-13　肝脏脂肪变性

肝细胞肿大，细胞质内有大小不等的脂肪滴，细胞核悬浮于细胞中央或被挤压到细胞边缘。HE×400（陈怀涛供图）

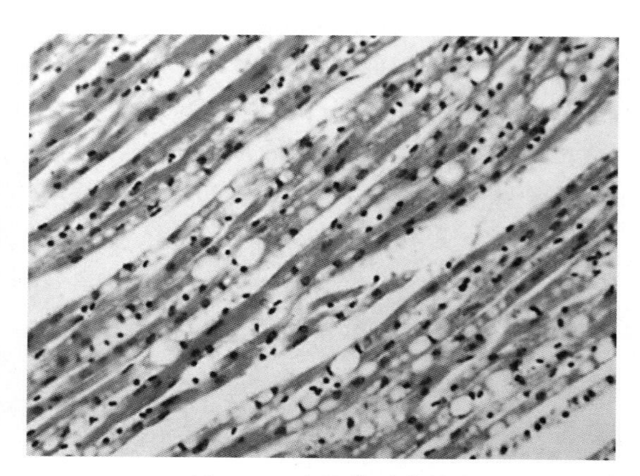

图1-14　心肌脂肪变性

心肌纤维中有大小不一的脂肪滴，心肌纤维横纹消失。HE×400（陈怀涛供图）

肾脏脂变主要发生在肾小管上皮细胞。眼观肾脏稍肿大，表面呈不均匀的淡黄色或土黄色，切面皮质部增宽，常有灰黄色的条纹或斑纹，质地脆弱易碎。

镜检发现脂变最常发生于近曲小管上皮细胞内，可见上皮细胞肿大，脂滴常位于细胞的基底部。

心肌发生脂变时，常呈局灶性或弥漫性的灰黄色或土黄色，浑浊而失去光泽，质地松软脆弱。此时心肌纤维弹性减弱，心室特别是右心室扩张积血。心肌脂变时，有时在左心室乳头肌处心内膜下出现黄色斑纹，并与未发生变性的红褐色心肌相间，形似虎皮样条纹，故称为“虎斑心”，又称变质性心肌炎，多见于严重的贫血、中毒、传染病，如患禽流感时患禽心脏的变化。

### （四）透明变性

透明变性（hyaline degeneration）是指细胞或间质内出现一种均质、半透明、无结构的蛋白样物质（透明蛋白，hyalin）的现象，又称玻璃样变。透明变性的类型按透明变性的发生部位和机理，可分为三种类型。

1. 血管壁透明变性　是因血管壁的通透性增高，引起血浆蛋白大量渗出，浸润于血管壁内所致，病变特征是小动脉壁中膜的细胞结构被破坏，变性的平滑肌胶原纤维结构消失，变成致密无定形的透明蛋白。常发生于老龄动物的脾、心、肾、脑及其他器官的小动脉。如马病毒性动脉炎、牛恶性卡他热、猪瘟、鸡新城疫和鸭瘟等病毒性疾病，病毒在血管壁内复制首先引起动脉炎，而导致透明变性。

2. 纤维组织透明变性　是由于胶原纤维之间胶状蛋白沉积并相互粘连形成均质无结构的玻璃样物质。常见于慢性炎症、疤痕组织、增厚的器官被膜以及含纤维较多的肿瘤（如硬性纤维瘤）。眼观可见透明变性的组织呈灰白色、半透明、致密坚韧，且变性组织无弹性。

3. 细胞内透明滴状变性　是指在某些器官实质细胞的细胞质内出现圆形、大小不等、均质无结构的嗜伊红性物质的现象。如患慢性肾小球肾炎时，肾小管上皮细胞的细胞质内常出现此变化。这可能是变性细胞本身所产生的，也可能是上皮细胞吸收了原尿中的蛋白后形成的。

**（五）淀粉样变**

淀粉样变（amyloidosis）是指淀粉样物质沉着在某些器官的网状纤维、血管壁或组织间的病理过程。因其具有遇碘呈赤褐色，再加硫酸呈蓝色的淀粉染色反应特性，故称为淀粉样变。其实淀粉样物质与淀粉毫无关系，它是一种纤维性蛋白质，之所以出现淀粉染色反应，是因为淀粉样物质中含有黏多糖。

1. 原因　多见于鼻疽、结核等慢性消耗性疾病以及用于制造免疫血清的动物和使用高蛋白饲料饲喂的家禽。此外，鸭有一种自发性的全身性淀粉样变病。最易发生淀粉样变的器官为脾脏、肝脏、淋巴结、肾脏和血管壁。一般认为淀粉样变是机体免疫过程中所发生的抗原抗体反应的结果，也有人认为它是免疫球蛋白与成纤维细胞、内皮细胞产生的黏多糖结合形成的复合物。根据淀粉样变发生的原因和机理，可分为局部性淀粉样变、原发性全身性淀粉样变和继发性全身性淀粉样变三种类型。

2. 病理变化　淀粉样物质在HE染色的切片上呈淡红色均质的索状或团块状物，沿细胞之间的网状纤维支架沉着。轻度变性时，多无明显眼观变化，只有在光学显微镜下才能发现；严重变性时，则常在不同的器官中表现出不同的病理变化。

（1）脾脏淀粉样变　脾脏是最易发生淀粉样变的器官之一，根据病变形态可分为滤泡型（白髓型）和弥漫型两种。

①滤泡型（白髓型）　淀粉样物质主要沉着于淋巴滤泡周边和中央动脉周围，量多时波及整个淋巴滤泡的网状组织。淋巴滤泡内的淋巴细胞被粉红色淀粉样物质挤压而消失。眼观可见脾脏体积增大、质地稍硬、切面干燥，脾白髓如高粱米至小豆大小，呈灰白色半透明颗粒状，外观与煮熟的西米相似，故称“西米脾”。

②弥漫型　淀粉样物质弥漫地沉着在红髓部分的脾窦和脾索的网状组织中。眼观可见脾脏肿大，切面有红褐色脾髓与灰白色的淀粉样物质相互交织呈火腿样花纹，故又称“火腿脾”。

（2）肝脏淀粉样变　轻度变性时常眼观无变化，若病变严重时，则肝脏显著肿大，呈灰黄色或棕黄色，切面模糊不清。镜检可见淀粉样物质主要沉着在肝细胞索和窦状隙之间，形成粗细不等的条索状或不规则的团块状（图1-15）。

（3）肾脏淀粉样变　淀粉样物质主要沉积在肾小球毛细血管的基底膜上，呈现均质、红染的团块状，肾小球内皮细胞萎缩和消失（图1-16）。眼观可见肾脏肿大、色泽淡黄、表面光滑，且被膜易剥离、质地易碎。

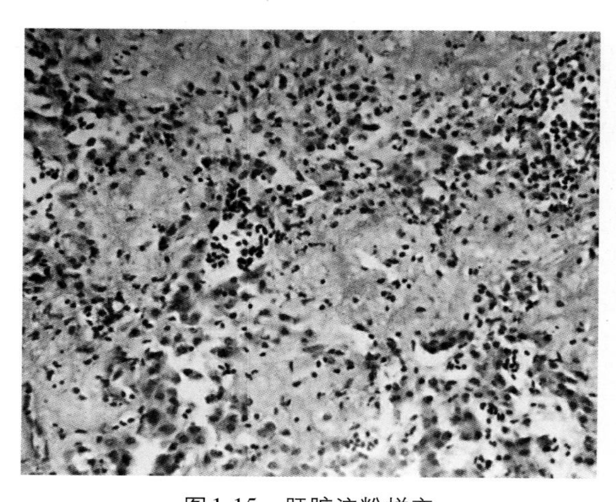

图1-15　肝脏淀粉样变

肝组织中有大量粉红色淀粉样物质沉着，残存极少肝细胞。HE×400（陈怀涛供图）

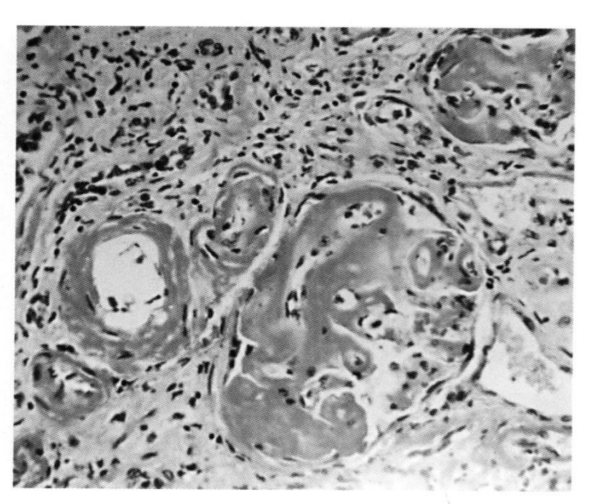

图1-16　肾脏淀粉样变

肾小球毛细血管基底膜和小动脉壁上有淀粉样物质沉着。HE×400（陈怀涛供图）

## 八、坏死

### （一）坏死的定义

活体内局部组织或细胞的病理性死亡称为坏死（necrosis）。

### （二）坏死的原因

任何致病因素作用于机体达到一定强度或持续一定时间，使细胞或组织的物质代谢发生严重障碍时，都可引起坏死。常见的原因有：生物性因素，如各种病原微生物、寄生虫以及毒素；理化性因素，如高温、低温、化学毒素等；机械性因素，如各种机械性损伤；血管源性因素，如血管受压、血栓形成和栓塞导致的血液循环障碍；神经因素，如中枢神经或外周神经损伤。

### （三）坏死的病理变化

坏死是疾病中常见的病理变化之一，由于致病因素不同，器官组织的特性不同，其表现有多种类型。禽类的坏死主要有以下几种形式。

1.点状坏死　多发生于肝脏、脾脏，如禽患有禽白痢、禽伤寒、禽副伤寒、禽巴氏杆菌病等疾病时，肝脏或脾脏发生的点状坏死，多呈灰白色或灰黄色小点状或不规则的形状。

2.灶状坏死　如鸡的盲肠肝炎、鸡弯曲杆菌性肝炎，及鸭呼肠孤病毒感染肝脏、脾脏发生局灶性坏死，坏死灶大小不等，多呈圆形，为灰白色或灰黄色，中心凹陷，周边隆起。

3.脓肿　多发生于皮下，如禽患有巴氏杆菌病时，肉髯、头颈部皮下发生大小不等的球形结节，结节内是灰黄色无结构的物质，又称干酪样坏死物。与其他动物不同，禽类的化脓性病灶中的脓液不是液态的，而是呈干酪样的。

4.溃疡性坏死　多见于消化道黏膜，如口腔、食道、肠道等，在禽患有念珠菌病、支原体病时口腔、食管以及嗉囊黏膜会发生不规则的溃疡并被覆假膜。禽患有新城疫、鸭瘟、小鹅瘟等疾病时肠道黏膜发生局灶性溃疡，呈灰黄色或灰绿色，表面被覆有干燥假膜，不易剥离，周边稍隆起，周围有出血点。鸡患有传染性腺胃炎、马立克氏病、传染性腺胃炎时腺胃黏膜发生溃疡性坏死。

5.湿性坏疽　多发生于体表，如禽患有葡萄球菌病时，颈部、腹下、翅下发生紫红色、褐色坏死，坏死部皮肤溃烂，流出褐色液体，羽毛极易脱落。

## 九、肿瘤

### （一）肿瘤定义

肿瘤（tumor）是机体在致瘤因素作用下，局部组织细胞异常增生形成的新生物，肿瘤具有与机体不协调的无限制的增生能力。肿瘤细胞多形成肿块或弥散在组织中。

### （二）肿瘤发生的原因

肿瘤发生的原因很多，归纳起来可分为外因和内因。外部因素又可分为生物性因素、化学因素、物理因素和慢性刺激；内部因素包括遗传因素、年龄因素、品种品系因素、激素和性别因素、机体的免疫状态。在家禽肿瘤的发生上，生物性因素、遗传因素、品种品系因素起着重要作用。如鸡马立克氏病毒、禽白血病病毒等有明显的致瘤作用，鸡白血病的发生有明显的品种差异（实际上也是遗传因素起作用）。

### （三）肿瘤的形态

肿瘤的大小、形态、颜色、软硬度等差别很大。鸡的肿瘤多呈结节状，大小不等，多呈灰白色鱼肉状，一般没有坏死现象。如患有鸡马立克氏病和禽白血病时，可在病禽全身多种器官组织中形成结节状的肿瘤，但是有时可能看不到明显的结节，而是肿瘤细胞弥散在组织中，使整个器官肿大、色泽变淡。

# 第二章 CHAPTER TWO 家禽病毒性疾病病理特征和诊断要点

## 第一节　禽流行性感冒

禽流行性感冒（简称禽流感）(avian influenza，AI) 是由正黏病毒科（Ortho myxoiridae）A型流感病毒属（*Influenza virus A*）的成员引起禽类的一种急性高度接触性传染病。由A型病毒的$H_5$和$H_7$亚型中的强毒株感染引起的为高致病性禽流感（highly pathogenic avian influenza，HPAI），其他亚型引起的仅呈轻度呼吸道症状，死亡率低，或呈隐性经过。鸡和火鸡最易感染发病，其他家禽和野禽不易感染。

1.病理特征　高致病性禽流感呈急性败血性病变，主要包括：①鸡冠出血或发绀，头部水肿；②腿部皮下出血；③心脏、腺胃、气管、十二指肠、皮下、腿肌、脑膜等多器官组织广泛出血；④非化脓性脑炎；⑤坏死性心肌炎、肝胰腺炎、脾炎等；⑥蛋黄性或纤维素性腹膜炎，输卵管炎、子宫炎等。

2.诊断要点　高致病性禽流感发病急，发病率与死亡率高。临诊主要表现为：呼吸困难，严重腹泻，排灰白色或黄绿色稀粪；产蛋量大幅度下降，甚至停产，后期有神经症状；禽患有低致病性禽流感时产蛋量可能有不同程度的降低，并表现呼吸困难等，缺乏明显病理变化。根据流行特点、临诊症状和病理特征可以进行初步诊断，确诊需依靠病毒分离鉴定和血清学试验。注意与新城疫、巴氏杆菌病、传染性支气管炎等疾病鉴别（图2-1至图2-30）。

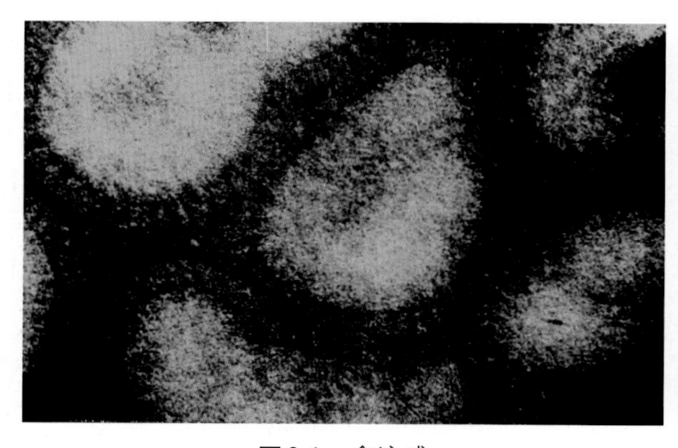

图2-1　禽流感

电镜下禽流感病毒粒子呈球状。2%磷钨酸负染 ×282 100（B·W·卡尔尼克，1999. 禽病学. 高福，苏敬良，译.）

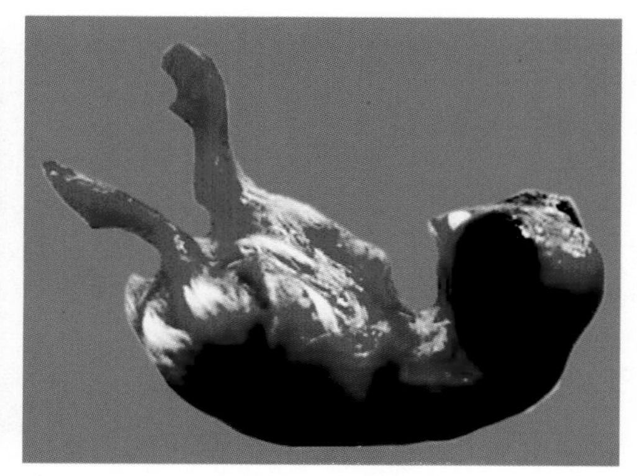

图2-2　禽流感

禽流感病毒接种9 ~ 11日龄鸡胚后多于48h内死亡，胚体全身出血（王新华、逯艳云供图）

图2-3 禽流感
病鸡精神沉郁，冠髯暗红，排灰白色或黄绿色稀粪（王新华、逯艳云供图）

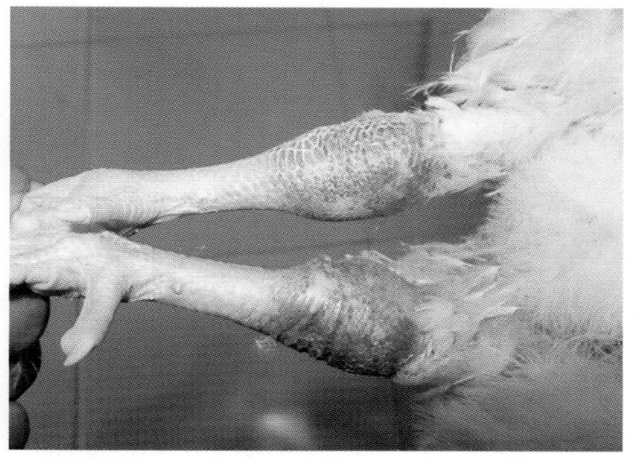

图2-4 禽流感
腿部皮下出血（王新华供图）

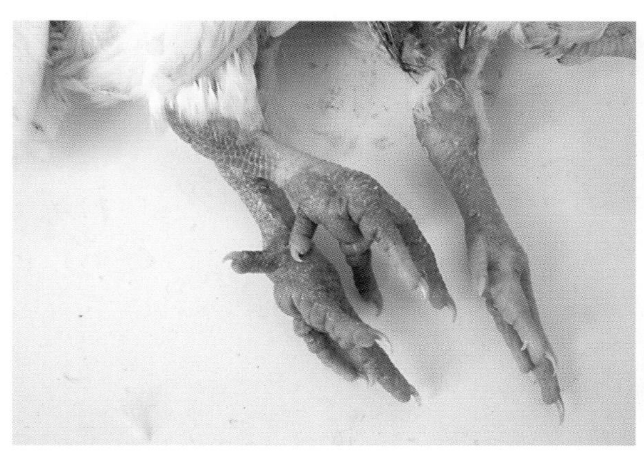

图2-5 禽流感
腿、趾部皮下出血（王新华供图）

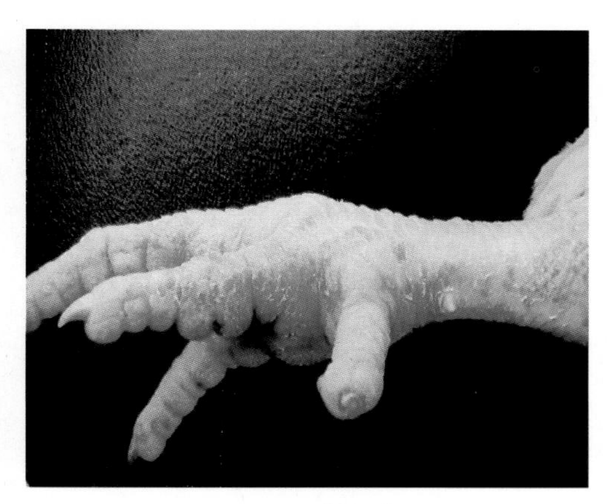

图2-6 禽流感
爪部皮下出血（王新华、逯艳云供图）

图2-7 禽流感
面部和颌下显著肿胀（王新华、逯艳云供图）

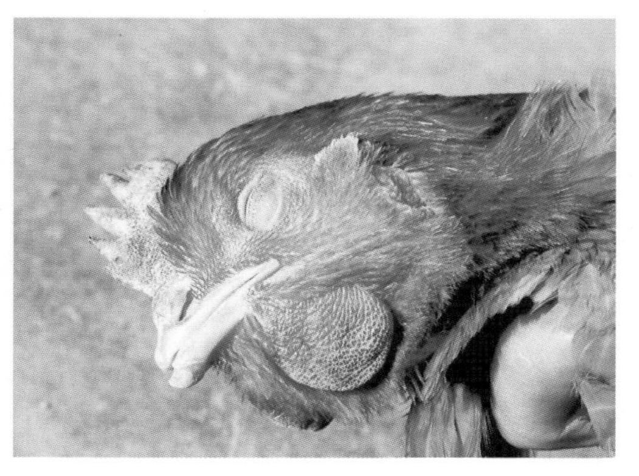

图2-8 禽流感
颌下和肉髯显著肿胀（王新华、逯艳云供图）

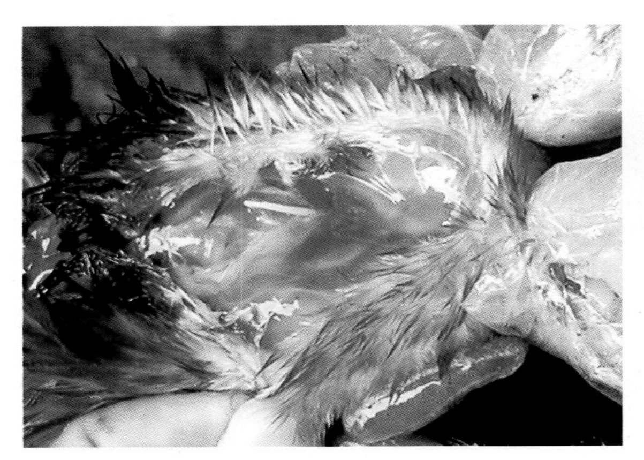

图2-9 禽流感

颌下肿胀部位切开时可见灰白色或淡黄色胶样水肿，肉髯切面也呈胶样水肿（王新华、逯艳云供图）

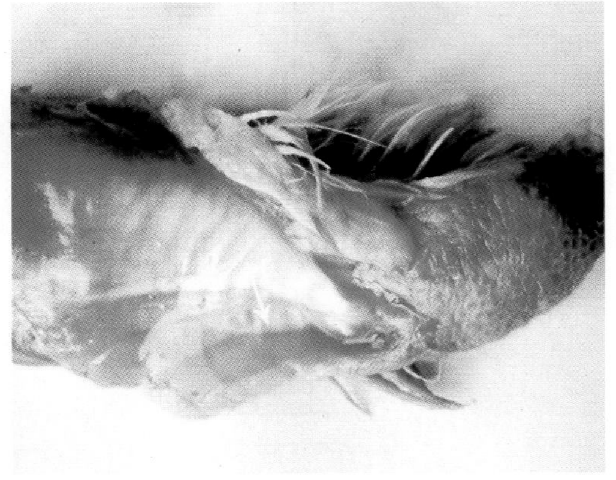

图2-10 禽流感

皮下胶冻样水肿，腿部皮下呈淡黄色胶冻样水肿（王新华、逯艳云供图）

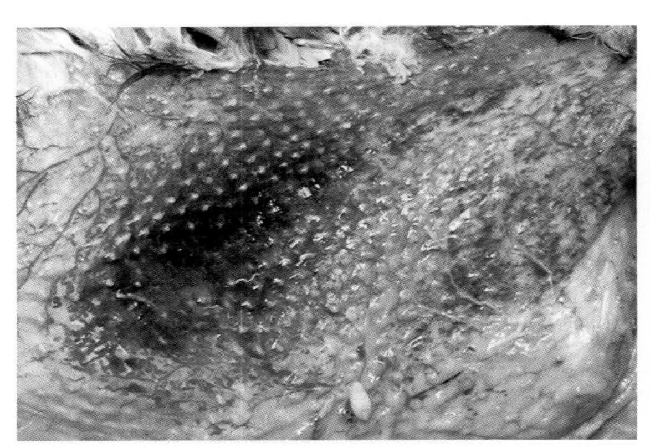

图2-11 禽流感

颈部皮下严重出血（王新华、逯艳云供图）

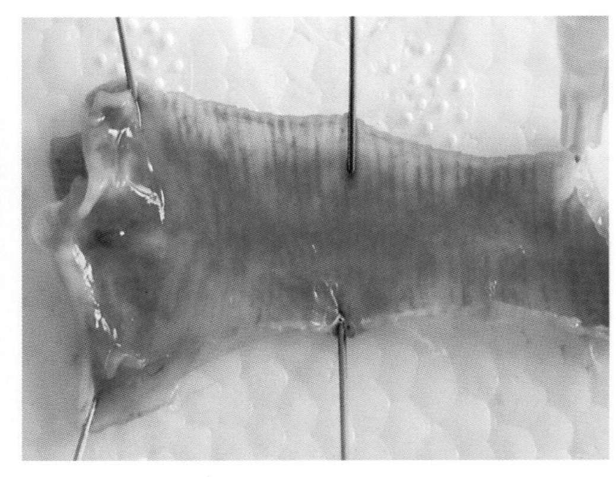

图2-12 禽流感

病鸡气管黏膜明显出血（王新华、逯艳云供图）

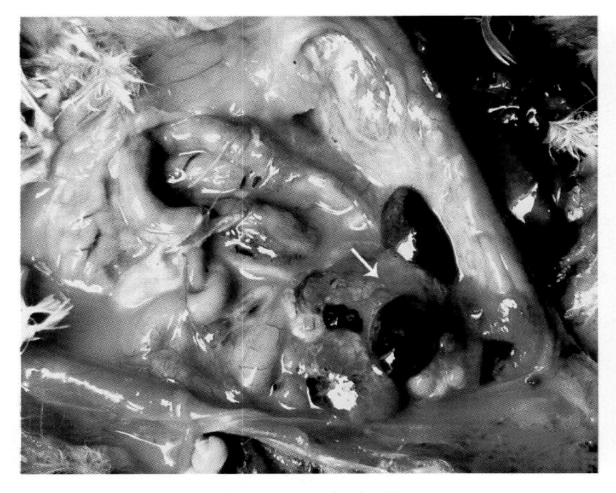

图2-13 禽流感

蛋黄性腹膜炎，卵泡出血（↓），腹腔积有大量蛋黄液（王新华、逯艳云供图）

图2-14 禽流感

腺胃浆膜有大量出血斑点（王新华、逯艳云供图）

图2-15 禽流感

腺胃严重出血、坏死，肌胃角质膜下也有出血斑（王新华、逯艳云供图）

图2-16 禽流感

腺胃乳头顶部出血，腺胃与肌胃交界处出血（王新华、逯艳云供图）

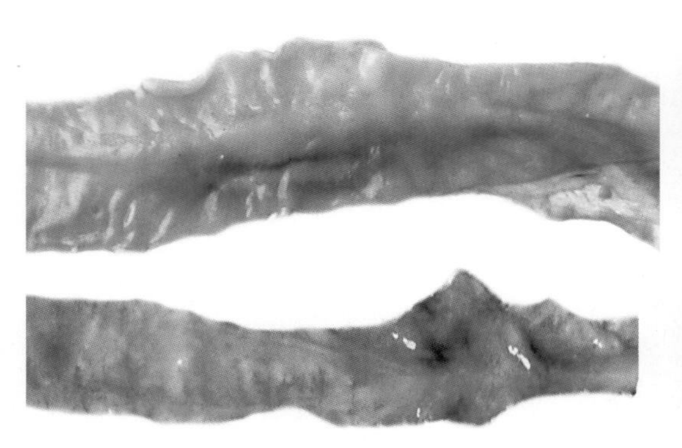

图2-17 禽流感

十二指肠黏膜有出血（王新华、逯艳云供图）

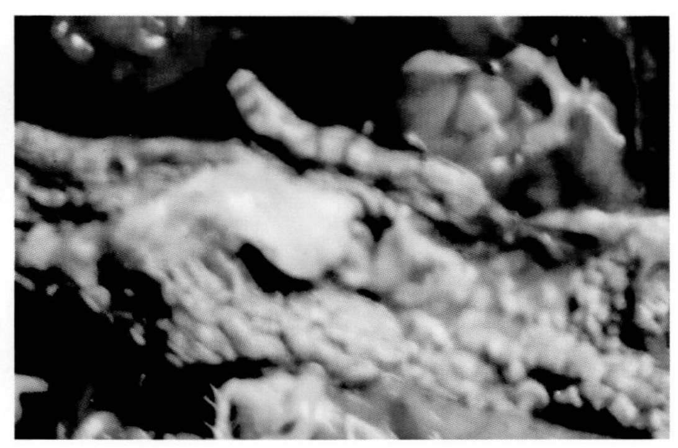

图2-18 禽流感

输卵管内积有脓液或灰白色凝块（王新华、逯艳云供图）

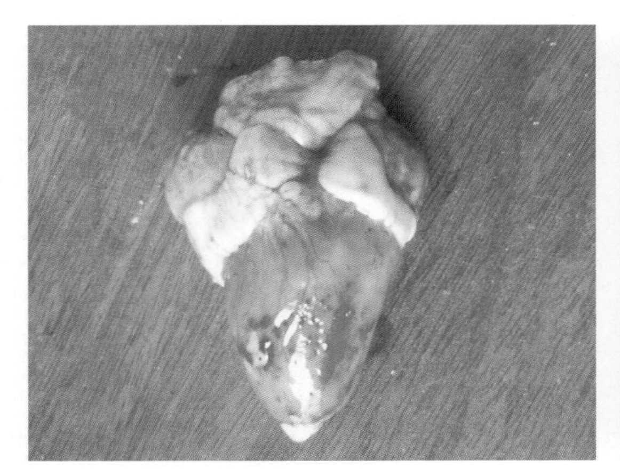

图2-19 禽流感

心外膜大片出血（王新华、逯艳云供图）

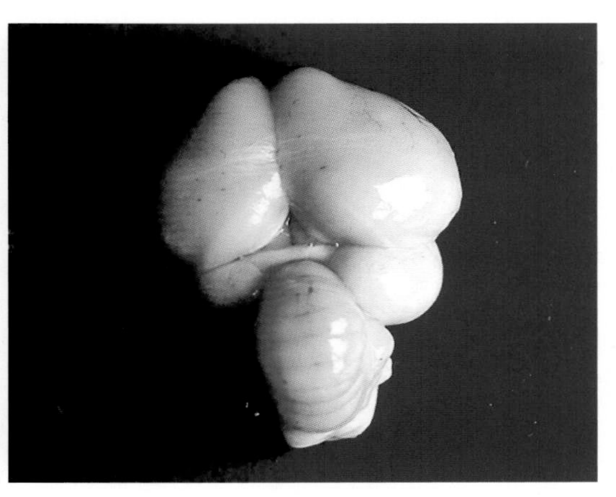

图2-20 禽流感

大脑和小脑脑膜有细小的散在性出血点（王新华、逯艳云供图）

图2-21　禽流感
鸭流感，胰腺有灰白色坏死灶（刘思当供图）

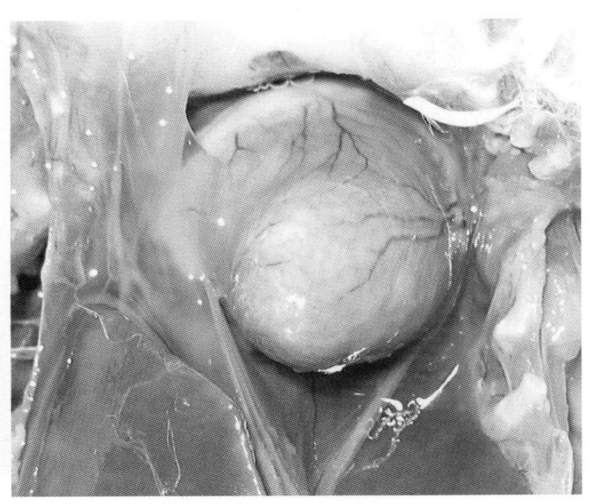

图2-22　禽流感
鸭流感，心肌坏死、心包积液（刘思当供图）

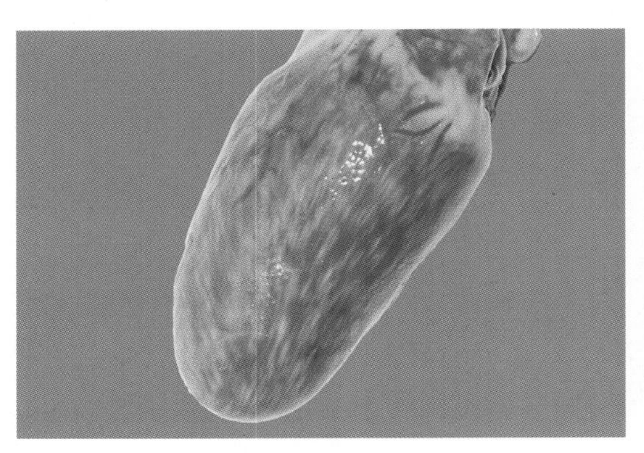

图2-23　禽流感
鸭流感，心肌呈条纹状坏死（也称虎斑心）（刘思当供图）

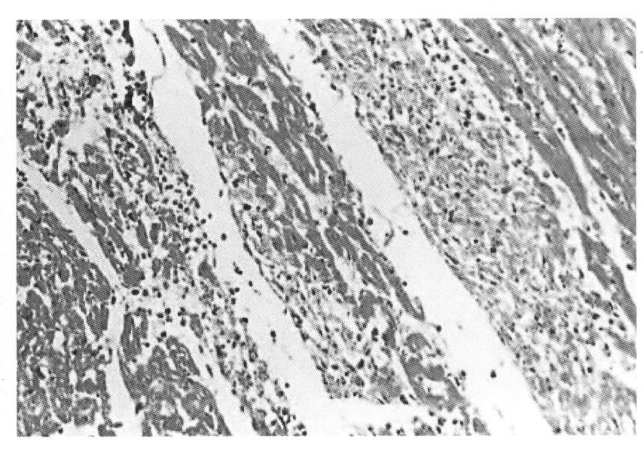

图2-24　禽流感
鸡，心肌纤维大量崩解、断裂，其间有较多炎性细胞浸润。HE×200（刘晨供图）

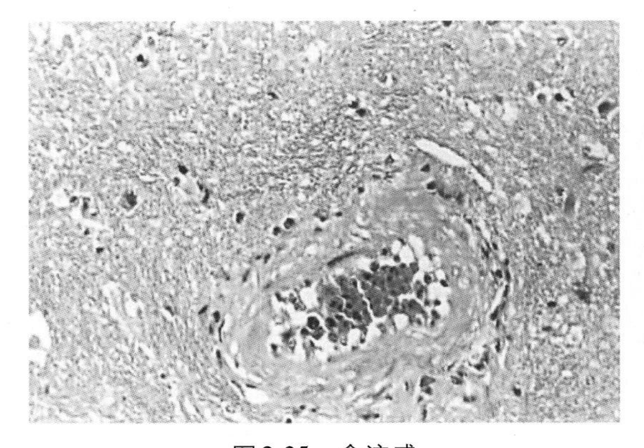

图2-25　禽流感
鸡，脑实质中血管壁结构松散，呈纤维素样变性。HE×400（刘晨供图）

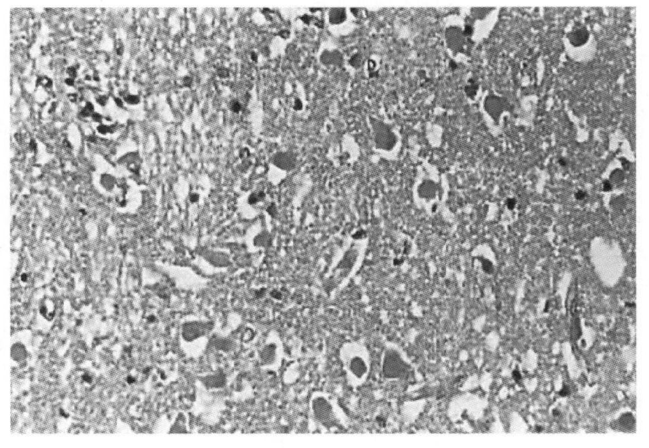

图2-26　禽流感
鸭流感，大脑神经细胞变性坏死，细胞核消失，细胞质浓缩，整个细胞呈无结构的红色团块。HE×400（刘晨供图）

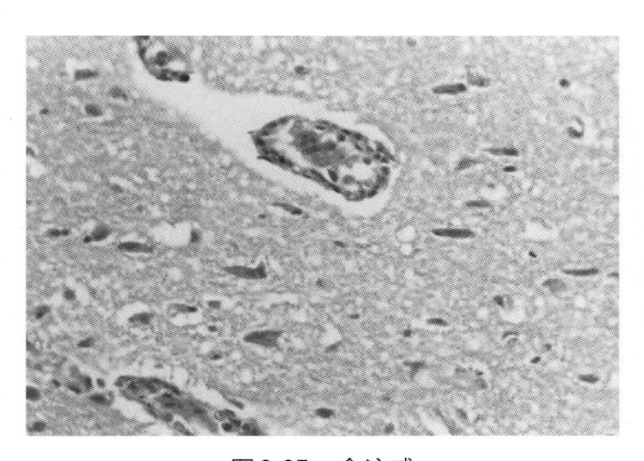

图2-27 禽流感

病鸡脑实质中小血管的淋巴间隙扩张，血管周围淋巴细胞聚集形成“管套”。HE×400（刘晨供图）

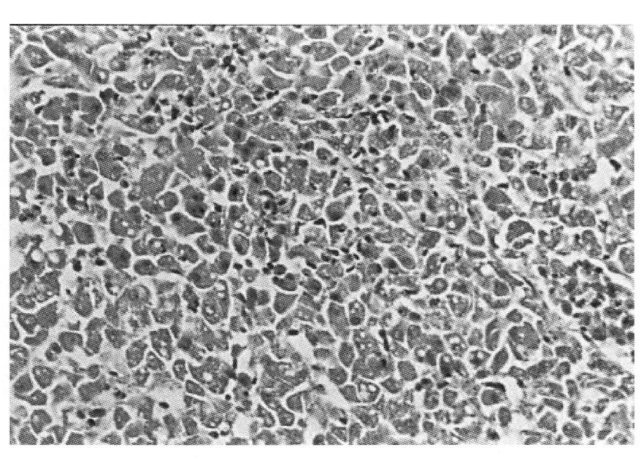

图2-28 禽流感

鸡肝细胞发生脂肪变性和凝固性坏死，并有炎性细胞浸润。HE×400（刘晨供图）

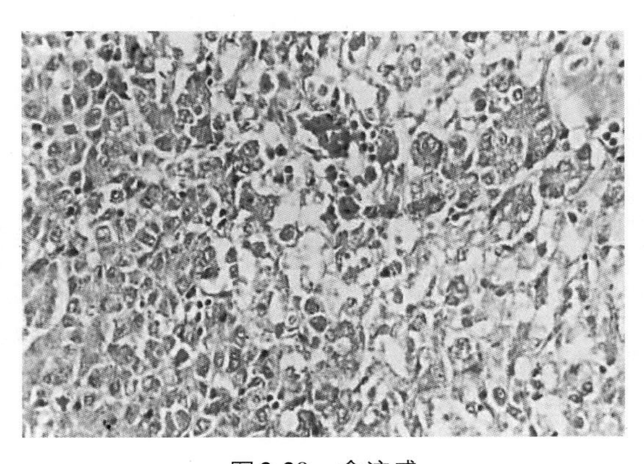

图2-29 禽流感

鸡，胰腺实质坏死，腺上皮溶解、坏死后仅存留空泡，有少量炎性细胞浸润。HE×400（刘晨供图）

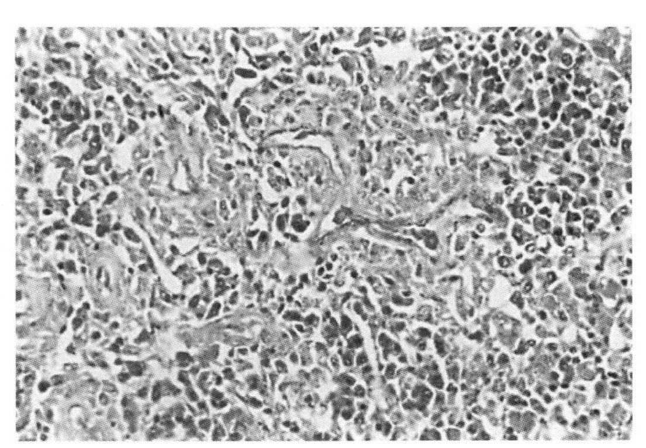

图2-30 禽流感

鸡，脾脏淋巴细胞坏死，网状细胞增生。HE×400（刘晨供图）

3. 防治措施

（1）加强卫生管理。

（2）定期接种疫苗。

（3）一旦发现发生高致病性禽流感应及时上报，由有关机构处置。

本病为人畜共患病，相关人员要注意个人防护。本病与新城疫有很多相似之处，诊断时应注意区分。

## 第二节 新 城 疫

新城疫（newcastle disease,ND）又称亚洲鸡瘟或伪鸡瘟，是由新城疫病毒（newcastle disease virus，NDV）引起的一种高度接触性传染病。主要侵害鸡和火鸡，其他禽类也可感染。临诊特征是呼吸困难、下痢和神经症状。

1. 病理特征　各器官黏膜充血、出血，腺胃乳头出血，肠道出血性坏死性炎，呼吸道浆液性、黏液性、出血性炎，肾脏尿酸盐沉积，非化脓性脑炎。

2. 诊断要点　①精神沉郁、食欲废绝、闭目缩颈，冠髯暗红，排黄绿色稀粪。②呼吸困难。③仰头观星、捩颈，头和尾有节律地震颤。④产蛋率明显下降，蛋壳变薄、变脆、褪色。⑤腺胃乳头出血，肠黏膜出血、局灶性溃疡。⑥肾脏肿大呈花斑肾。根据流行特点、症状、病变和抗体检测可以做出初步诊断。确诊要靠病毒分离鉴定。注意与禽流感、巴氏杆菌病、传染性支气管炎、传染性喉气管炎等疾病鉴别（图2-31至图2-44）。

图2-31　新城疫
接种病料的鸡胚全身出血（王新华、逯艳云供图）

图2-32　新城疫
人工发病试验中发病鸡精神沉郁、食欲废绝、闭目缩颈，冠髯暗红，排黄绿色稀粪（王新华、逯艳云供图）

图2-33　新城疫
病鸡闭目、缩颈、嗜睡，头和尾部有节奏地震颤（王新华、逯艳云供图）

图2-34　新城疫
病鸡表现仰头观星姿态（王新华、逯艳云供图）

图2-35　新城疫
病鸡头颈向下弯曲并扭转（王新华、逯艳云供图）

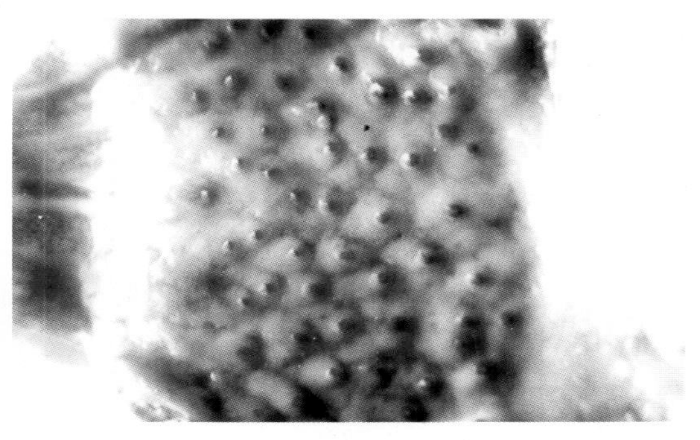

图2-36　新城疫
腺胃乳头出血（王新华、逯艳云供图）

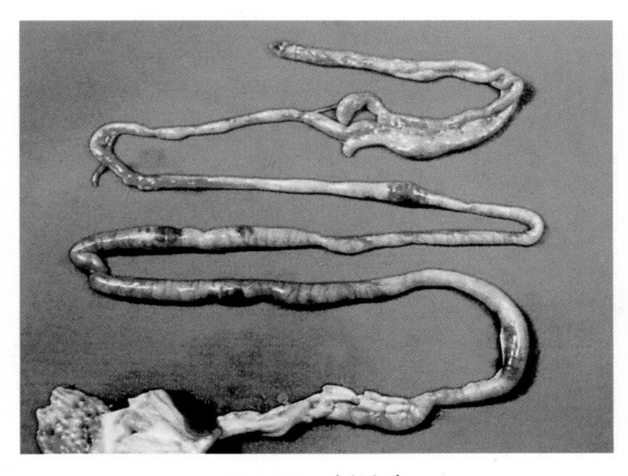

图2-37　新城疫
肠道多处淋巴集结部位发生出血、坏死，形成溃疡，外观似嵌入枣核样（吕荣修，2004. 禽病诊断彩色图谱.）

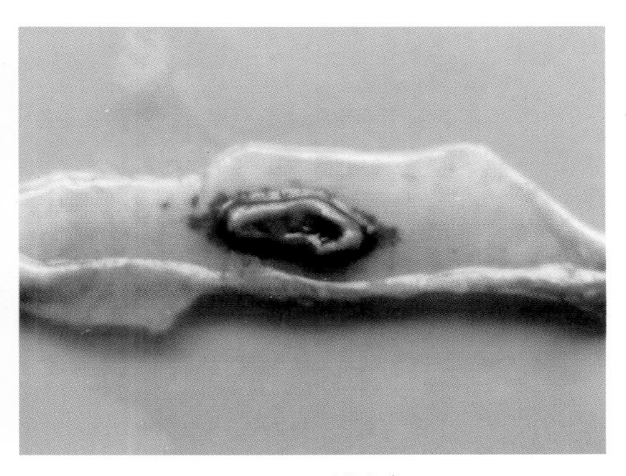

图2-38　新城疫
肠黏膜出血，并形成有堤状边缘的溃疡（王新华、逯艳云供图）

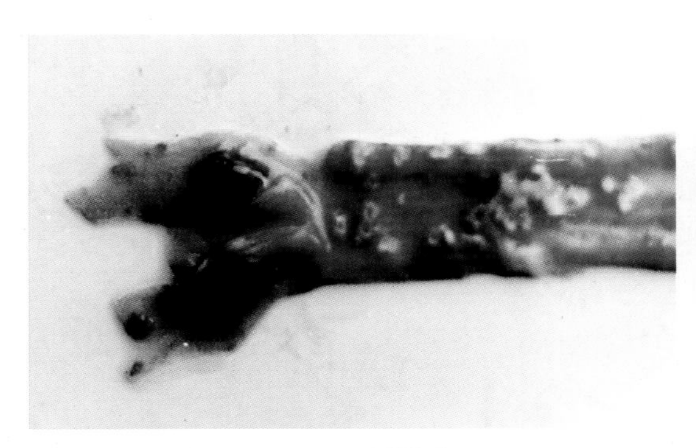

图2-39　新城疫
盲肠扁桃体出血、坏死，直肠出血并有局灶性坏死灶（王新华、逯艳云供图）

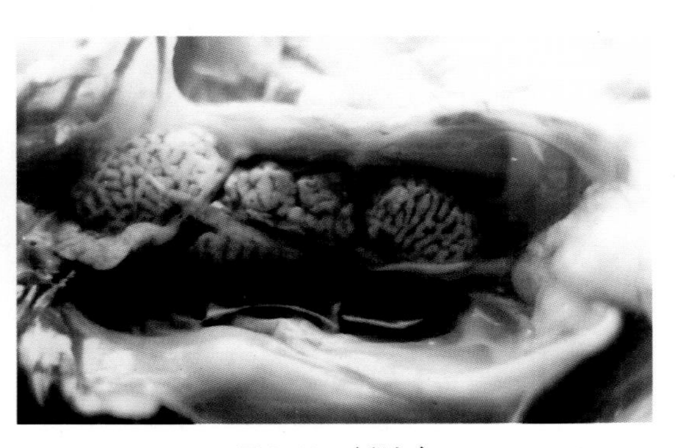

图2-40　新城疫
肾脏肿大苍白，外观呈花纹状，肾小管和输尿管内充满尿酸盐（王新华、逯艳云供图）

图 2-41　新城疫
病鸡产蛋量下降，蛋壳褪色，软壳蛋和破蛋增多，并有大小不等的畸形蛋（王新华、逯艳云供图）

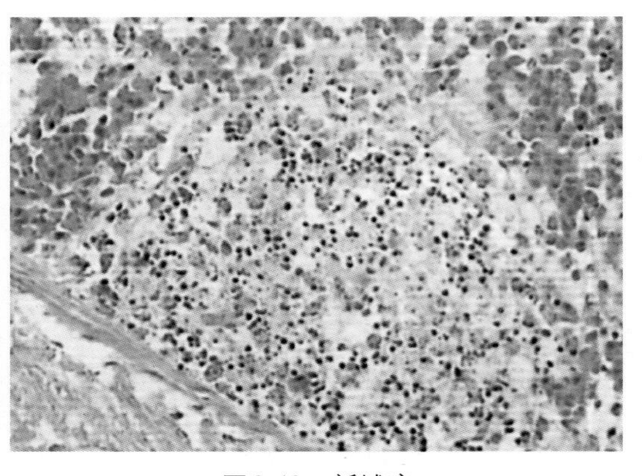

图 2-42　新城疫
脾脏淋巴细胞坏死、崩解，细胞数量减少。HE × 400（刘思当供图）

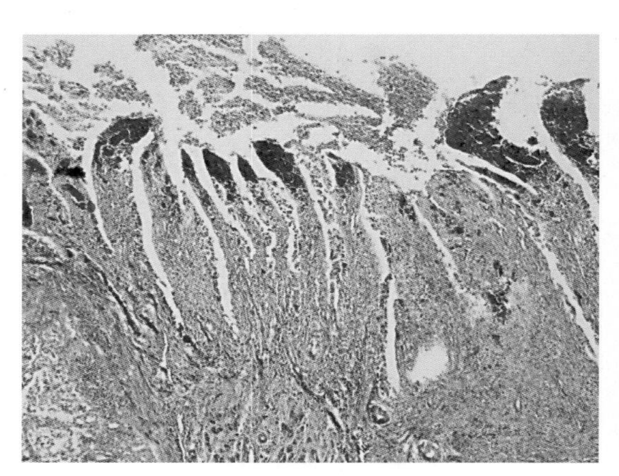

图 2-43　新城疫
腺胃黏膜充血、出血，上皮细胞坏死、脱落，黏膜表层有大量炎性细胞和坏死物，固有层充血，炎性细胞浸润。HEA × 100（陈怀涛供图）

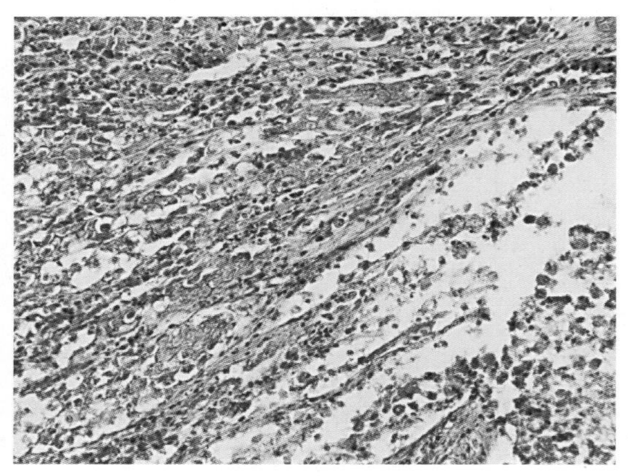

图 2-44　新城疫
胃腺组织坏死，结构被破坏，炎性细胞浸润。HEA × 400（陈怀涛供图）

3. 防治措施

（1）制订免疫程序　加强免疫接种和免疫检测，制订合理的免疫程序。

（2）发病时的控制措施　及早确诊，早期可以进行紧急免疫接种。

（3）被动免疫　立即使用抗新城疫高免卵黄或经提取纯化的卵黄抗体治疗。

注意与禽流感、传染性支气管炎、传染性喉气管炎、禽巴氏杆菌病等鉴别诊断。

## 第三节　鸭　　瘟

鸭瘟（duck plague，DP）是由疱疹病毒1型（anatid herpesvirus 1）引起鸭、鹅的一种急性、热性、败血性传染病。其临诊特征为流泪、眼睑水肿、头部肿胀、流鼻涕、咳嗽、呼吸困难、下痢。成年鸭与产蛋母鸭发病死亡。

1.病理特征　全身呈败血性病变。主要表现：皮肤与内脏器官多发性出血，浆液出血性结膜炎，头颈部皮下胶样水肿，出血坏死性消化道炎（食道、十二指肠、直肠和泄殖腔尤为严重），肝有坏死灶，淋巴器官或组织（脾、法氏囊、胸腺、肠淋巴组织）有坏死灶，肝细胞、消化道上皮细胞与网状内皮细胞有核内包涵体形成（图2-45至2-62）。

2.诊断要点　根据流行特点及特征性症状可怀疑本病。消化道、肝脏病变和核内包涵体病变有鉴别诊断意义。本病死亡率高，必要时应进行病毒分离或血清学试验。注意与巴氏杆菌病、病毒性肝炎鉴别。

图2-45　鸭　瘟

头部肿胀，眼睑水肿，左侧为正常鸭（范国雄，1995. 动物疾病诊断图谱.）

图2-46　鸭　瘟

头部肿胀，鼻孔流出带血的黏液（胡薛英供图）

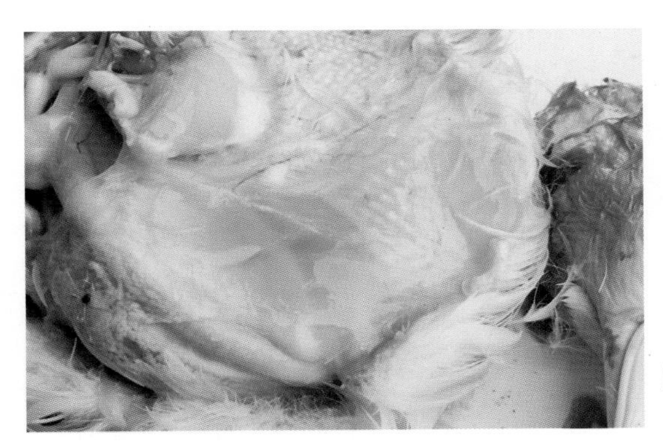

图2-47　鸭　瘟

头部皮下水肿，呈胶冻样（谷长勤供图）

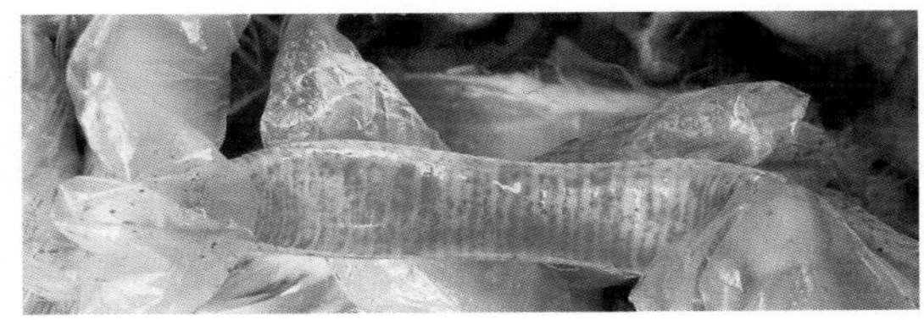

图2-48　鸭　瘟

气管黏膜呈环状出血（胡薛英供图）

图2-49　鸭　瘟

食道黏膜出血，出血点呈条纹状排列（胡薛英供图）

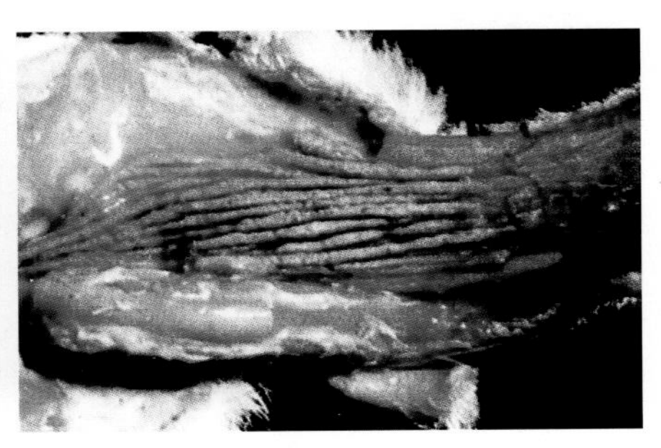

图2-50　鸭　瘟

食道黏膜发生黄白色条纹状坏死（刘晨供图）

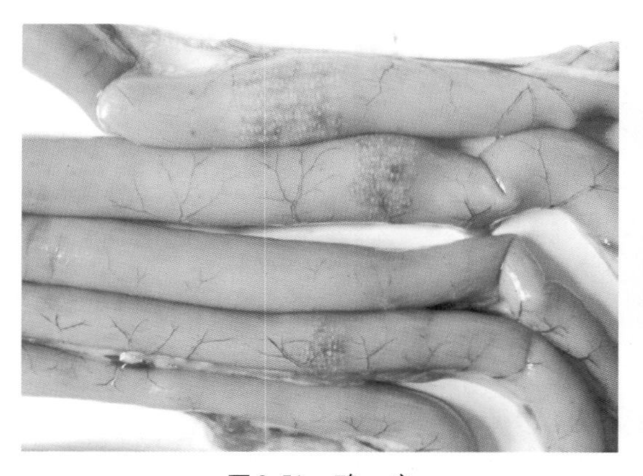

图2-51　鸭　瘟

从浆膜面可清晰地看到肠道黏膜淋巴集结处有许多坏死灶（胡薛英供图）

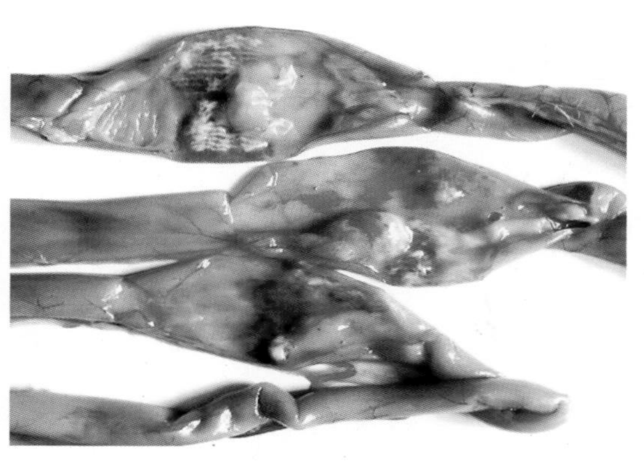

图2-52　鸭　瘟

肠黏膜出血，并有明显性坏死（胡薛英供图）

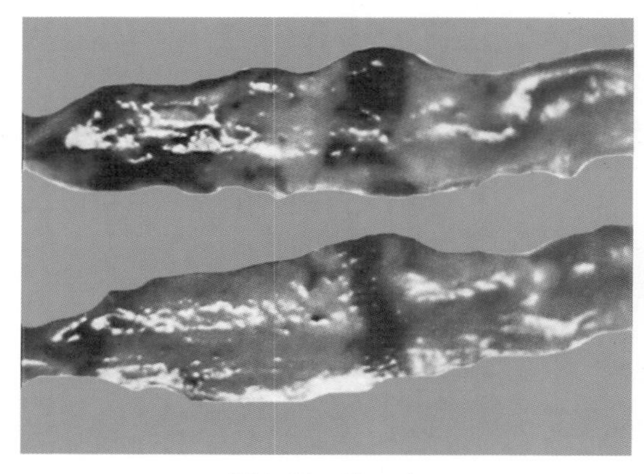

图2-53　鸭　瘟

小肠黏膜环状出血带（崔治中，等，2003. 禽病诊治彩色图谱.）

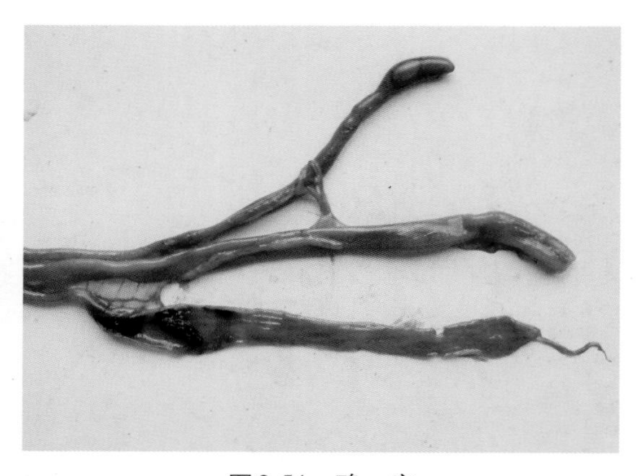

图2-54　鸭　瘟

盲肠黏膜出血，盲肠扁桃体明显出血、坏死（胡薛英供图）

图2-55　鸭　瘟

肝脏有灰白色密发性小坏死灶（胡薛英供图）

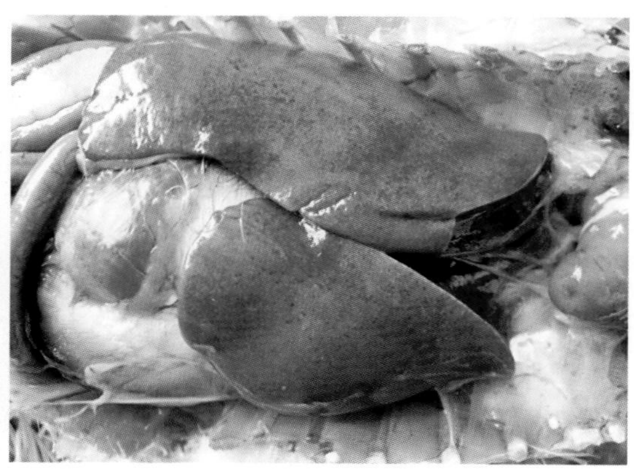

图2-56　鸭　瘟

肝脏出血，有少量坏死灶（胡薛英供图）

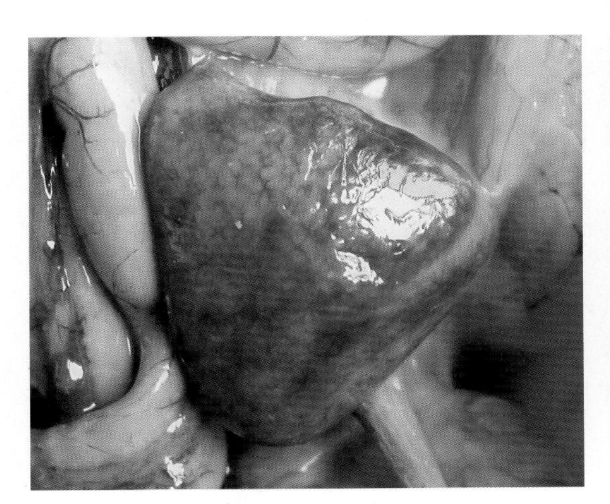

图2-57 鸭 瘟

种鸭脾脏高度肿大，可见不规则的灰白色区（胡薛英供图）

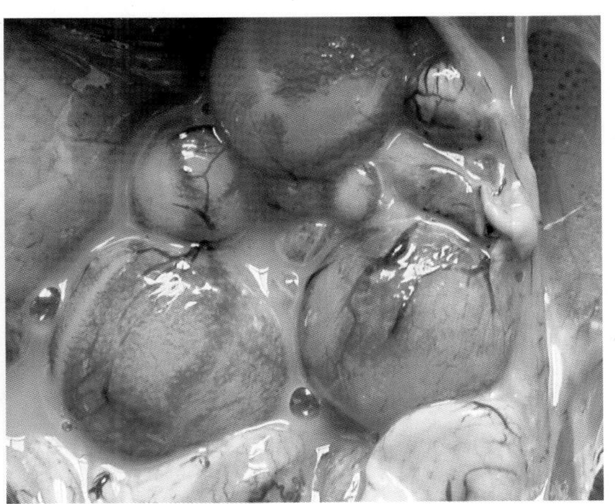

图2-58 鸭 瘟

卵泡充血、出血，有的破裂（胡薛英供图）

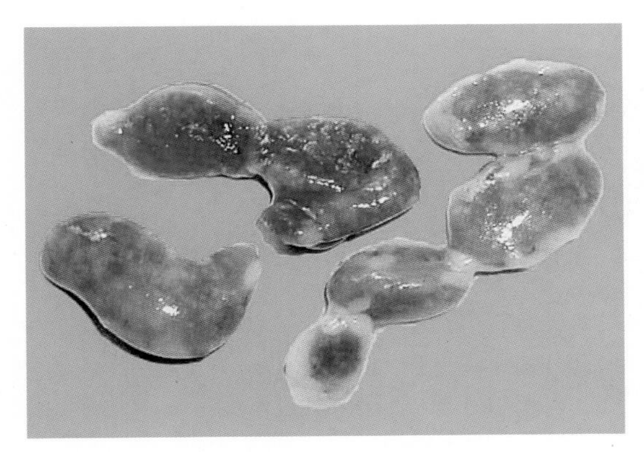

图2-59 鸭 瘟

胸腺肿大、出血，并见许多坏死灶（岳华、汤承供图）

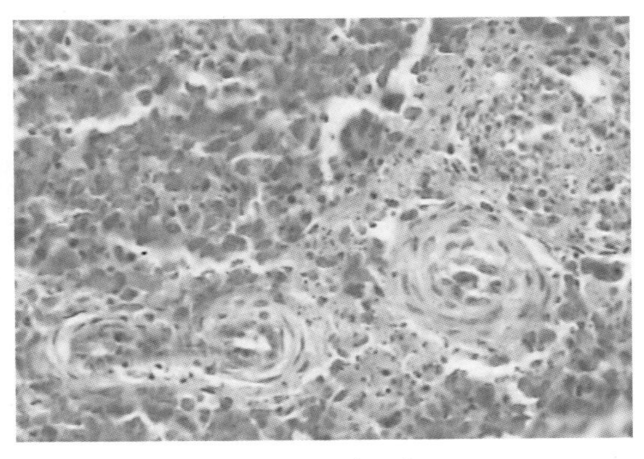

图2-60 鸭 瘟

脾脏白髓减少，淋巴细胞坏死，红髓充满大量红细胞以及异嗜性粒细胞浸润。HE×400（胡薛英供图）

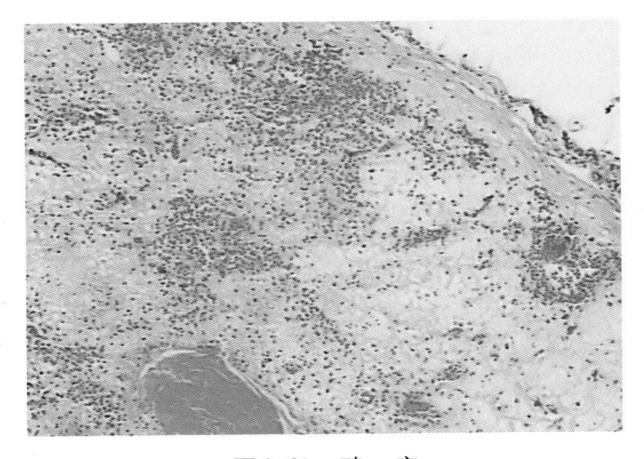

图2-61 鸭 瘟

胸腺出血，淋巴细胞明显减少，仅残留少量坏死的淋巴细胞。HE×100（胡薛英供图）

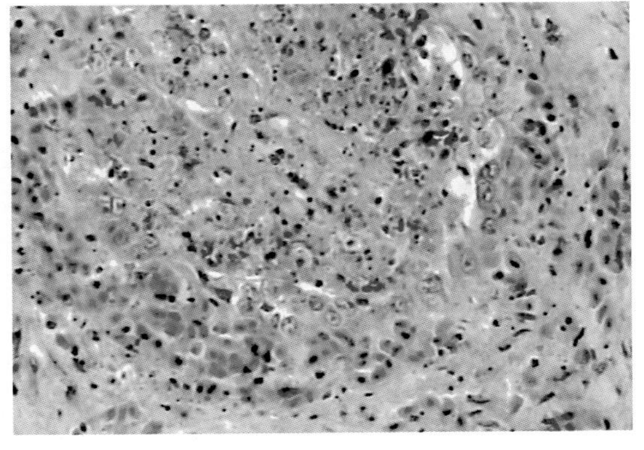

图2-62 鸭 瘟

法氏囊淋巴滤泡皮质部出血及异嗜性粒细胞浸润，髓质部淋巴细胞坏死。HE×400（胡薛英供图）

3.防治措施

（1）定期用鸭瘟鸭胚弱毒疫苗预防接种。

（2）一旦发病要将病鸭隔离，死鸭要消毒、深埋等进行无害化处理。受威胁鸭群用鸭瘟胚弱毒苗进行紧急免疫接种。

（3）发病早期可用抗鸭瘟高免血清进行治疗。

## 第四节 小鹅瘟

小鹅瘟（gosling plague，GP）是由鹅细小病毒引起的一种高度接触性传染病。主要感染4 ～ 20日龄鹅和雏番鸭，发病率和死亡率高，成年鹅感染后带毒而无症状。其临诊特征为精神委顿，排含气泡的黄绿色稀粪，流涕、呼吸困难。

1.病理特征 表现为浆液性及纤维素性肝周炎、心包炎，急性卡他性纤维素坏死性小肠炎，在肠管内可见脱落的肠黏膜与纤维素形成的灰白色凝栓或包裹在肠内容物表面的假膜阻塞肠腔。组织学检查可见坏死性心肌炎与非化脓性脑炎，变性的心肌中可见Cowdry A型核内包涵体（图2-63、图2-64）。

图2-63 小鹅瘟

病鹅精神沉郁，厌食，腹泻（陈建红，等，2001. 禽病诊治彩色图谱.）

图2-64 小鹅瘟

病鹅肠内纤维素渗出，肠黏膜脱落并与肠内容物共同形成肠凝栓，黏膜下层潮红（陈建红，等，2001.禽病诊治彩色图谱.）

2.诊断要点 根据流行特点、特征症状和病理变化可以初步诊断。确诊需进行病毒分离或血清学试验（琼脂扩散试验、ELISA试验）。注意与雏番鸭细小病毒病、雏鹅副伤寒鉴别。

3.防治措施 对种鹅接种疫苗，尽量做到自繁自养。加强雏鹅的饲养管理。一旦发现有感染小鹅瘟的现象，及时注射高免血清或卵黄抗体。

## 第五节 鸡传染性法氏囊病

鸡传染性法氏囊病（infectious bursal disease，IBD）是由鸡传染性法氏囊病毒引起鸡

的一种急性高度接触性传染病，是危害雏鸡的严重疫病之一。由于本病可导致免疫抑制，常造成免疫失败而诱发多种疫病。本病特征是传播快、病程短、发病率和死亡率高，主要表现为沉郁、腹泻和脱水。

1. 病理特征　法氏囊肿大、出血、坏死；腿肌、胸肌等处明显出血；腺胃乳头出血；肾脏肿大呈灰白色花纹状。

2. 诊断要点　多发于3 ～ 6周龄，病禽出现水样喷射状腹泻，或排灰白色石灰乳样稀粪，病鸡闭目缩颈。死亡高峰在发病后的3 ～ 5d，死亡曲线呈尖峰状。根据流行特点、症状和病变可以做出诊断，可利用琼脂扩散试验或快速诊断试纸条确诊。注意与新城疫、肾型鸡传染性支气管炎、磺胺中毒、霉菌毒素中毒等疾病鉴别（图2-65至图2-84）。

图2-65　鸡传染性法氏囊病

36日龄雏鸡发病后第3天大批死亡（王新华供图）

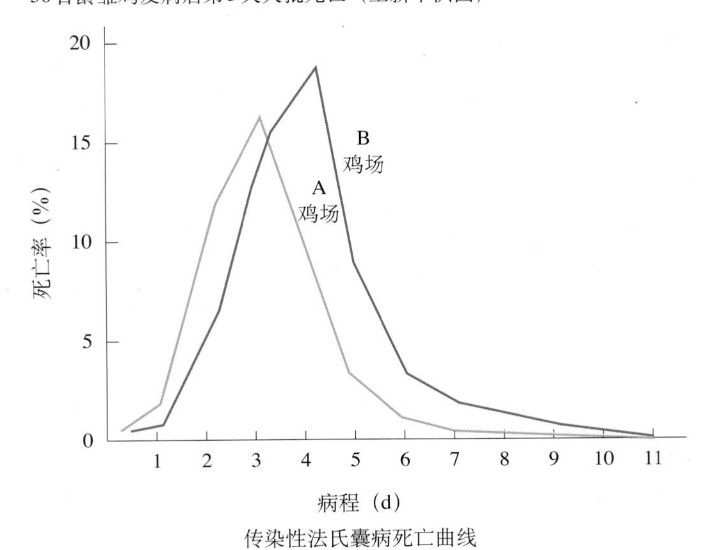



传染性法氏囊病死亡曲线

图2-66　鸡传染性法氏囊病

A、B两个鸡场传染性法氏囊病的死亡曲线呈尖峰状（王新华供图）

图2-67 鸡传染性法氏囊病
病鸡精神沉郁、闭目缩颈、羽毛松乱，排灰白色稀粪（王新华、逯艳云供图）

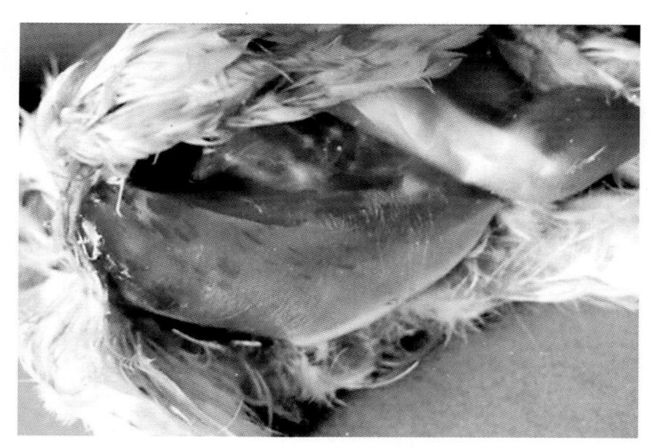

图2-68 鸡传染性法氏囊病
胸肌有出血条纹和斑点（王新华、逯艳云供图）

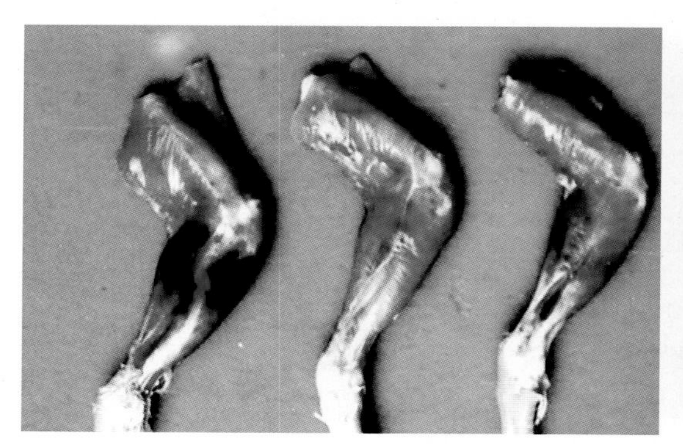

图2-69 鸡传染性法氏囊病
腿肌严重出血（王新华、逯艳云供图）

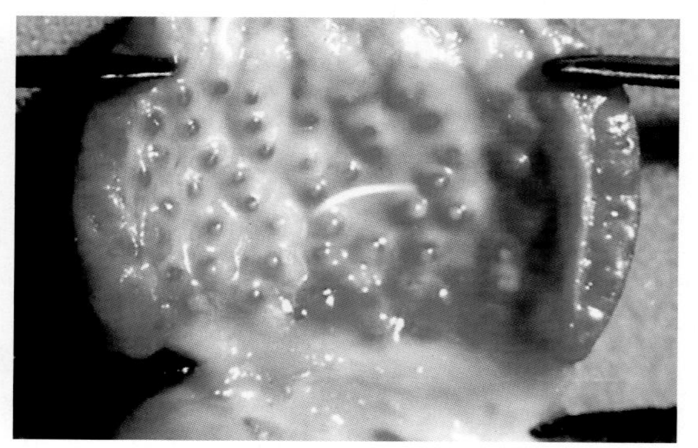

图2-70 鸡传染性法氏囊病
腺胃乳头出血（王新华、逯艳云供图）

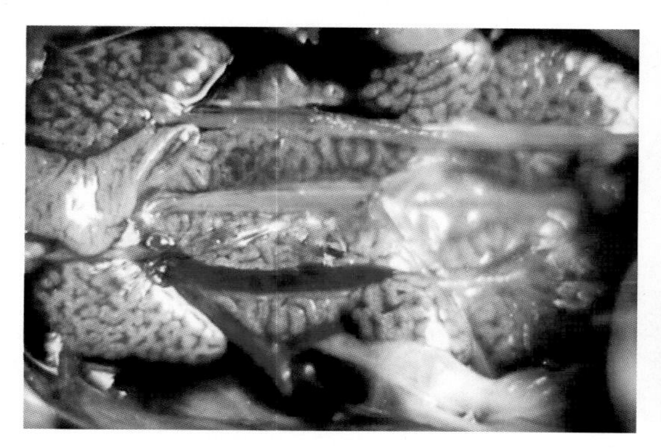

图2-71 鸡传染性法氏囊病
肾脏肿大，肾小管、收集管内充满尿酸盐使肾脏呈花斑状，输尿管内充满尿酸盐而胀大（王新华、逯艳云供图）

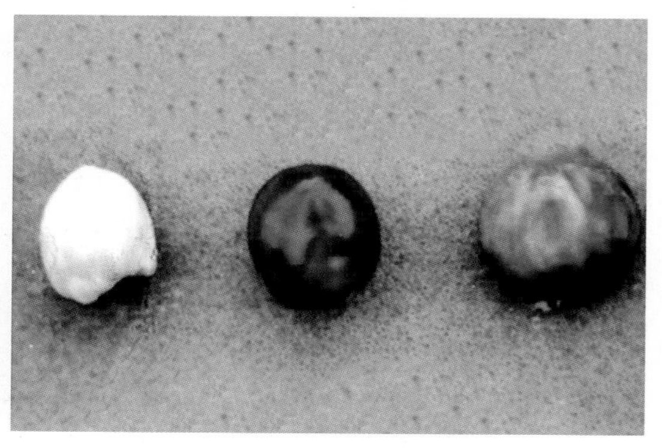

图2-72 鸡传染性法氏囊病
病鸡法氏囊出血、肿大，呈紫红色葡萄状，左边白色的为正常法氏囊（王新华、逯艳云供图）

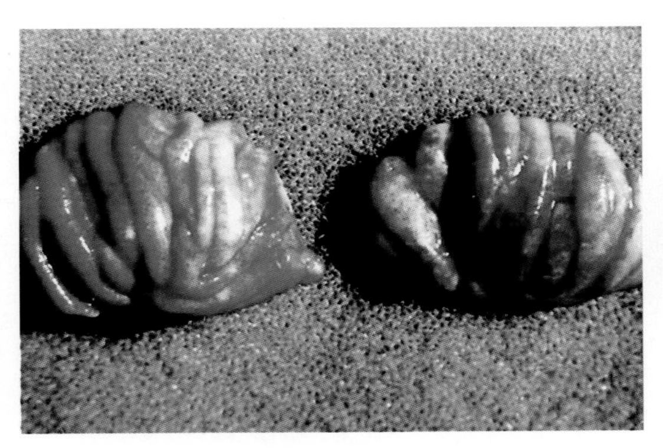

图2-73 鸡传染性法氏囊病

法氏囊黏膜肿胀、出血，皱褶显著增厚（王新华、逯艳云供图）

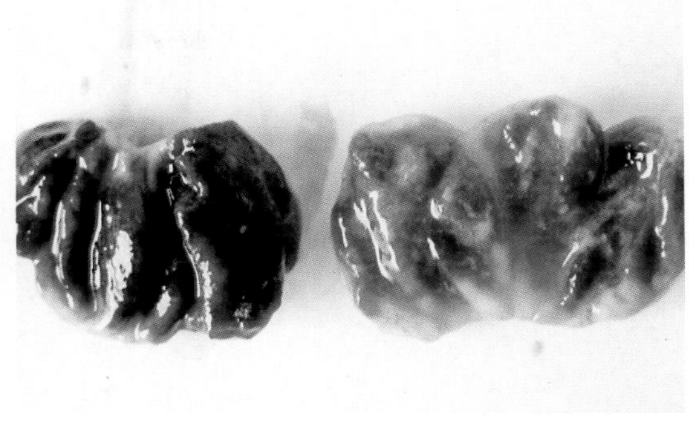

图2-74 鸡传染性法氏囊病

法氏囊严重出血坏死，囊腔中有灰红色糊状物（逯艳云供图）

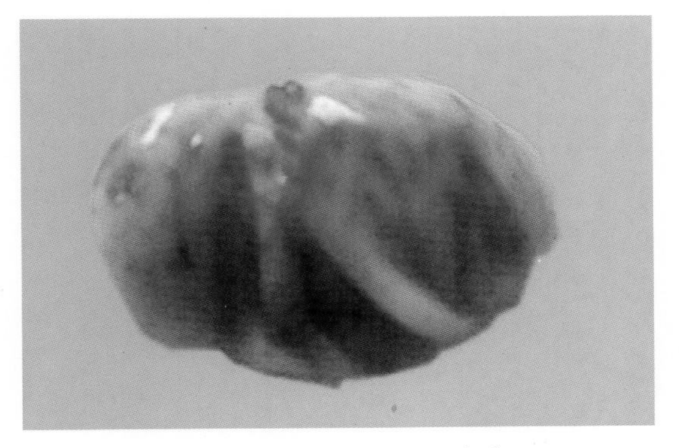

图2-75 鸡传染性法氏囊病

法氏囊黏膜肿胀，皱褶显著增宽，有出血斑块（王新华供图）

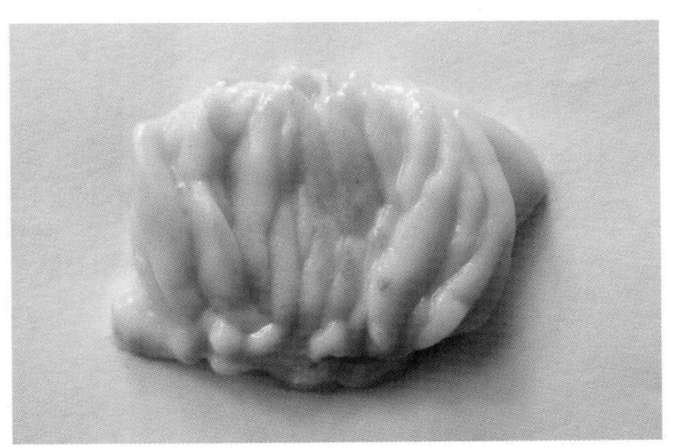

图2-76 鸡传染性法氏囊病

法氏囊严重肿大，皱褶肥厚，有轻微出血（逯艳云供图）

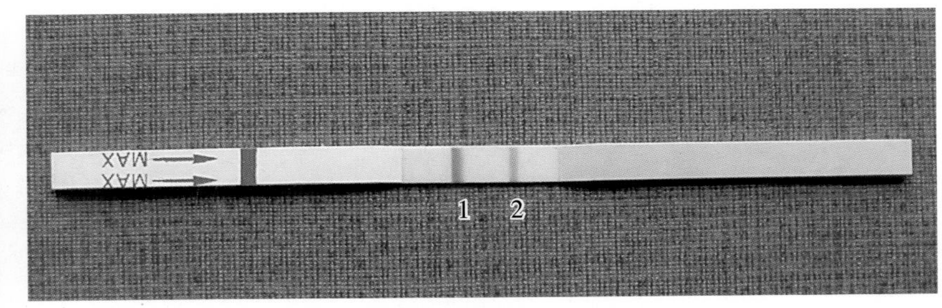


图2-78 鸡传染性法氏囊病

快速诊断试纸条浸入法氏囊悬液中10min后出现两条紫红色线条者为阳性反应。1为检测线，2为对照线（王新华供图）

图2-77 鸡传染性法氏囊病

有些病鸡的法氏囊浆膜水肿，呈黄色（王新华、逯艳云供图）

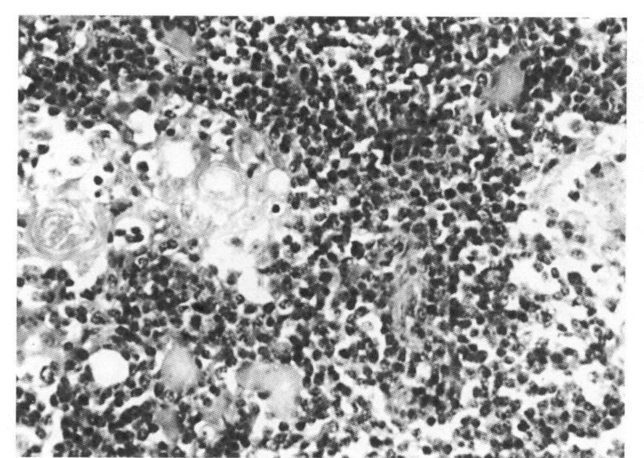

图2-79 鸡传染性法氏囊病

胸腺髓质淋巴滤泡坏死。HE×400（刘思当供图）

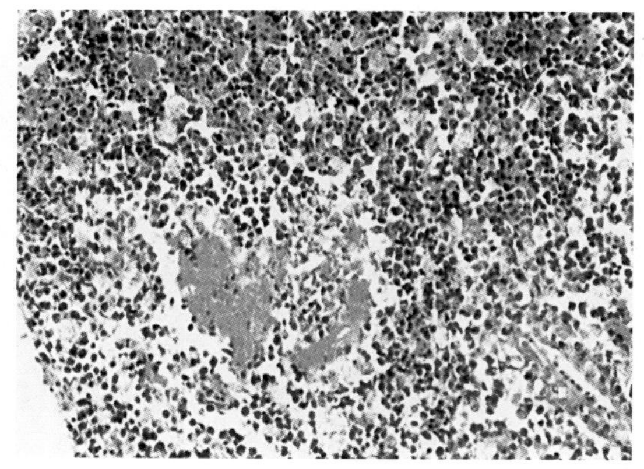

图2-80 鸡传染性法氏囊病

脾脏白髓淋巴滤泡坏死，淋巴细胞减少。HE×100（刘思当供图）

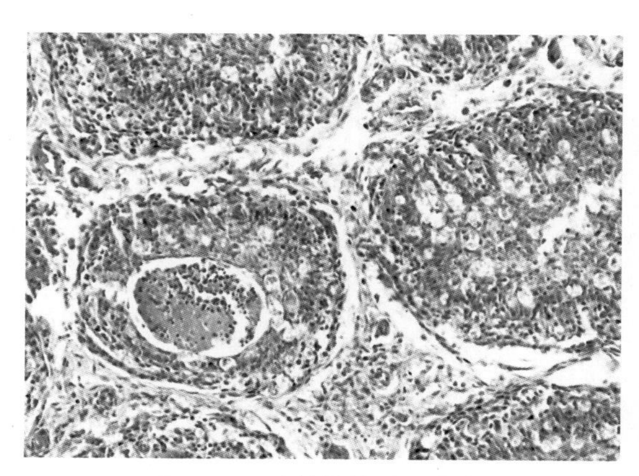

图2-81 鸡传染性法氏囊病

法氏囊淋巴滤泡细胞散在性坏死，髓质有囊腔形成，其中有异嗜性粒细胞、核碎片和浆液。HE×400（陈怀涛供图）

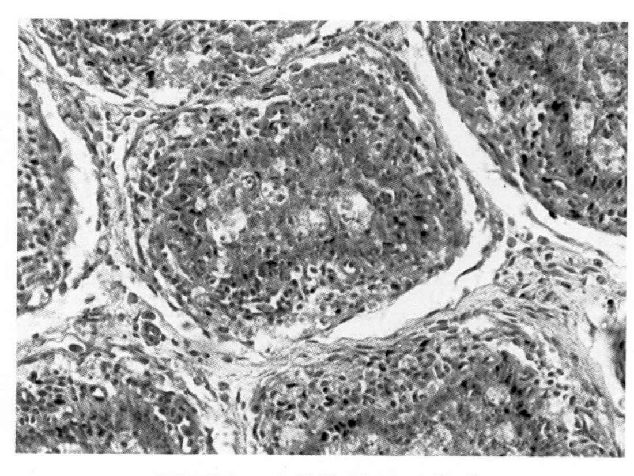

图2-82 鸡传染性法氏囊病

法氏囊淋巴滤泡细胞坏死，但髓质与皮质交界处未分化的上皮细胞增生，密集排列成层；滤泡间结缔组织轻度增生。HE×400（陈怀涛供图）

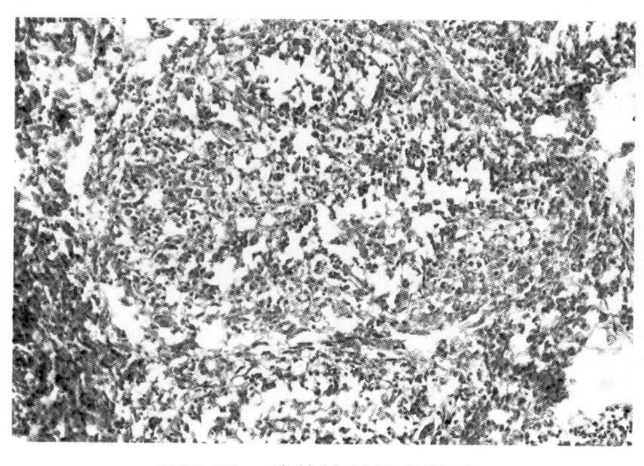

图2-83 鸡传染性法氏囊病

法氏囊淋巴滤泡细胞坏死，皮质与髓质分界不清，滤泡间除有少量结缔组织外也难以辨认。HE×400(陈怀涛供图)

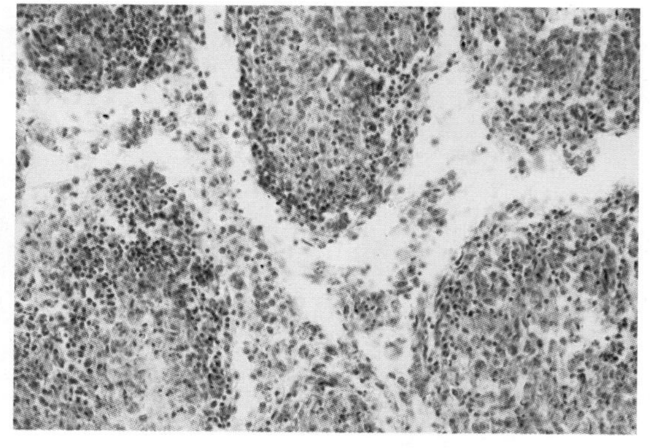

图2-84 鸡传染性法氏囊病

法氏囊淋巴滤泡间质水肿，异嗜性粒细胞等炎性细胞浸润，淋巴细胞坏死。HE×400（陈怀涛供图）

3. 防治措施

(1) 加强卫生消毒。

(2) 根据母源抗体水平制订合理的免疫程序。

(3) 发病时的控制措施：发病早期使用高免血清或高免卵黄饮水；在饮水中加入多种维生素、抗生素以补充营养和防止继发感染；注意防暑和保暖。

## 第六节　鸡传染性支气管炎

鸡传染性支气管炎（infectious bronchitis of chickens，IB）是由鸡传染性支气管炎病毒引起鸡的一种急性、高度接触性、传染性呼吸道疾病。雏鸡易感，主要表现为咳嗽、喷嚏、流涕和啰音，产蛋鸡产蛋量减少、蛋品质降低。

1. 病理特征　急性浆液性、卡他性与干酪性上呼吸道炎，卵黄性腹膜炎，肾型的表现为肾炎-肾病综合征。

2. 诊断要点　根据潜伏期短、发病迅速、呼吸困难和病理变化等特点，可以进行初步诊断，确诊应进行病原分离鉴定或血清学试验。注意与传染性喉气管炎、传染性鼻炎、支原体感染及新城疫等疾病鉴别（图2-85至图2-91）。

3. 防治措施

(1) 加强综合防治措施。避免寒冷、拥挤、氨气浓度过高等应激因素的刺激，不使用磺胺类药物。

(2) 及时接种疫苗。

(3) 为减轻病情，可应用抗生素等防止继发性感染。

诊断时注意与新城疫、传染性喉气管炎、禽流感、鸡毒支原体感染等区别。治疗时不用对肾脏有害的药物，如磺胺类、氨基糖苷类药物等。

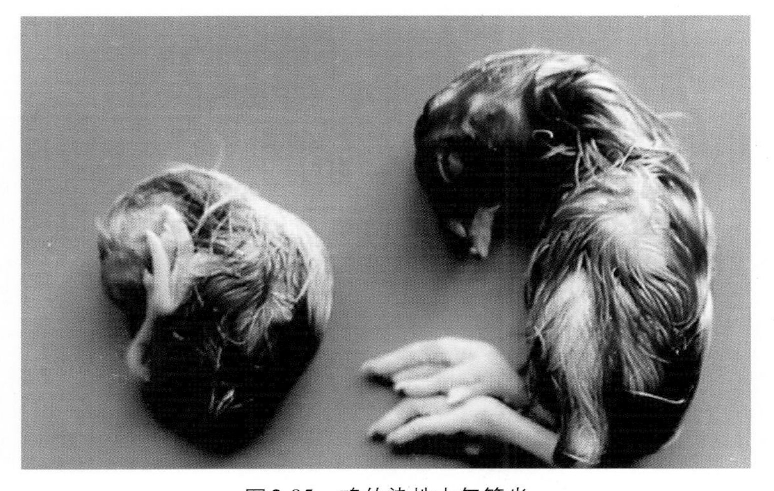

图2-85　鸡传染性支气管炎

接种病毒的鸡胚发育受阻，鸡胚明显矮小，右侧为发育正常的同龄鸡胚（王新华、逯艳云供图）

图2-86　鸡传染性支气管炎
病雏呼吸困难，伸颈、张口喘气（王新华、逯艳云供图）

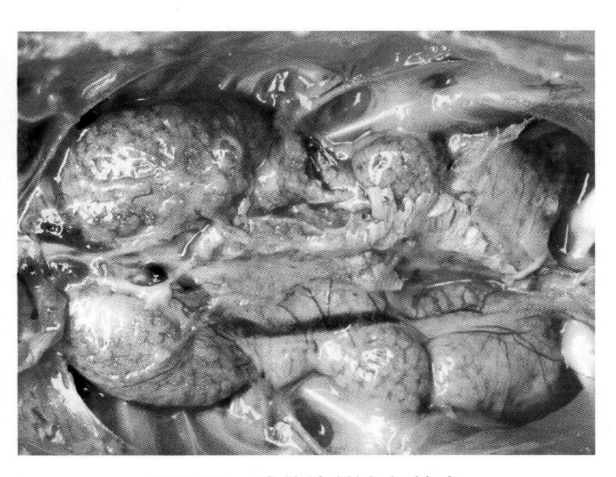

图2-87　鸡传染性支气管炎
肾脏肿大，外观呈花斑状，肾小管和输尿管内充满尿酸盐（王新华、逯艳云供图）

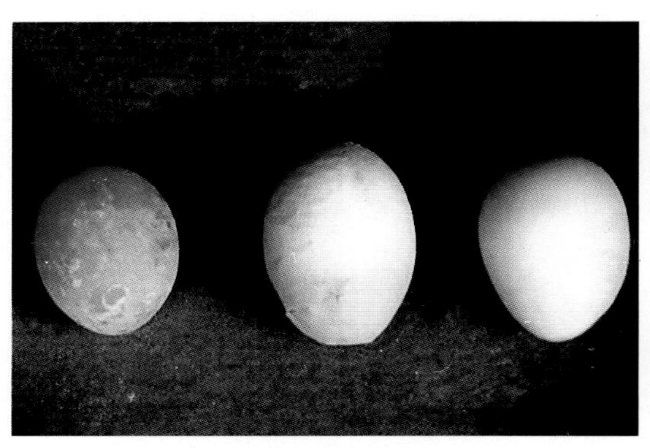

图2-88　鸡传染性支气管炎
蛋壳褪色、变薄，畸形蛋增多（王新华、逯艳云供图）

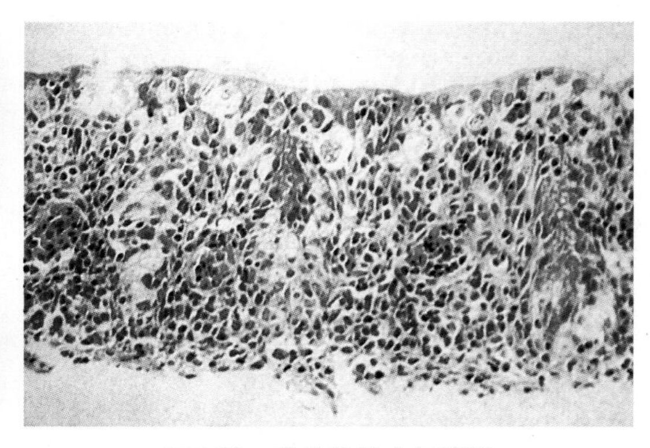

图2-89　鸡传染性支气管炎
气管黏膜上皮细胞肿大、增生、变性、坏死，纤毛消失，固有膜充血，淋巴细胞、浆细胞、异嗜性粒细胞浸润（吕荣修，2004. 禽病诊断彩色图谱.）

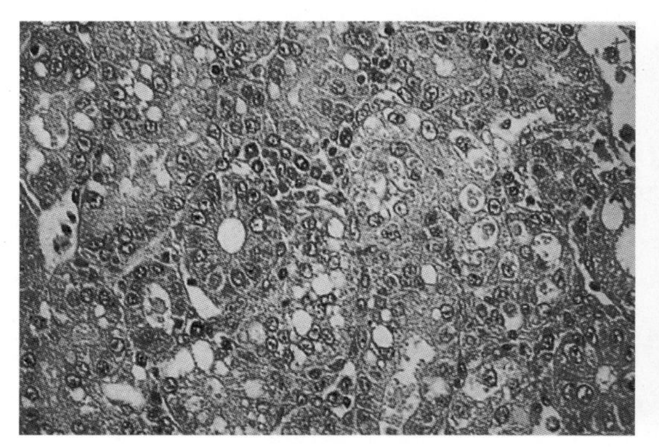

图2-90　鸡传染性支气管炎
肾脏近曲小管上皮细胞颗粒变性、水泡变性，间质淋巴细胞浸润（吕荣修，2004. 禽病诊断彩色图谱.）

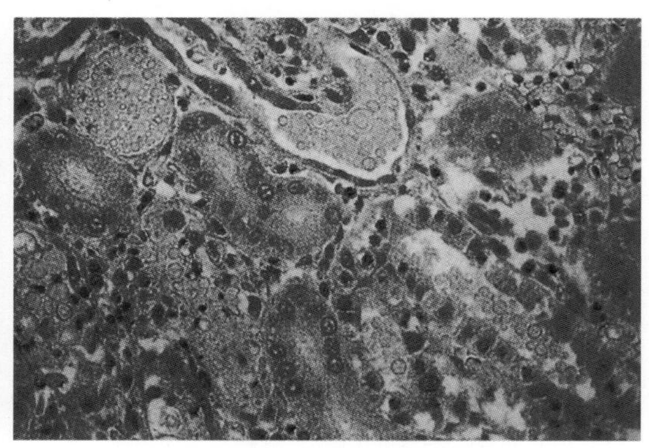

图2-91　鸡传染性支气管炎
肾脏远曲小管部分上皮细胞变性或呈扁平状，管腔内有颗粒状尿酸盐沉积（吕荣修，2004. 禽病诊断彩色图谱.）

## 第七节 鸡传染性喉气管炎

传染性喉气管炎（infectious laryngotracheitis，ILT）是由喉气管炎病毒引起鸡的一种急性、接触性、传染性上呼吸道疾病。成年鸡易感染，发病率、死亡率高。主要表现为呼吸困难、伸颈张口呼吸、咳嗽，甩头咳嗽时发出高昂的怪叫声，常甩出血液或血块。有时有浆液性或纤维素性结膜炎。

1. 病理特征　表现出血性、纤维素性、坏死性喉气管炎。病鸡喉头和气管内有血液或血块以及黏液或纤维素性假膜。早期病变表现为，黏膜下层血管周围有淋巴细胞浸润，黏膜上皮有多核合胞体细胞形成，细胞质内有嗜酸性包涵体；病后期表现为，气管黏膜上皮脱落与红细胞混合在一起阻塞气管；严重时黏膜上皮脱落，露出固有层（图2-92至图2-101）。

2. 诊断要点　根据流行特点、特征性症状和典型病变可做出诊断，必要时可做包涵体检查或接种鸡胚进行病毒分离鉴定，该病毒在鸡胚中复制时可使绒毛尿囊膜上形成灰白色坏死斑。注意与传染性支气管炎、新城疫、禽流感、支原体感染、黏膜型鸡痘鉴别。

图2-92　鸡传染性喉气管炎

病鸡呼吸困难，伸颈、张口喘气，发出高昂叫声（王新华、逯艳云供图）

图2-93　鸡传染性喉气管炎

病鸡由于呼吸困难而不断甩头，甩出的血凝块黏附在鸡笼上（王新华、逯艳云供图）

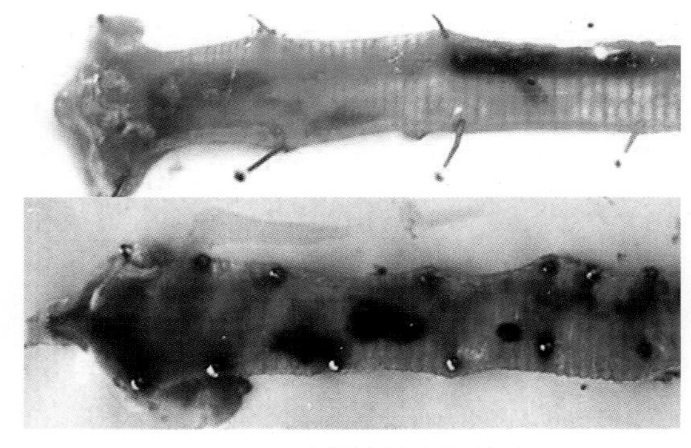

图2-94　鸡传染性喉气管炎

喉头和气管黏膜充血、出血，管腔内有血液和血凝块（王新华、逯艳云供图）

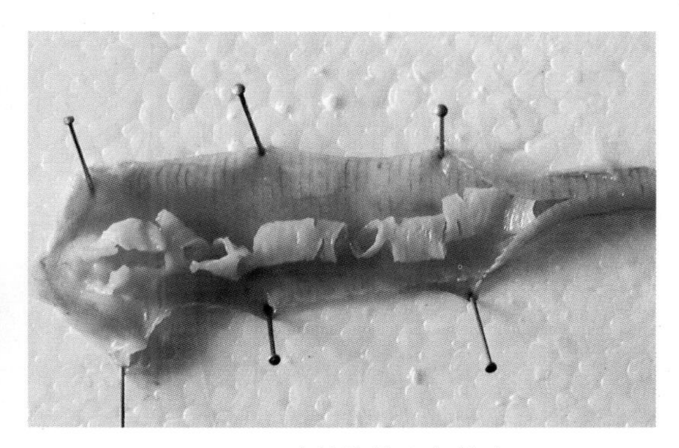

图2-95　鸡传染性喉气管炎

气管黏膜脱落，后期脱落的黏膜形成管状物（王新华、逯艳云供图）

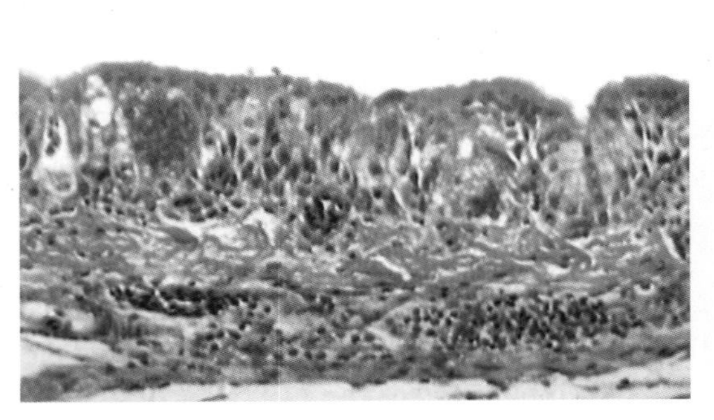

图2-96　鸡传染性喉气管炎

早期组织学变化：黏膜轻度增厚，黏膜下层血管周围有轻度淋巴细胞浸润，黏膜内有多核细胞。HE×400（B · W · 卡尔尼克，1999. 禽病学. 高福，苏敬良，译.）

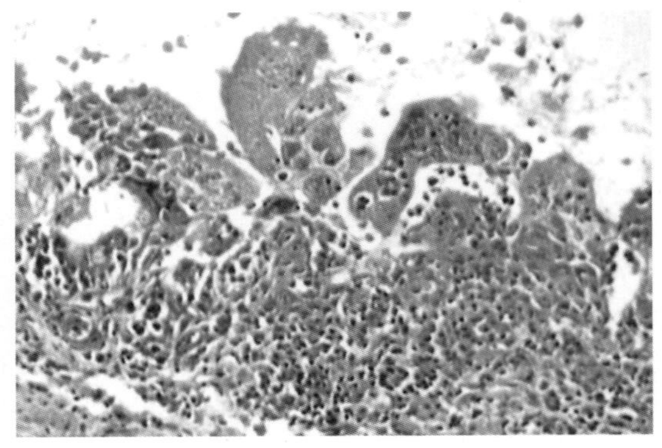

图2-97　鸡传染性喉气管炎

黏膜表面有大量脱落的合胞体细胞，呈大块状，黏膜层有大量淋巴细胞浸润。HE×400（B · W · 卡尔尼克，1999. 禽病学. 高福，苏敬良，译.）

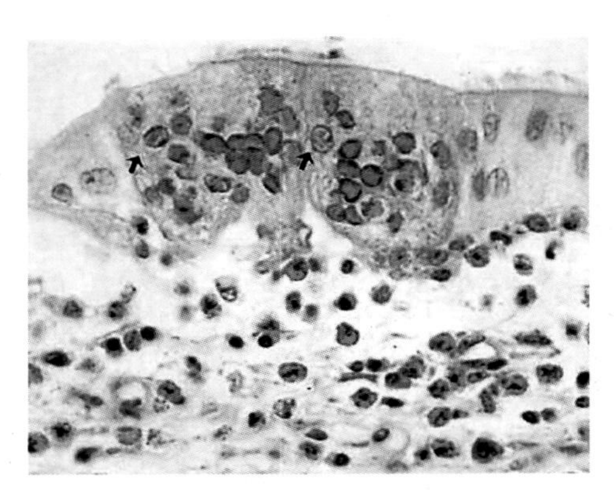

图2-98　鸡传染性喉气管炎

气管黏膜上皮细胞形成合胞体。HE×400（刘思当供图）

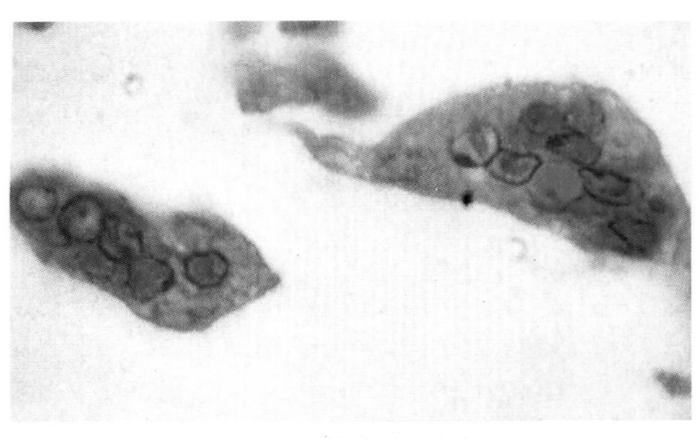

图2-99　鸡传染性喉气管炎

气管腔内的合胞体细胞，细胞质内有嗜酸性包涵体。HE×1 000（B · W · 卡尔尼克，1999. 禽病学. 高福，苏敬良，译.）

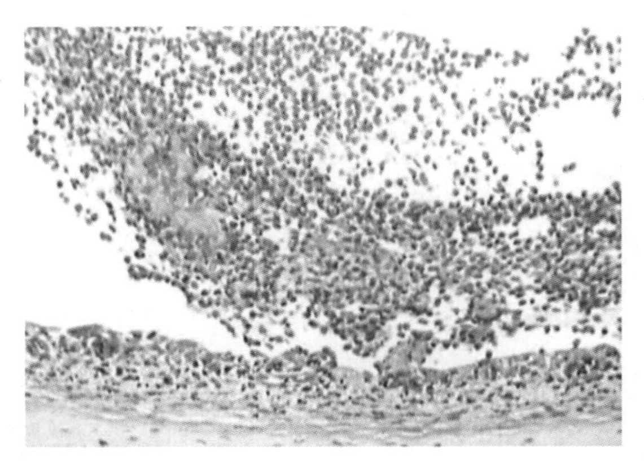

图2-100　鸡传染性喉气管炎

疾病后期，气管黏膜上皮脱落与红细胞混合在一起，阻塞气管。HE×400（B · W · 卡尔尼克，1999. 禽病学. 高福，苏敬良，译.）

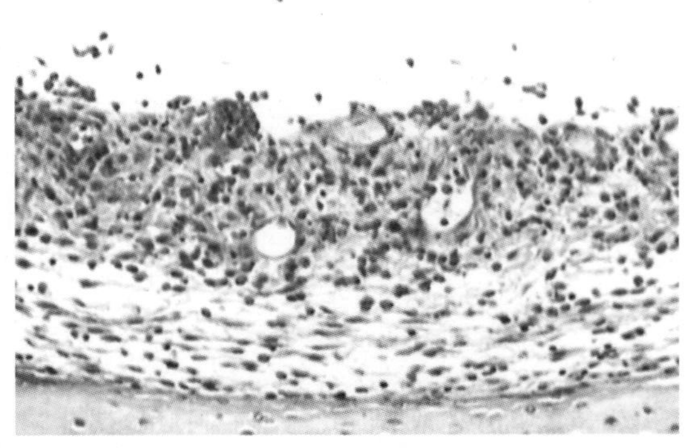

图2-101　鸡传染性喉气管炎

黏膜上皮严重坏死、脱落，露出固有层，其中有许多炎性细胞浸润。HE×400（B · W · 卡尔尼克，1999. 禽病学. 高福，苏敬良，译.）

3.防治措施

（1）加强卫生管理，防止疫病传入。

（2）本病流行地区可考虑接种疫苗，没有本病的地区一般不要接种疫苗。

## 第八节 鸭病毒性肝炎

鸭病毒性肝炎（duck virus hepatitis，DVH）是由鸭肝炎病毒引起幼鸭的一种急性、高度致死性传染病。主要发生于3周龄以内的幼鸭，多发生于孵化季节，成鸭感染不发病。幼鸭发病后表现为沉郁及抽搐、角弓反张等神经症状。

1.病理特征　病鸭表现出血、坏死性肝炎、非化脓性脑炎，慢性病例可见胆管上皮细胞增生，炎性细胞浸润（图2-102至图2-108）。

2.诊断要点　根据流行特点、典型症状和特征性病变一般可以确诊。必要时可进行鸭胚接种试验或血清学检测予以确诊。注意与鸭瘟鉴别，慢性病例应与黄曲霉毒素中毒鉴别。

3.防治措施

（1）免疫接种。

（2）被动免疫　对初生雏鸭接种高度免疫血清、康复病鸭的血清、高免卵黄液或病愈鸭的卵黄液。

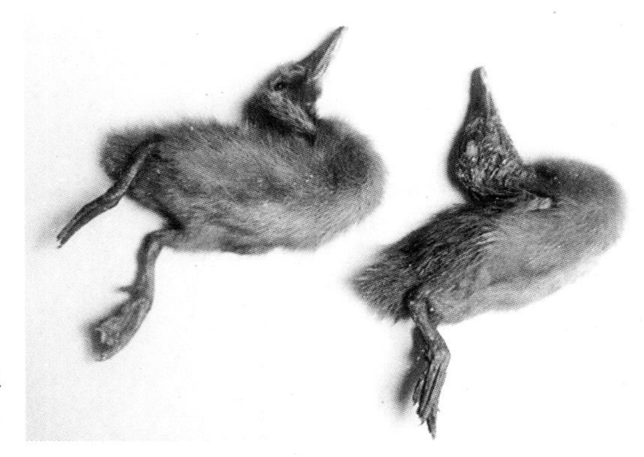

图2-102　鸭病毒性肝炎
病雏鸭死后，仍呈角弓反张姿势（王新华、王方供图）

图2-103　鸭病毒性肝炎
肝上有大量喷洒状出血斑点（胡薛英供图）

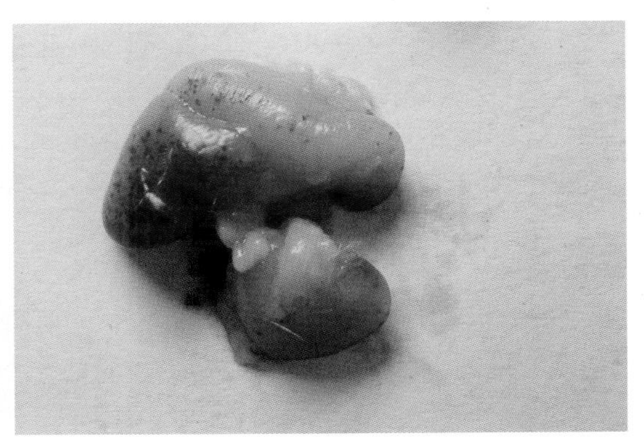

图2-104　鸭病毒性肝炎
胸腺有大量出血斑点（胡薛英供图）

图2-105　鸭病毒性肝炎
胰脏可见灰白色坏死点（胡薛英供图）

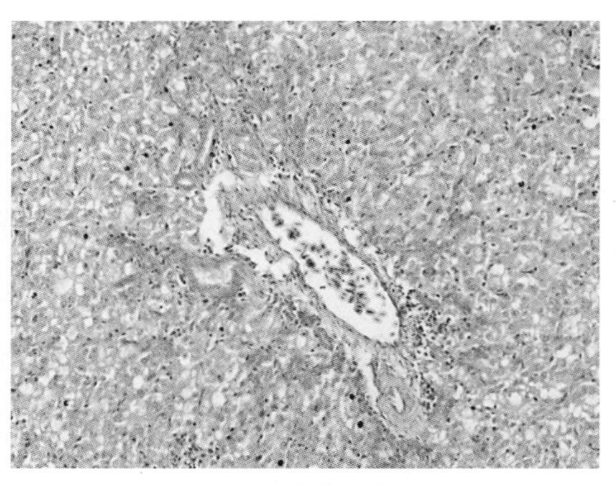

图2-106　鸭病毒性肝炎
肝脏胆管增生，炎性细胞浸润。HE × 100（胡薛英供图）

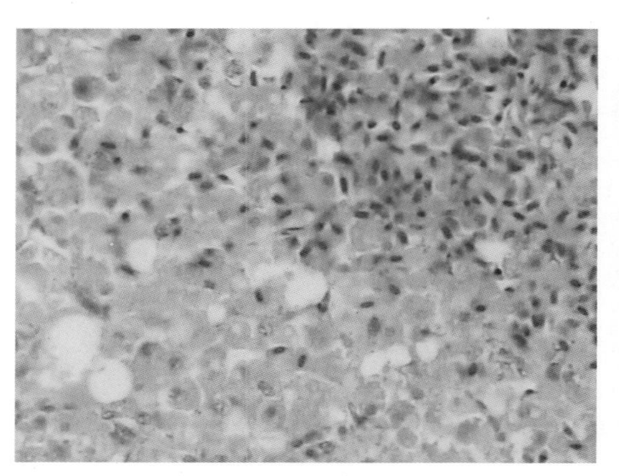

图2-107　鸭病毒性肝炎
肝细胞变性、坏死，并见局部出血。HE × 400（胡薛英供图）

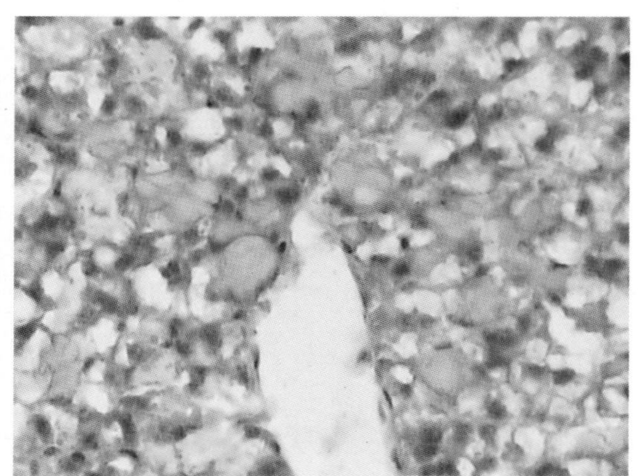

图2-108　鸭病毒性肝炎
肝细胞脂肪变性。冰冻切片苏丹Ⅲ染色 × 400（胡薛英供图）

## 第九节　雏番鸭细小病毒病

雏番鸭细小病毒病（muscovy duckling parvovirus infection）,俗称“三周病”,是由细小病毒引起雏番鸭的一种急性传染病。发病率与死亡率高。本病多发生于1 ～ 3周龄雏鸭，其临诊特征为精神沉郁、腹泻、喘气、四肢无力，并迅速死亡。耐过鸭常成为僵鸭。该病毒只引起雏番鸭发病。

1. 病理特征　心脏扩张；卡他性或纤维素性肠炎，甚至形成肠凝栓；胰腺出现灶状坏死；非化脓性脑炎（图2-109至2-111）。

2. 诊断要点　根据流行特点、特征症状和病理变化一般可做出初步诊断。本病常与鸭病毒性肝炎、传染性浆膜炎混合感染，故易造成误诊或漏诊，确诊需进行病原的分离鉴定和血清学试验。

3.防治措施

（1）对种蛋、孵化室和育雏室严格消毒，改善育雏室通风等条件。

（2）接种疫苗。

（3）发病雏番鸭注射抗细小病毒高免血清或高免蛋黄抗体。

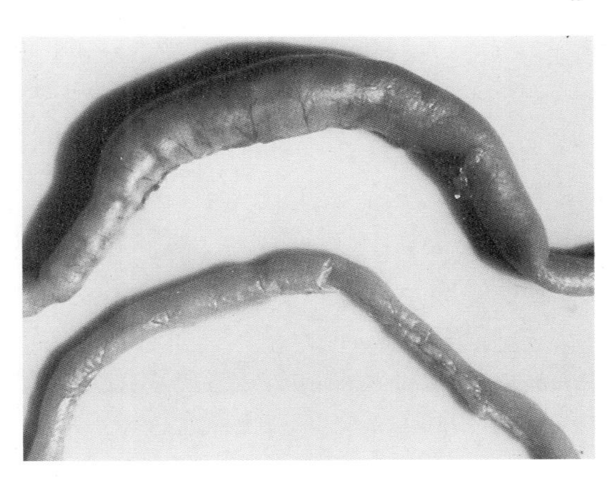

图2-109 番鸭细小病毒病

小肠中后段因纤维素性凝塞物充塞而显著增粗、变硬，下部为正常肠管（张济培供图）

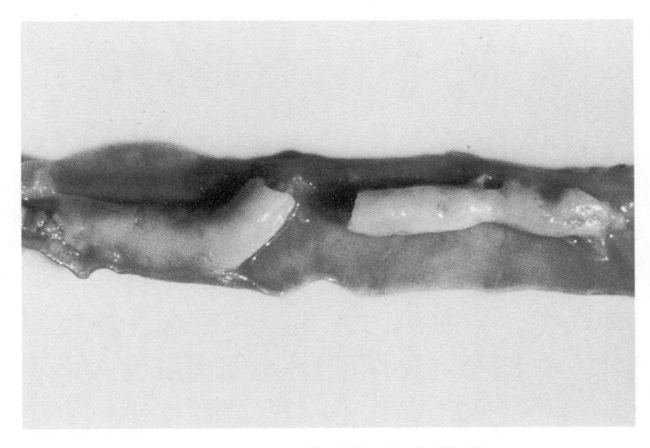

图2-110 番鸭细小病毒病

肠内纤维素、脱落的肠黏膜和肠内容物一起形成灰白色凝塞物，黏膜弥漫性出血（张济培供图）

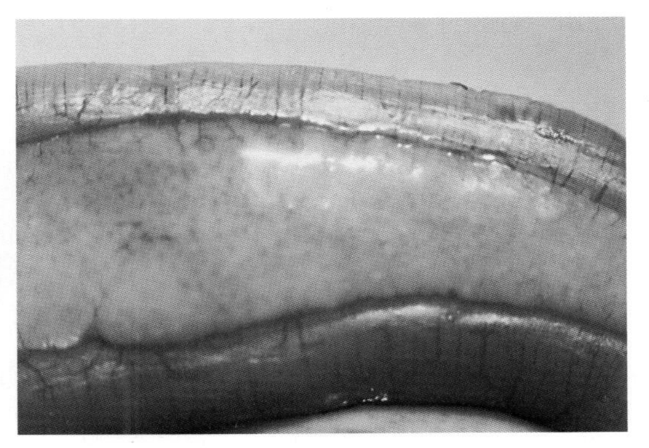

图2-111 番鸭细小病毒病

胰腺充血、出血，有散在灰白色小坏死点（张济培供图）

## 第十节 鸽Ⅰ型副黏病毒病

鸽Ⅰ型副黏病毒病（pigeon paramyxovirus-1 infection，PPMV-1）俗称“鸽瘟”，是由鸽Ⅰ型副黏病毒引起的急性、败血性、高度接触性传染病。1981年爆发于欧洲信鸽，此后在世界各地常有发生，危害严重，成为鸽子的重要疫病之一。

1.病理特征 呈败血性变化，主要表现为腺胃、肌胃、肠黏膜、泄殖腔黏膜出血，甚至形成溃疡；颈部皮下出血，脾脏充血、出血、点状坏死；肾脏肿大，肾小管内有较多的尿酸盐沉积；心外膜出血（图2-112、图2-113）。

2.诊断要点 本病与新城疫、副伤寒、鸟疫等疾病的症状与病变相似，诊断时除根据症状、病理变化判断外还应进行病原学和血清学检验。

3.防治措施

（1）加强饲养管理、消毒等一系列预防控制措施。

（2）接种鸽瘟专用疫苗或鸡新城疫Ⅱ系或Ⅳ系疫苗。

（3）该病尚无特效药物，可试用高免卵黄抗体治疗。

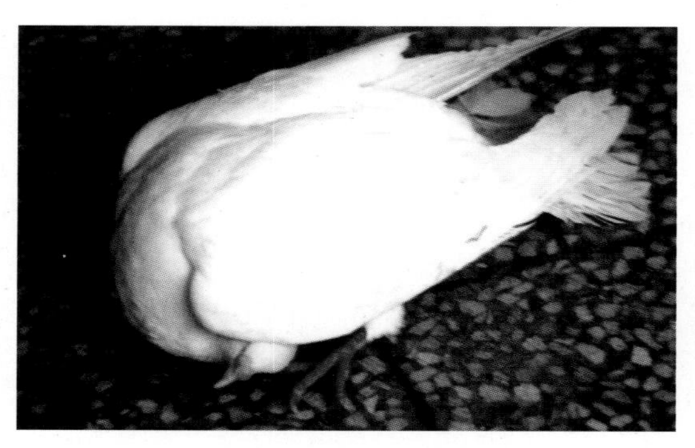

图2-112　鸽Ⅰ型副黏病毒病
神经症状，捩颈（王新华供图）

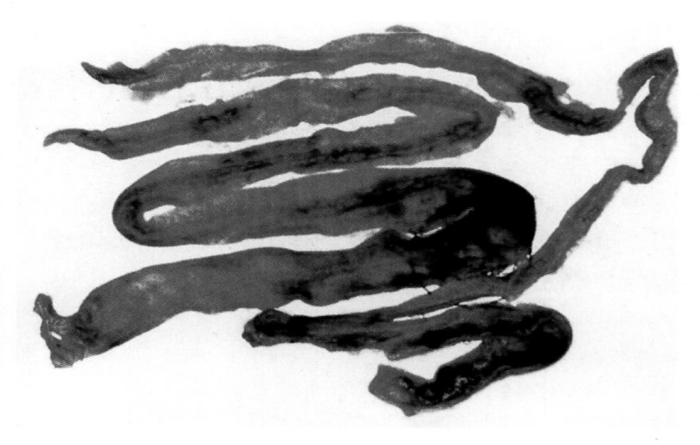

图2-113　鸽Ⅰ型副黏病毒病
病鸽肠黏膜脱落，黏膜弥漫性出血（陈建红，等，2001. 禽病诊治彩色图谱.）

## 第十一节　马立克氏病

马立克氏病（Marek's disease，MD）是由马立克氏病毒引起的一种重要的传染性肿瘤病，其特征是外周神经和各种内脏器官多形态的肿瘤细胞增生。

1. 病理特征　本病根据病理特点可分为神经型、内脏型、皮肤型和眼型。神经型（慢性型）：外周神经纤维呈弥漫性或局灶性肿大。内脏型（急性型）：内脏器官有大小不等的肿瘤结节。皮肤型：皮肤与毛囊形成大小不等的肿瘤结节。眼型：瞳孔缩小，边缘不整，虹膜呈蓝灰色。肿瘤组织由淋巴细胞、成淋巴细胞、浆细胞、组织细胞以及"马立克氏病细胞"（变性的成淋巴细胞）等多形态的肿瘤细胞组成（图2-114至图2-141）。

2. 诊断要点　本病通常在幼雏期发生，发病和死亡高峰在2 ~ 5月龄。病鸡精神沉郁，食欲减退，肢体麻痹或瘫痪，或眼睛失明等。根据流行特点、主要症状、特征性病变可做诊断。可通过琼脂扩散试验、荧光抗体试验、间接血凝试验等血清学试验或进行病毒分离鉴定确诊。注意与淋巴细胞性白血病等肿瘤性疾病鉴别。

图2-114　鸡马立克氏病
肢体麻痹，呈劈叉姿势（王新华供图）

图2-115　鸡马立克氏病
腿、翅麻痹，病鸡翅膀下垂，站立不稳，行走困难（王新华供图）

3. 防治措施

（1）免疫接种，免疫接种必须在出雏后24h内进行，疫苗稀释后应保存在冰水中并在1～2h内用完。

（2）强化综合防治措施，防止雏鸡的早期感染。

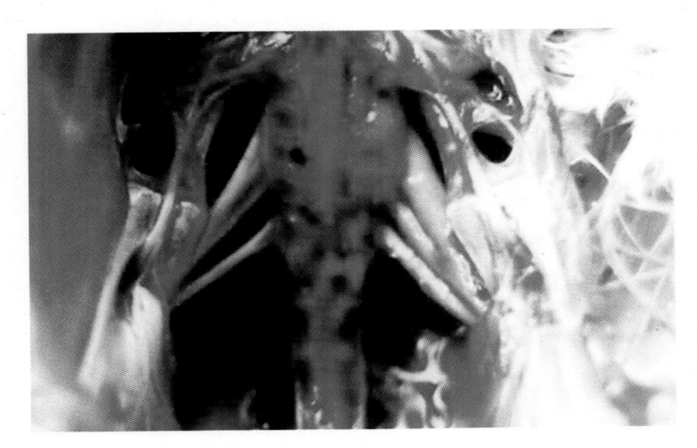

图2-116 鸡马立克氏病
左侧腰荐神经丛肿大（王新华供图）

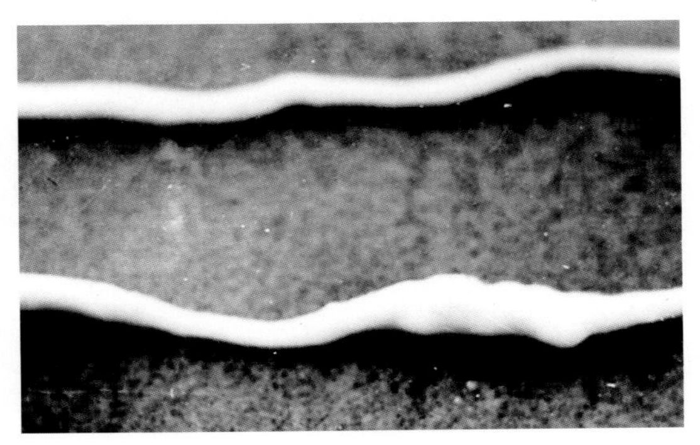

图2-117 鸡马立克氏病
颈部迷走神经呈弥漫性肿大（上）和局灶性肿大（下）（王新华供图）

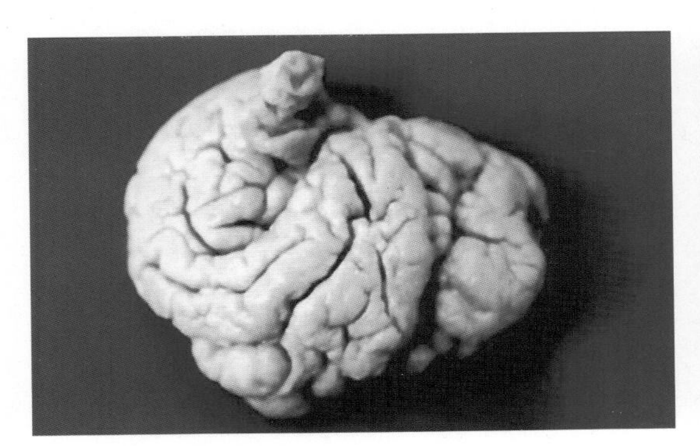

图2-118 鸡马立克氏病
卵巢肿瘤，卵巢肿大呈脑回状（王新华供图）

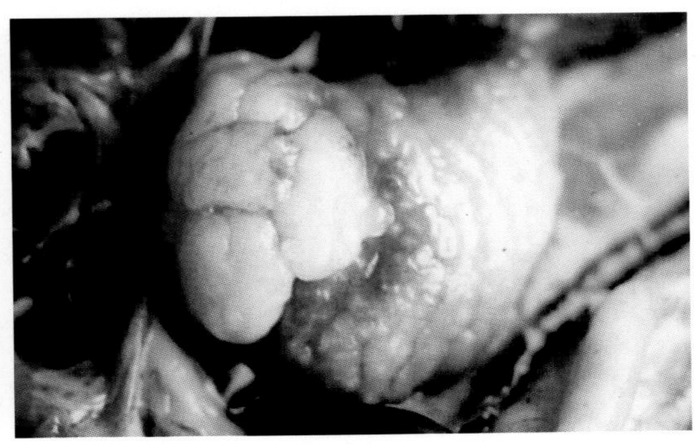

图2-119 鸡马立克氏病
卵巢病变，卵巢肿大呈灰白色鱼肉状（王新华供图）

图2-120 鸡马立克氏病
肝脏肿瘤，肝脏弥漫性肿大，并布满大小不等的肿瘤结节（王新华供图）

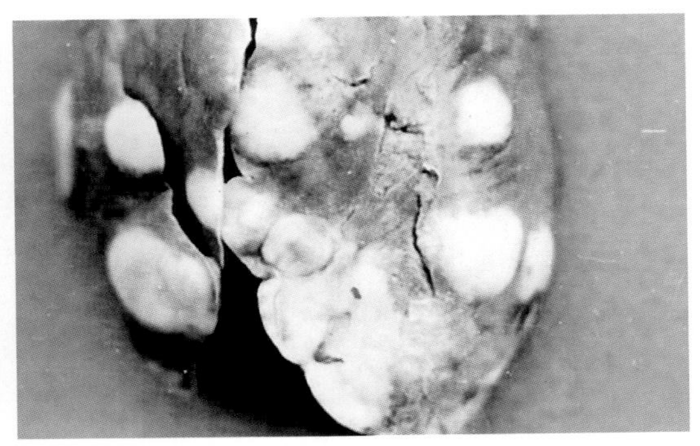

图2-121 鸡马立克氏病
肝脏有多个较大的肿瘤结节（王新华供图）

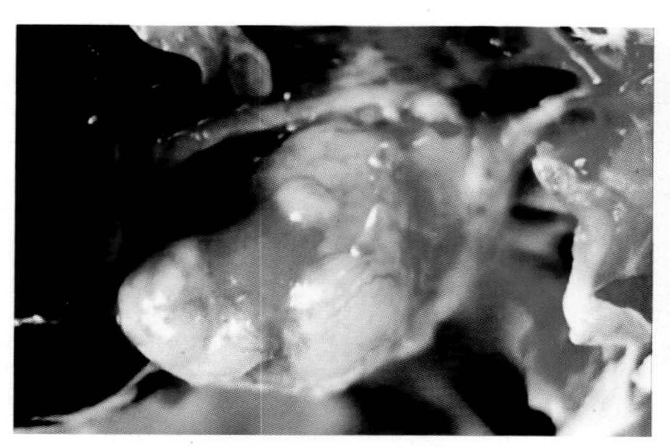

图2-122 鸡马立克氏病
心脏上有数个较大的肿瘤结节（王新华供图）

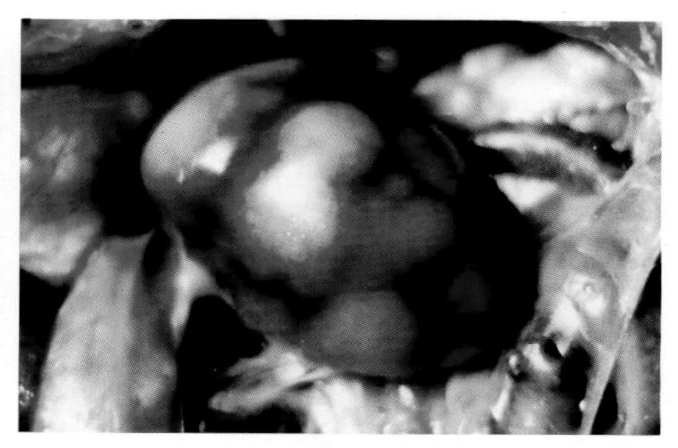

图2-123 鸡马立克氏病
脾脏肿大，并有多个较大的肿瘤结节（王新华供图）

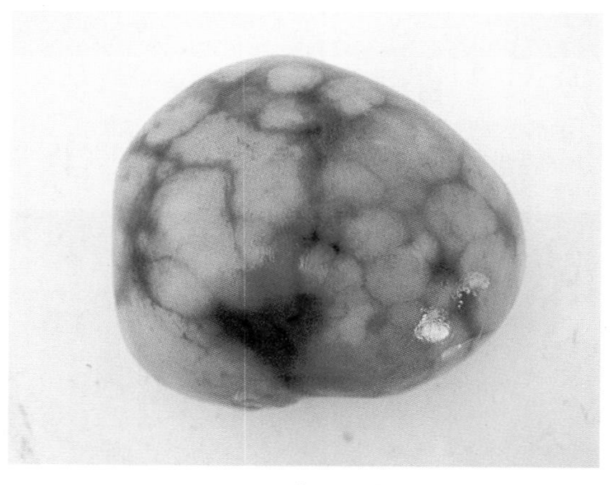

图2-124 鸡马立克氏病
脾脏肿瘤形成，整个脾脏几乎完全被大小不等的肿瘤结节取代，外观呈大理石样（王新华供图）

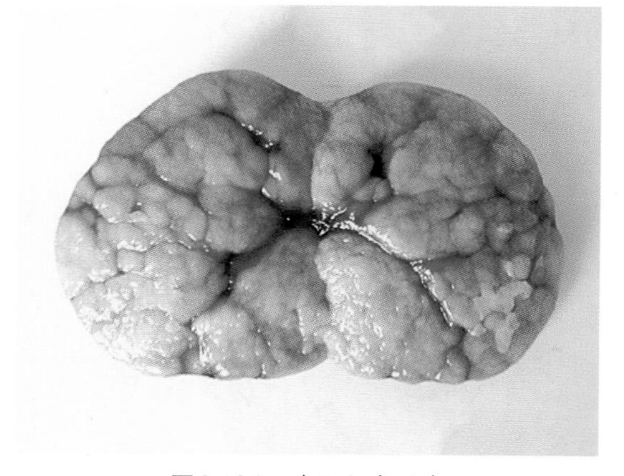

图2-125 鸡马立克氏病
图2-124的切面，可见脾脏明显肿胀，切面隆起。脾组织被大量灰白色结节状肿瘤取代（王新华供图）

图2-126 鸡马立克氏病
脾脏（固定标本）正常组织被密集的中等大小肿瘤结节取代，外观呈大理石样花纹（王新华供图）

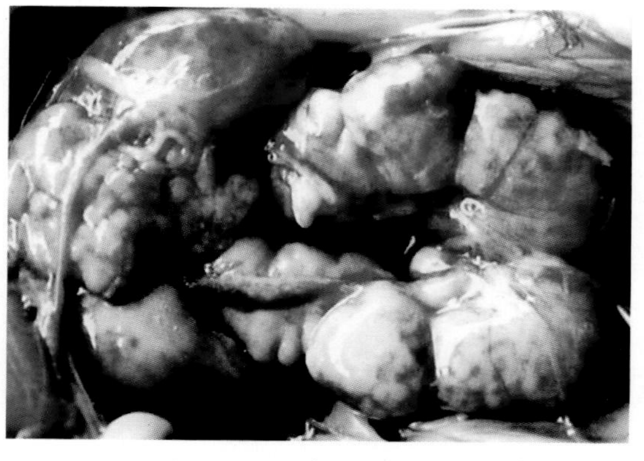

图2-127 鸡马立克氏病
肾脏弥漫性肿大，色泽苍白、不均，几乎完全被肿瘤组织取代（王新华供图）

图2-128 鸡马立克氏病
肺脏的肿瘤结节（王新华供图）

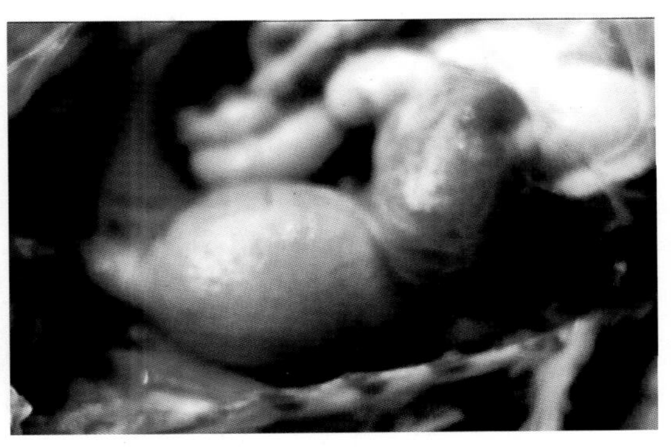

图2-129 鸡马立克氏病
腺胃肿大呈球状，胃壁增厚（王新华供图）

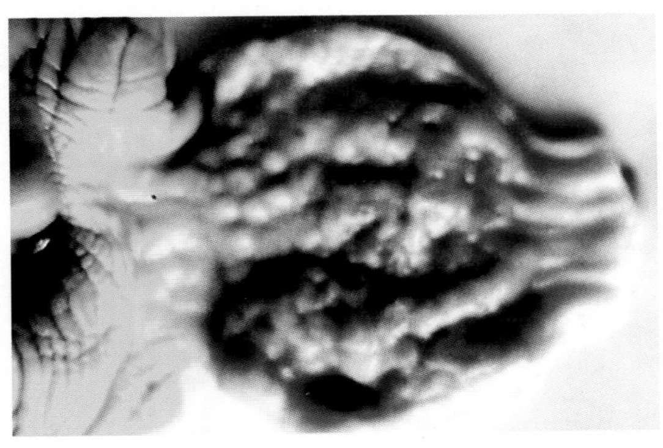

图2-130 鸡马立克氏病
图2-129的切面，腺胃黏膜肿瘤组织增生，致表面呈结节状（王新华供图）

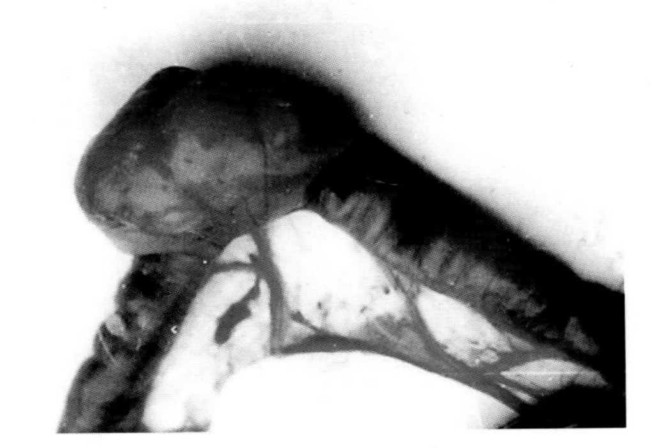

图1-131 鸡马立克氏病
小肠壁上的较大肿瘤结节（王新华供图）

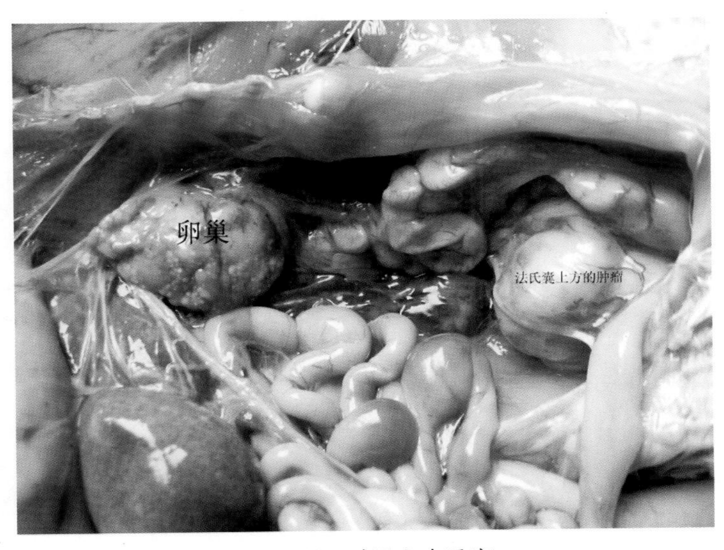


图2-132 鸡马立克氏病
腹腔多个脏器发生肿瘤，卵巢被肿瘤组织取代，脾脏弥漫性肿大，法氏囊上方有一较大的肿瘤（王新华供图）

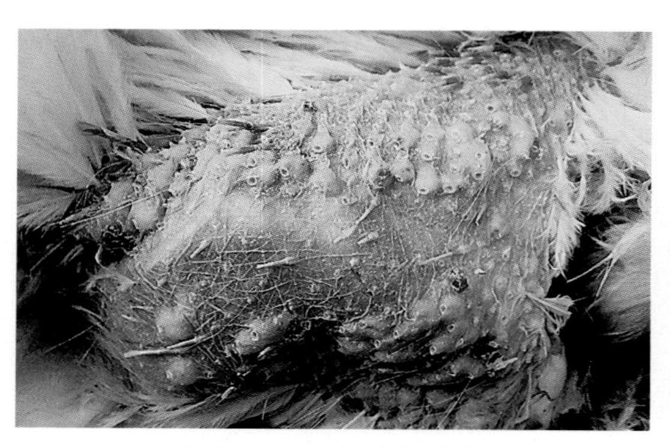

图2-133　鸡马立克氏病

皮肤型马立克氏病，皮肤上的肿瘤结节，部分毛囊显著肿大（王新华供图）

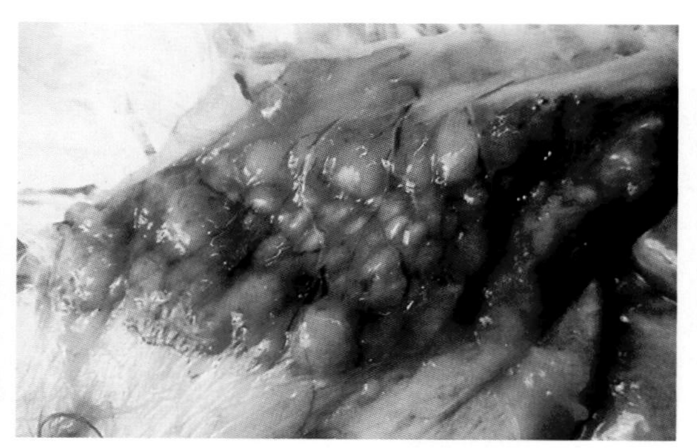

图2-134　鸡马立克氏病

图2-133的剖开面，可见皮下大量大小不等的肿瘤结节，灰白色，质地细腻（王新华供图）

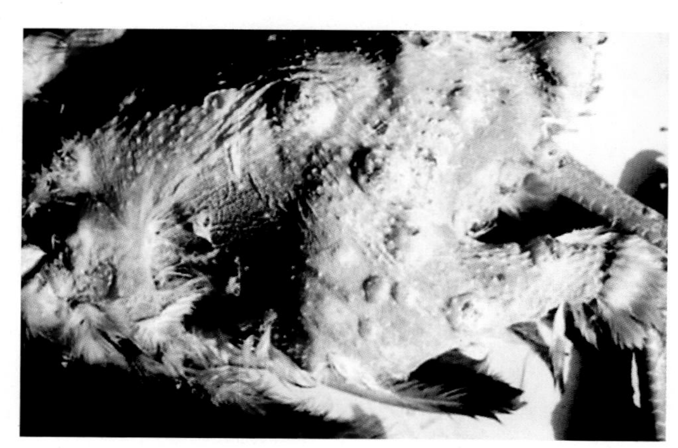

图2-135　鸡马立克氏病

皮肤型马立克氏病，毛囊部肿瘤细胞增生，致皮肤形成大小不等的肿瘤结节（王新华供图）

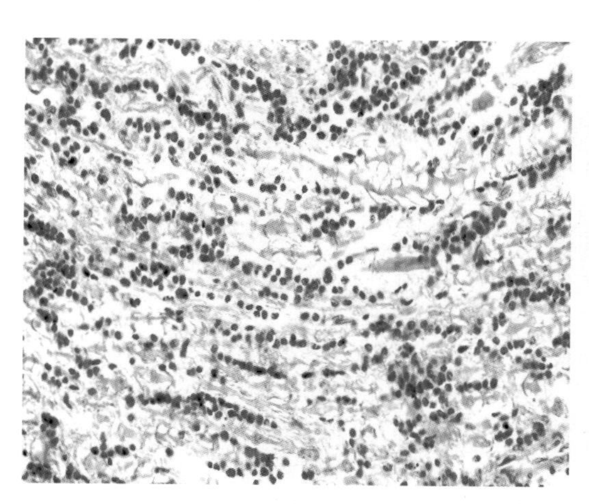

图2-136　鸡马立克氏病

坐骨神经（纵切）中有大量多形态的肿瘤细胞浸润，神经纤维大多已坏死，仅存少数神经纤维。HEA × 400（陈怀涛供图）

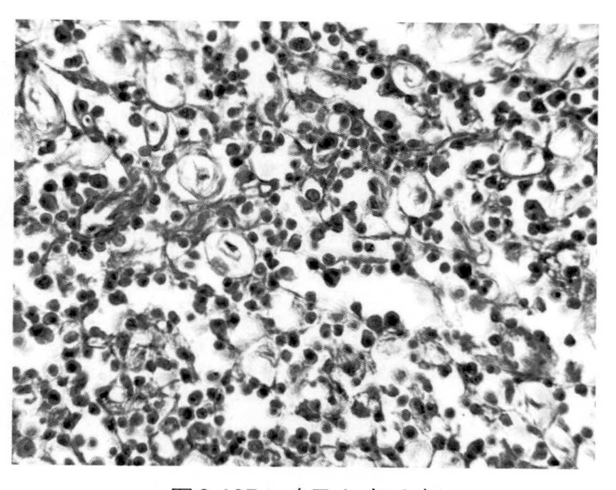

图2-137　鸡马立克氏病

坐骨神经病变，坐骨神经（横切）中有大量多形态的肿瘤细胞浸润，神经纤维大多已坏死，仅存少量神经纤维。HEA × 400（陈怀涛供图）

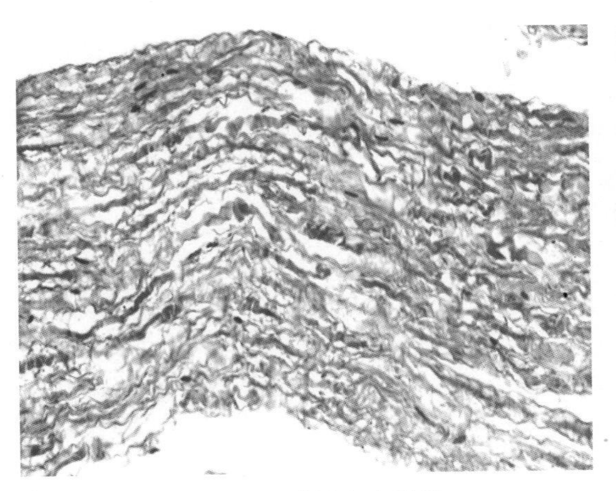

图2-138　鸡马立克氏病
坐骨神经（纵切）水肿，结构疏松，神经纤维轴索肿胀、粗细不均，肿瘤细胞很少。HE×100（陈怀涛供图）

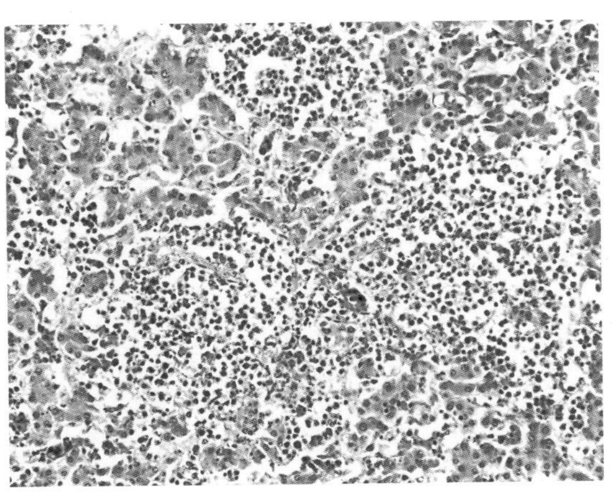

图2-139　鸡马立克氏病
肝组织中的肿瘤细胞灶，局部肝细胞坏死、消失。HEA×400（陈怀涛供图）

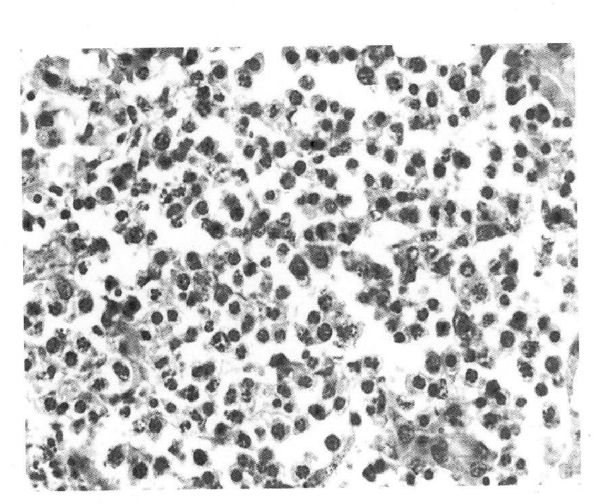

图2-140　鸡马立克氏病
肝脏肿瘤结节中的细胞由多形态、大小不等的肿瘤细胞组成，肝细胞发生坏死。HE×1 000（陈怀涛供图）

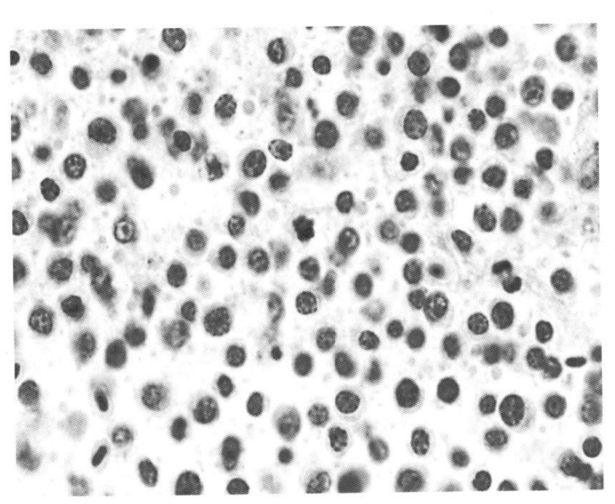

图2-141　鸡马立克氏病
肿瘤细胞呈明显的多形性，大小不等，可见核分裂象。HE×1 000（陈怀涛供图）

## 第十二节　番鸭呼肠孤病毒病

番鸭呼肠孤病毒病（muscovy duck reovirus disease）又称番鸭肝白点病，俗称“白点病”或“花肝病”，是一种以软脚为临床特征的高发病率、高致死率的急性烈性传染病。该病是由一种RNA病毒引起，其病原为呼肠孤病毒科正呼肠孤病毒属的番鸭呼肠孤病毒。1997年底以来，该病在福建、广东、广西、河南、山东、江苏、江西和浙江等省、自治区相继暴发，并因缺乏有效的防治措施而迅速蔓延，极大地威胁着番鸭养殖业的健康发展。

1.病理特征　病死番鸭可见肝、脾、心肌、肾、法氏囊、腺胃、肠黏膜下层等组织发生局灶性坏死，其中以肝、脾尤为显著，脾脏白髓和肝组织结构遭到严重破坏。肝脏肿大、出血呈淡褐红色，质脆，表面和实质都有大量0.5 ～ 10mm的灰白色坏死点。脾脏肿大呈暗红色，表面及实质有许多大小不等的灰白色坏死点，有时连成一片，呈花斑状。肾脏肿大，色泽变淡并出血，表面有黄白色条斑或出血斑，部分病例可见针尖大小的白色坏死点或尿酸盐沉积。胰腺表面有白色细小的坏死点，有的病例可见周边坏死点连成一片。脑水肿，脑膜有点状或斑块状出血。心脏及心冠脂肪点状出血，心包有少许积液。肺部淤血、水肿。胸腺有小出血点。法氏囊有不同程度的炎性变化，囊腔内有胶冻样或干酪样物。肠道出血，有不同程度的炎症，个别病例十二指肠臌气，肠道溃疡。腿部肌肉可见明显的出血性浸润。部分病例伴有纤维素性肝周炎、心包炎、气囊炎等病变（图2-142、图2-143）。

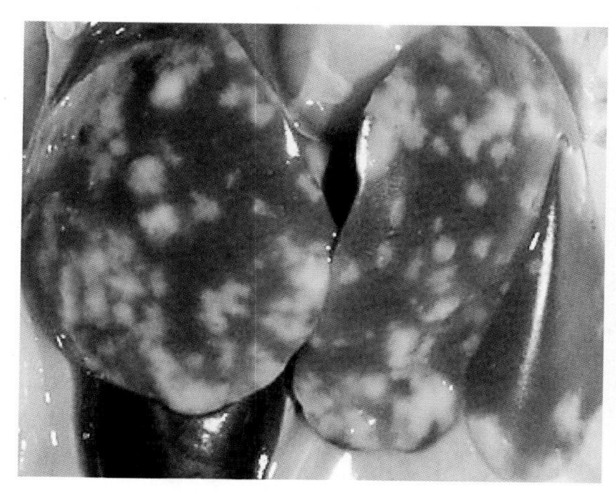

图2-142　番鸭呼肠孤病毒病
肝脏肿大、出血呈淡褐红色，质脆，表面和实质都有大量大小不等的灰白色坏死灶

图2-143　番鸭呼肠孤病毒病
脾脏肿大呈暗红色，表面及实质有许多大小不等的灰白色坏死灶，有时成大片坏死。右侧是正常鸭脾脏

2.诊断要点　根据临床症状和病理变化可以初步诊断，确诊需要进行实验室检验。

3.防治措施

（1）防控工作以预防为主。要加强饲养管理，加强消毒工作，保持场地干爽，补充维生素。

（2）对1周龄内的雏番鸭接种灭活疫苗，或对3 ～ 7日龄雏番鸭注射抗鸭呼肠孤病毒病抗体。

## 第十三节　鸡淋巴细胞性白血病

鸡淋巴细胞性白血病（avian lymphoid leukosis）是由禽白血病/肉瘤病毒群中的病毒引起的，以成年鸡多发病，16周龄开始发病，性成熟期发病率最高。病鸡表现为食欲不

佳、消瘦、贫血、腹部胀大等。血液检查可见红细胞减少，淋巴细胞增多。

1.病理特征　肝、脾、肾、法氏囊等器官弥漫性肿大，色泽变淡，或散在大小不等的灰白色肿瘤结节，肿瘤组织由大小、形态基本一致的成淋巴细胞组成（图2-144至图2-152）。

图2-144　鸡淋巴细胞性白血病

肝脏弥漫性肿大，散在大小不等的灰白色肿瘤结节，其中有几个较大的肿瘤结节（王新华、王方供图）

2.诊断要点　本病很容易和内脏型马立克氏病混淆，仅靠临诊症状和病理变化常不易区分。可通过组织学、组织化学和血清学方法予以确诊。本病的肿瘤细胞与马立克氏病不同，这是这两种疾病的重要区别之一。禽白血病与鸡马立克病、网状内皮组织增生症等在诊断上容易混淆，应从病原学、血清学等方面加以区别。

3.防治措施

（1）防止垂直传播，淘汰带毒种鸡，以净化种群。

（2）防止水平传播，在育雏阶段强化育雏舍熏蒸消毒，雏鸡进育雏舍后进行带鸡消毒。

（3）加强饲养管理。

（4）培育抗禽白血病病毒种鸡群。

图2-145　鸡淋巴细胞性白血病

脾脏弥漫性肿大，颜色变淡（王新华供图）

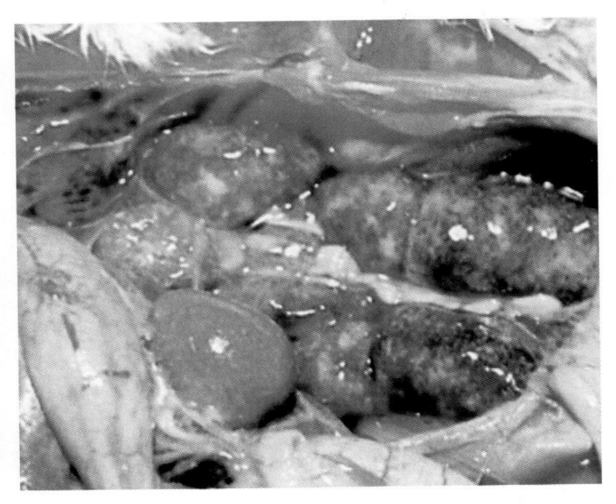

图2-146　鸡淋巴细胞性白血病

肾脏弥漫性肿大，色泽变淡，散布灰白色细胞增生区域（王新华、王方供图）

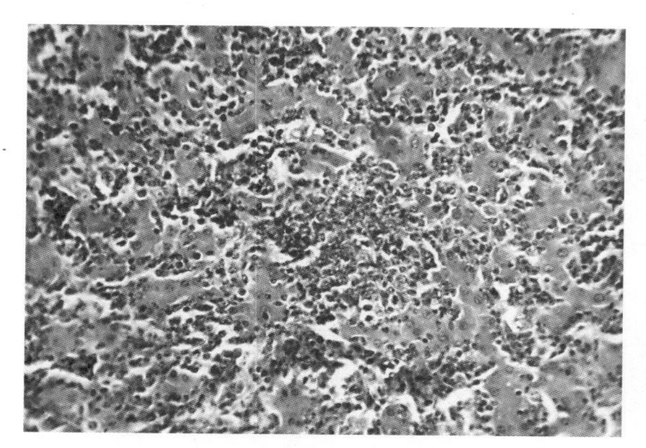

图2-147 鸡淋巴细胞性白血病

肝肿瘤细胞呈灶状及弥漫性分布，肝细胞索断裂。HE×100（王新华、王方供图）

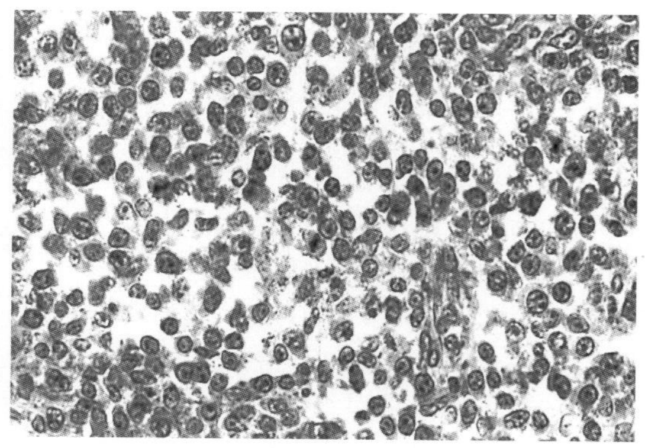

图2-148 鸡淋巴细胞性白血病

肿瘤细胞是大小、形态一致的成淋巴细胞，胞核呈泡状，可见分裂象，细胞质较少，细胞边界不清。HE×400（陈怀涛供图）

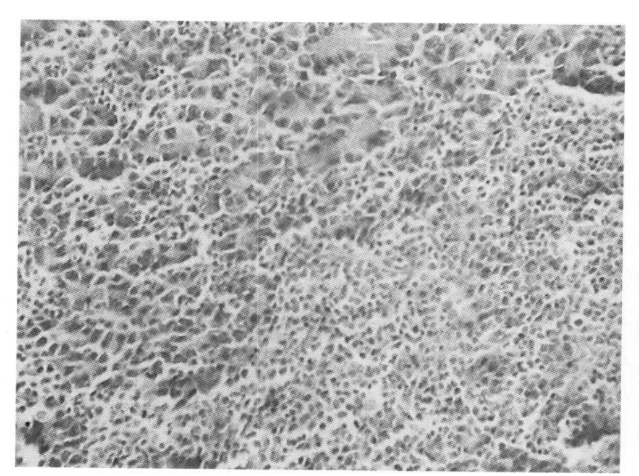

图2-149 鸡淋巴细胞性白血病

胰腺中大量肿瘤细胞增生，胰腺腺泡受到肿瘤细胞的挤压萎缩、消失。HE×100（王新华、王方供图）

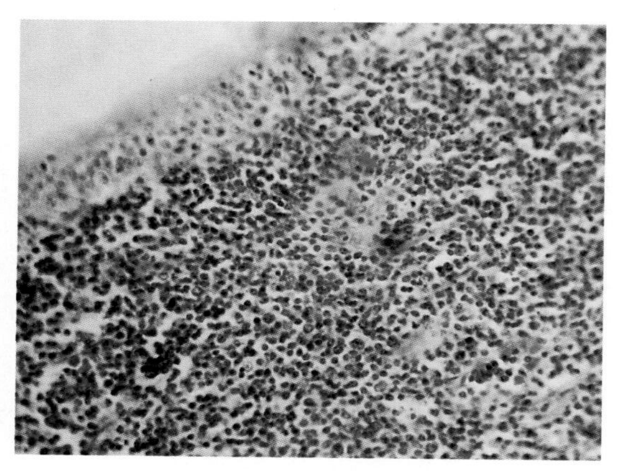

图2-150 鸡淋巴细胞性白血病

十二指肠固有膜中有大量肿瘤细胞浸润。HE×100（王新华、王方供图）

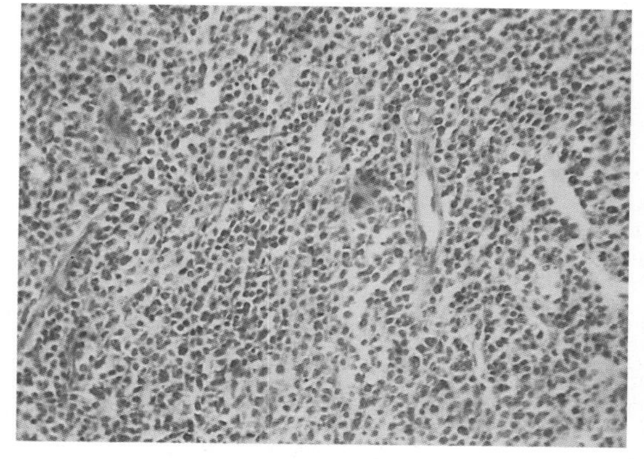

图2-151 鸡淋巴细胞性白血病

法氏囊中肿瘤细胞弥漫性增生，正常的组织结构完全被破坏。HE×100（王新华、王方供图）

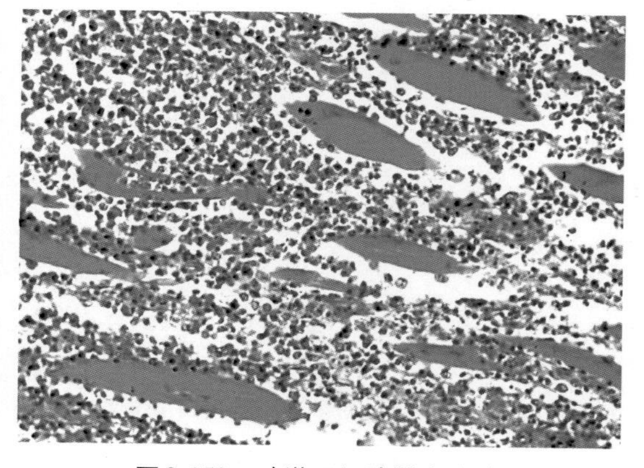

图2-152 鸡淋巴细胞性白血病

心肌中的肿瘤细胞呈弥漫性分布，肌纤维受压迫而萎缩、消失。HEA×400（陈怀涛供图）

## 第十四节　鸡包涵体肝炎

鸡包涵体肝炎（inclusion body hepatitis，IBH）又称贫血综合征，是由Ⅰ型禽腺病毒引起鸡的一种急性传染病，以肝炎、骨骼肌出血、肝细胞中有大的嗜酸性或嗜碱性核内包涵体为特征。

1.病理特征　肝脏肿大色黄，有点状或斑状出血、坏死灶；红骨髓减少，黄骨髓增多；肝细胞核内可见嗜酸性（偶为嗜碱性）包涵体（图2-153至图2-156）。

2.诊断要点　根据流行特点（多发生于4～7周龄的肉仔鸡，5周龄最易感，产蛋鸡很少发生，病鸡精神沉郁、嗜睡、腹泻、贫血、黄疸）结合病理变化可做诊断。注意与鸡传染性贫血等疾病鉴别。

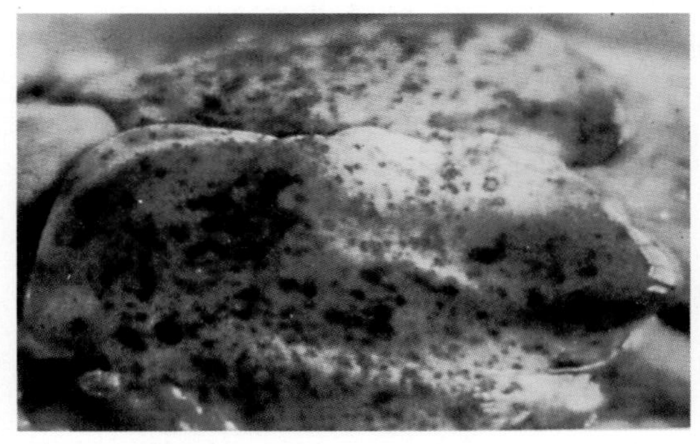

图2-153　鸡包涵体肝炎

肝脏肿大，色泽变淡，有大量斑状出血灶（杜元钊，等，1998.鸡病诊断与防治图谱.）

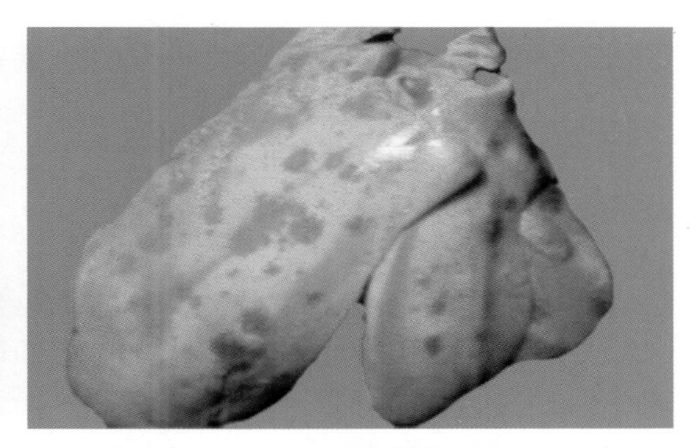

图2-154　鸡包涵体肝炎

肝脏变性，色泽灰黄，并有大小不等的出血斑点（杜元钊，等，1998.鸡病诊断与防治图谱.）

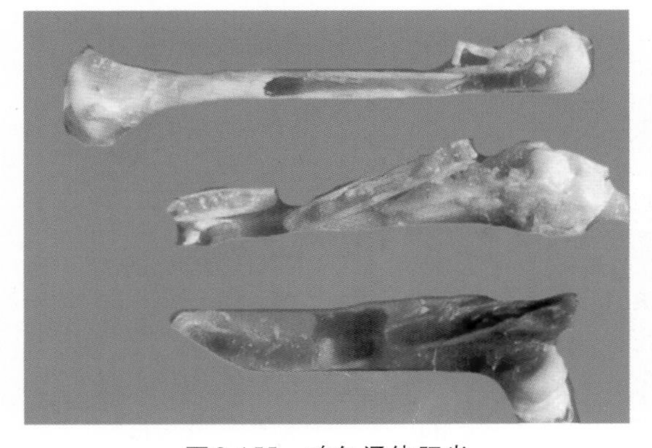

图2-155　鸡包涵体肝炎

红骨髓萎缩，色泽变淡，呈红黄色，下为正常骨髓（杜元钊，等，1998.鸡病诊断与防治图谱.）

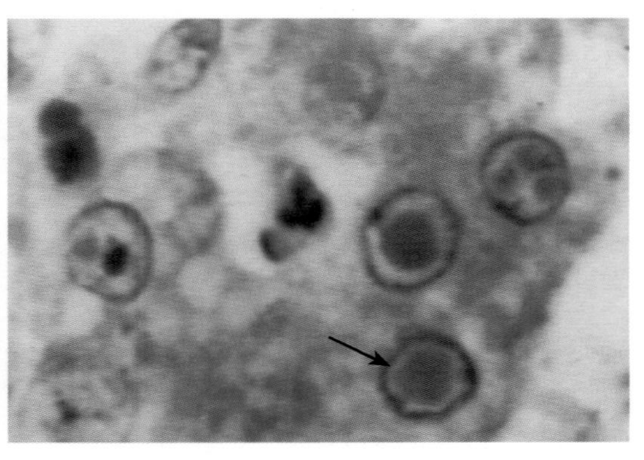

图2-156　鸡包涵体肝炎

肝细胞的核内包涵体（如箭头所示）（范国雄，1995.动物疾病诊断图谱.）

3. 防治措施

（1）目前尚无疫苗，也无可用药。

（2）加强传染性法氏囊病和传染性贫血的免疫可减少或控制本病。

## 第十五节 鸡产蛋下降综合征

鸡产蛋下降综合征（egg drop syndrome，EDS-1976）是由Ⅲ型禽腺病毒引起的一种传染病，其临诊特征为初产母鸡群达不到应有的产蛋高峰或产蛋鸡群产蛋量大幅度下降。

1. 病理特征 一般缺乏明显的病理变化，主要特征是产蛋鸡群产蛋量骤然大幅度下降、蛋壳褪色、变薄、变脆，无壳蛋、畸形蛋增多。卵巢萎缩，出血性或卡他性输卵管炎，输卵管子宫部黏膜水肿，变性的输卵管黏膜上皮细胞有核内包涵体形成（图2-157、图2-158）。

2. 诊断要点 本病主要发生于24 ～ 30周龄产蛋高峰期鸡群，产蛋率下降30% ～ 40%。除产软壳蛋、蛋壳褪色、无壳蛋、畸形蛋外，病鸡精神食欲无异常变化，持续一个月左右后产蛋量可逐渐恢复，但不能恢复到发病前的水平。根据临诊特征可做诊断，确诊必须进行病原分离和血清学试验。注意与传染性支气管炎、新城疫、低致病性禽流感等鉴别。

3. 防治措施

（1）对种鸡群采取净化措施，防止本病经蛋传播。

（2）接种EDS-76油乳剂灭活苗或鸡产蛋下降综合征蜂胶苗等。

图2-157 鸡产蛋下降综合征

蛋壳变薄、褪色，出现软壳蛋、破蛋和畸形蛋（刘晨供图）

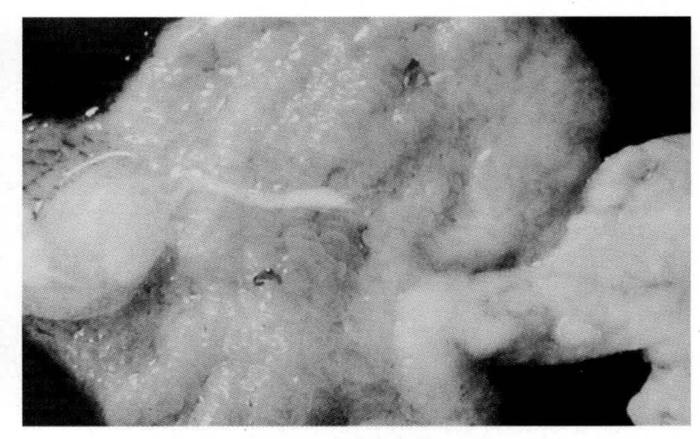

图2-158 鸡产蛋下降综合征

输卵管子宫部水肿（杜元钊，等，2005.禽病诊断与防治图谱.）

## 第十六节 鸡传染性贫血

鸡传染性贫血（chicken infectious anemia，CIA）是由鸡传染性贫血因子引起雏鸡的一种急性传染病。其特征是患鸡发生再生障碍性贫血和全身淋巴组织萎缩，从而引起严

重的免疫抑制以及非特异性抗病力降低。

1.病理特征　全身多种器官苍白、出血，免疫器官萎缩、出血，骨髓萎缩、红骨髓减少、黄骨髓增多，法氏囊淋巴组织萎缩。

2.诊断要点　本病只感染鸡，多见于2～4周龄的雏鸡，主要表现为消瘦，贫血，冠髯苍白、肌肉和内脏器官苍白、出血。免疫器官萎缩、出血。确诊必须进行病原分离。注意与包涵体肝炎、传染性法氏囊病以及能引起再生障碍性贫血的疾病（如原虫病、黄曲霉毒素中毒、磺胺类药中毒等）鉴别（图2-159至图2-168）。

3.防治措施

（1）本病目前没有治疗方法，也无疫苗，可使用广谱抗生素控制相关的细菌性继发感染。

（2）加强卫生管理，严格消毒，防止由于环境因素以及其他传染病导致免疫抑制。

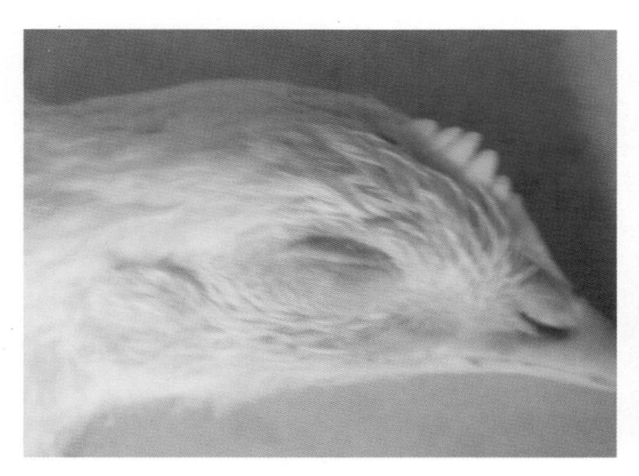

图2-159　鸡传染性贫血

病雏鸡冠苍白（王新华、逯艳云供图）

图2-160　鸡传染性贫血

胸肌出血（王新华、逯艳云供图）

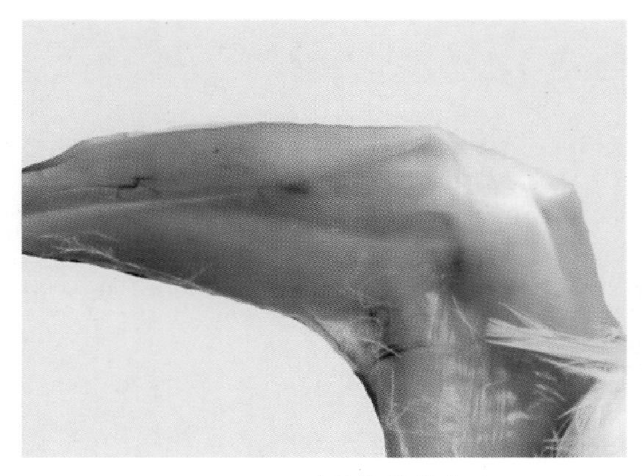

图2-161　鸡传染性贫血

腿肌出血（王新华、逯艳云供图）

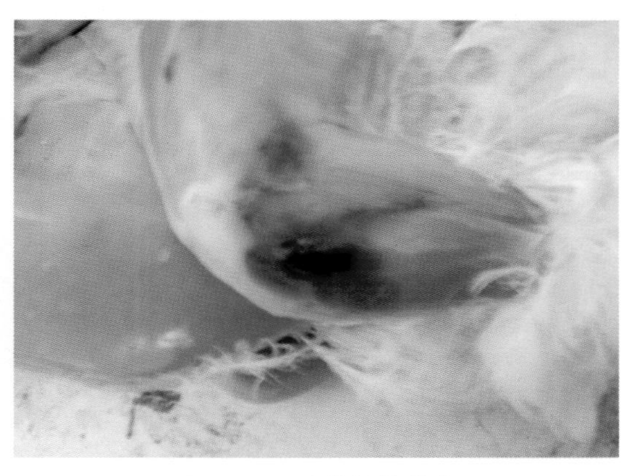

图2-162　鸡传染性贫血

病鸡腿部大的出血斑块（王新华、逯艳云供图）

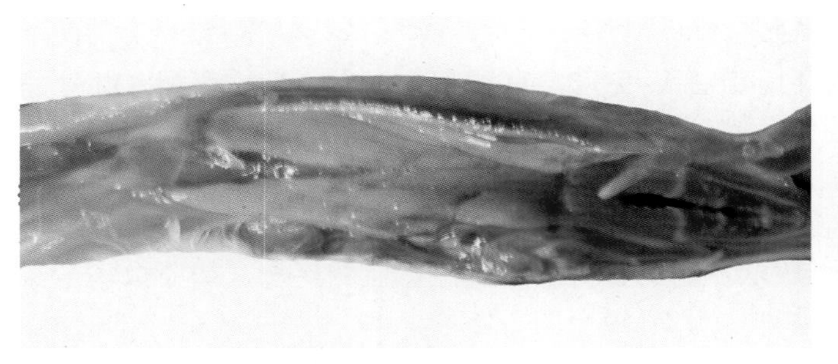

图2-163 鸡传染性贫血
病鸡食道周围出血，从黏膜面可见黏膜呈淡蓝色（王新华、逯艳云供图）

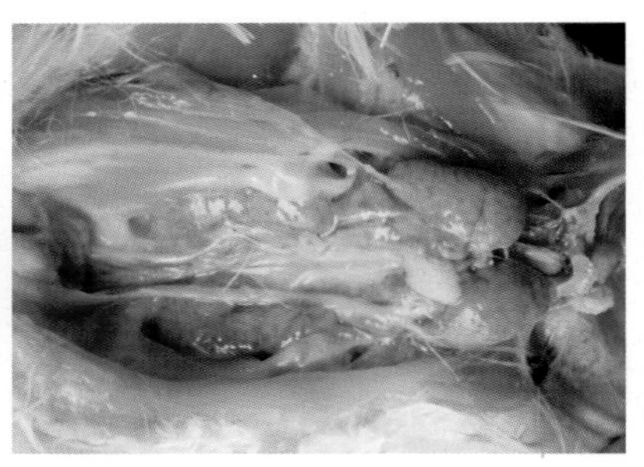

图2-164 鸡传染性贫血
肾脏肿大、苍白（王新华、逯艳云供图）

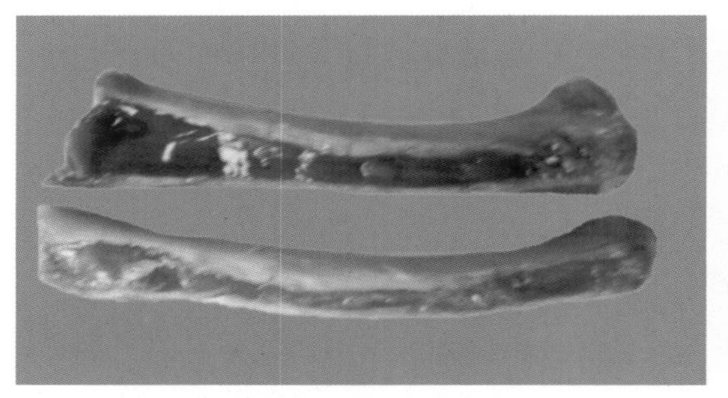

图2-165 鸡传染性贫血
骨髓萎缩、变淡，上为正常骨髓（王新华、逯艳云供图）

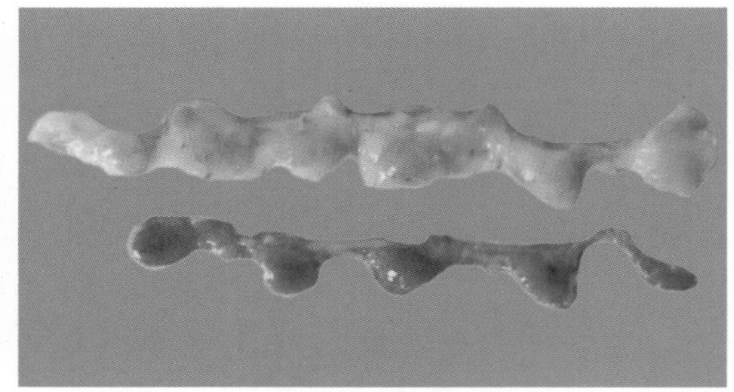

图2-166 鸡传染性贫血
胸腺萎缩、出血，上为正常胸腺（王新华、逯艳云供图）

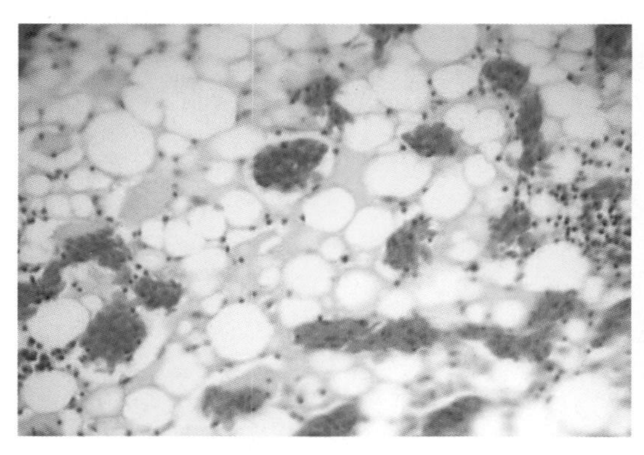

图2-167 鸡传染性贫血
股骨骨髓萎缩，红骨髓萎缩被大量脂肪组织取代。HE×200（王新华、逯艳云供图）

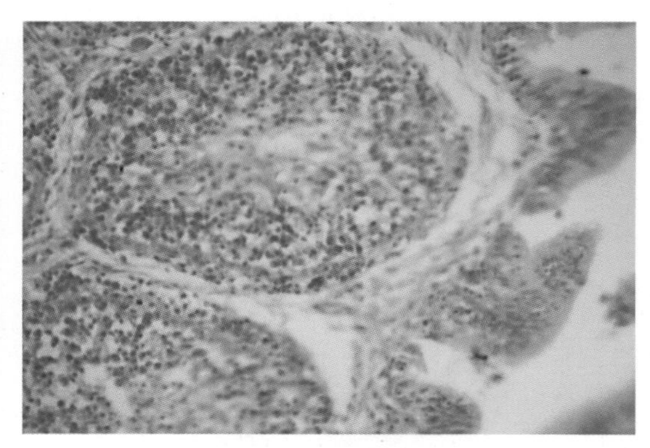

图2-168 鸡传染性贫血
法氏囊淋巴滤泡中的淋巴细胞萎缩、消失。HE×200（王新华、逯艳云供图）

## 第十七节 鸭病毒性肿头出血症

鸭病毒性肿头出血症（duck viral swollen head and hemorrhagic disease）是近年发现并流行的一种传染病。病毒呈球形，无囊膜，大小为65 ～ 70nm，核酸类型为dsRNA，基

因组大于19kbp，归属于呼肠孤病毒科正呼肠孤病毒属。其临诊特征为病鸭明显肿头，皮肤出血，眼睑潮红，流鼻涕和泡沫状眼泪，排绿色稀粪。

1.病理特征　全身皮肤散在大小不等的出血斑点或斑块，以腹部、胸侧、颈侧最为明显。胸腹腔积有多量红色渗出液，心外膜和心冠脂肪出血。肝脏略肿大并有斑点状出血。浆液性或出血性肠炎。气管和肺出血。食道黏膜点状或线状出血，严重者有点状或块状黄色假膜覆盖。卵巢变形、变色，出血。头部和腹部皮下呈胶样水肿（图2-169至图2-174）。

2.诊断要点　根据流行特点（发病鸭不分年龄、品种，发病率为90%～100%，死亡率为40%～80%）和肿头与全身性出血的变化可做初步诊断，以病原分离鉴定和其他实验室检验进行确诊。注意与鸭瘟等传染病鉴别，本病用鸭瘟疫苗紧急预防无效。

3.防治措施

（1）加强卫生管理和环境消毒。

（2）高免血清或康复鸭血清对未出现临床症状的鸭紧急注射，可预防本病发生。

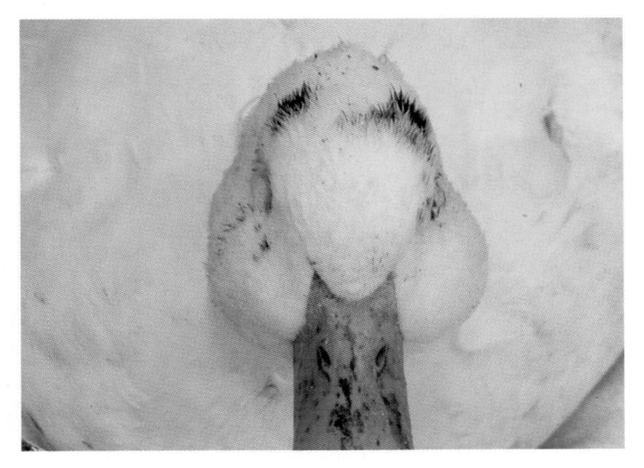

图2-169　鸭病毒性肿头出血症
鸭头部明显肿大（蒋文灿供图）

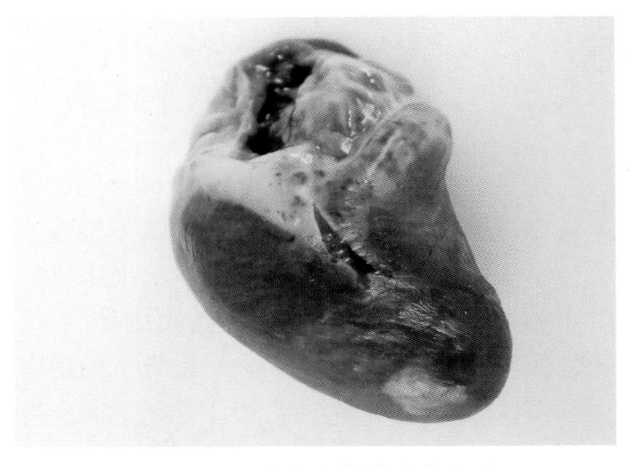

图2-170　鸭病毒性肿头出血症
心外膜及心冠脂肪出血（蒋文灿供图）

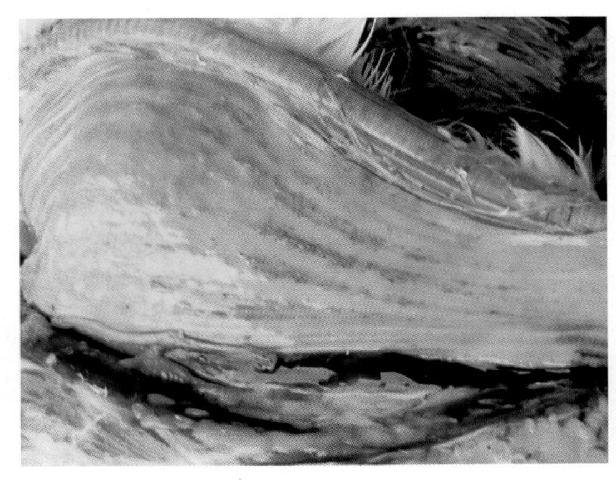

图2-171　鸭病毒性肿头出血症
食道黏膜线状出血（蒋文灿供图）

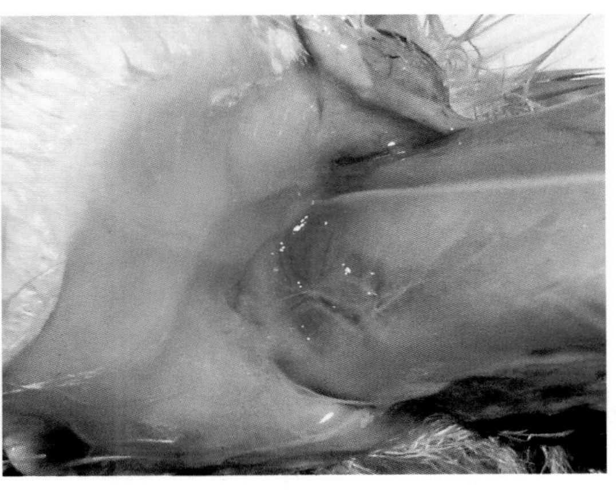

图2-172　鸭病毒性肿头出血症
腹部皮下呈淡黄色胶样水肿（蒋文灿供图）

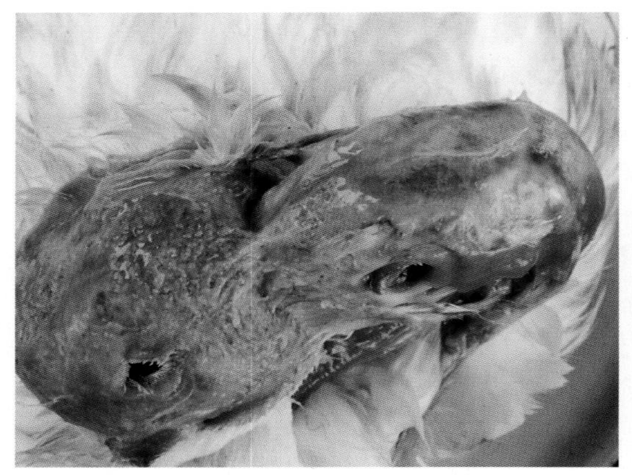

图2-173 鸭病毒性肿头出血症
头部皮下出血和胶样水肿（蒋文灿供图）

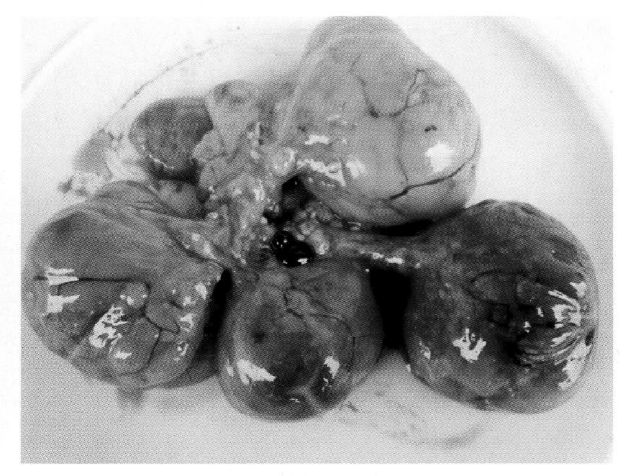

图2-174 鸭病毒性肿头出血症
卵黄变形、变色、出血（蒋文灿供图）

## 第十八节 传染性腺胃炎

传染性腺胃炎（infectious proventriculitis）的病原目前尚未定论，有报道称，在病变腺胃中观察及分离到多种病毒，如传染性支气管炎病毒、呼肠孤病毒等。

1.病理特征 病鸡腺胃肿大，如球状，呈乳白色；切开可见腺胃壁增厚、水肿，指压可流出浆液性液体，腺胃黏膜肿胀变厚，乳头肿胀、出血、溃疡，肌胃萎缩，胸腺、脾脏及法氏囊严重萎缩；肠壁菲薄，肠道有不同程度的出血性炎症。

2.诊断要点 多发于30～80日龄的鸡，不同品种的蛋鸡和肉鸡均可发生；常继发于眼型鸡痘或接种带毒的疫苗之后；病鸡初期表现精神沉郁，缩头垂尾，翅下垂，羽毛蓬乱不整；采食及饮水减少；鸡只生长迟缓或停滞，增重停止或逐渐下降，有的鸡体重仅为正常鸡的50%或更少；鸡体苍白，极度消瘦，饲料转化率降低，粪便中有未消化的饲料；有的鸡有流泪、肿眼及呼吸道症状；排白色或绿色稀粪；胸腺和法氏囊等免疫器官萎缩（图2-175至图2-180）。

3.防治措施

（1）做好免疫接种，如1日龄皮下接种呼肠孤病毒弱毒疫苗，10日龄左右接种鸡传染性支气管炎弱毒苗。

（2）鉴于该病病原学复杂，无特效治疗药物，使用抗生素可防止继发感染。

（3）平时应加强鸡群的饲养管理，增加维生素和微量元素的摄入量，给予合适的抗生素和抗病毒药物。

（4）一旦发病可试用以下治疗措施：先用黄芪多糖、氨苄西林、西咪替丁；再用清瘟败毒散加头孢类药物，加复合维生素B治疗。

图2-175 鸡传染性腺胃炎
病鸡缩颈、垂翅，生长缓慢，极度消瘦（杜元钊，等，2005. 禽病诊断与防治图谱.）

图2-176 鸡传染性腺胃炎
病鸡羽毛发育不良，主羽断裂（杜元钊，等，2005. 禽病诊断与防治图谱.）

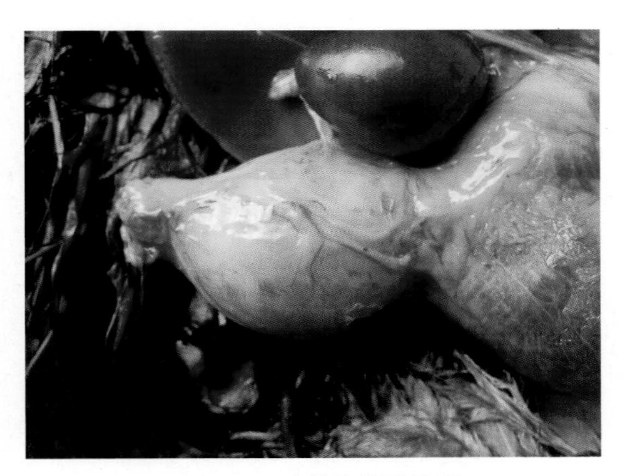

图2-177 鸡传染性腺胃炎
病鸡腺胃肿大呈球形（王新华供图）

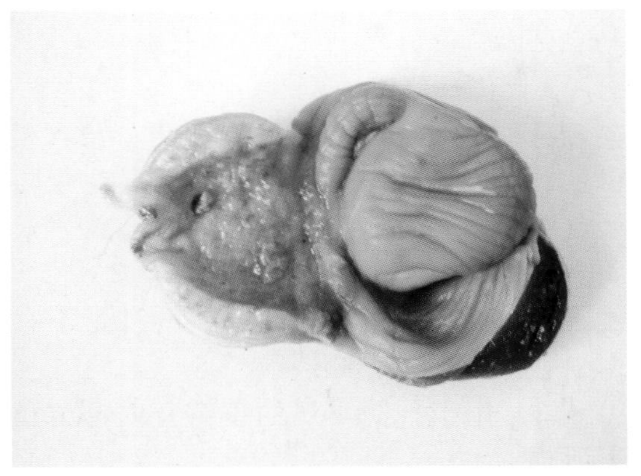

图2-178 鸡传染性腺胃炎
早期病鸡腺胃乳头肿大，胃壁显著增厚（王新华供图）

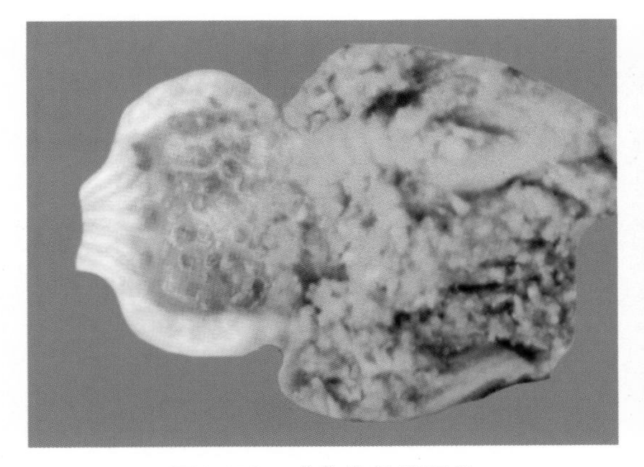

图2-179 鸡传染性腺胃炎
疾病早期腺胃乳头肿大、充血、出血（杜元钊，等，2005. 禽病诊断与防治图谱.）

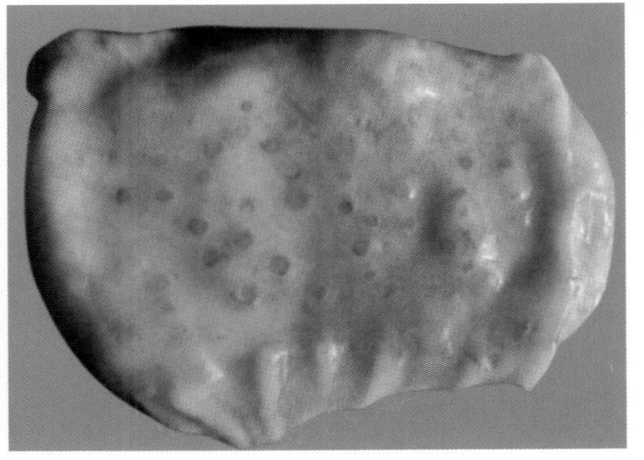

图2-180 鸡传染性腺胃炎
腺胃乳头萎缩、凹陷，并形成出血性溃疡（杜元钊，等，2005. 禽病诊断与防治图谱.）

## 第十九节　禽脑脊髓炎

禽脑脊髓炎（avian encephalomyelitis，AE）又称鸡流行性震颤，是由禽脑脊髓炎病毒引起的一种传染病。主要危害3周龄以内的雏鸡，主要特征是共济失调、瘫痪、头颈部震颤。

1. 病理特征　非化脓性脑脊髓炎表现为大脑、中脑、小脑和脊髓神经细胞中心染色质溶解（以中脑圆形核、圆形核的神经细胞以及延脑和脊髓的大型神经细胞最明显），神经细胞坏死与软化灶形成，胶质细胞结节，血管管套形成；腺胃、十二指肠肌层以及肝、胰、肾、心肌等器官组织中淋巴细胞局灶性增生；脊髓背根淋巴细胞浸润（图2-181至图2-189）。

2. 诊断要点　根据流行特点、特征性临诊症状可怀疑本病，通过病理组织学检查可以确诊。必要时可进行病毒分离鉴定和血清学试验。注意与新城疫、维生素$B_1$缺乏症、马立克氏病鉴别。

3. 防治措施

（1）本病目前尚无特异疗法，发病鸡群全群注射抗AE高免卵黄，并用抗生素防止继发感染，饲料中添加维生素E、维生素$B_1$、谷维素等药物。

（2）种鸡发病后一个月内的种蛋不宜用于孵化，防止经蛋传播。

（3）用于预防本病的疫苗有弱毒苗和灭活苗。

图2-181　禽脑脊髓炎
病鸡步态不稳、共济失调，常倒向一侧，头颈震颤（王新华、王方供图）

图2-182　禽脑脊髓炎
病鸡小脑脑膜出血（王新华、王方供图）

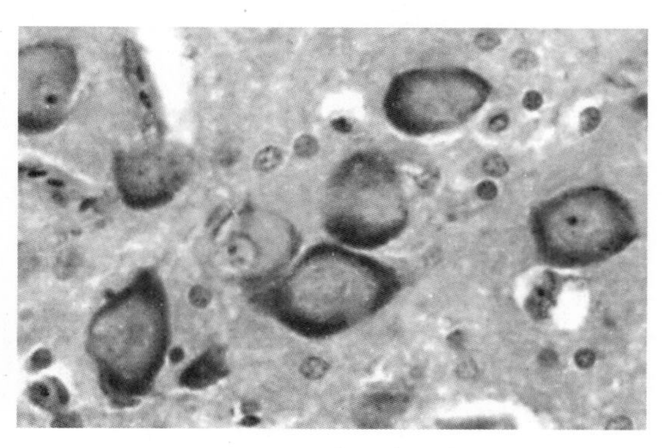

图2-183　禽脑脊髓炎
患病雏鸡的中脑圆形核内，见数个神经细胞都发生中心性染色质溶解。甲苯胺蓝×400（赵振华供图）

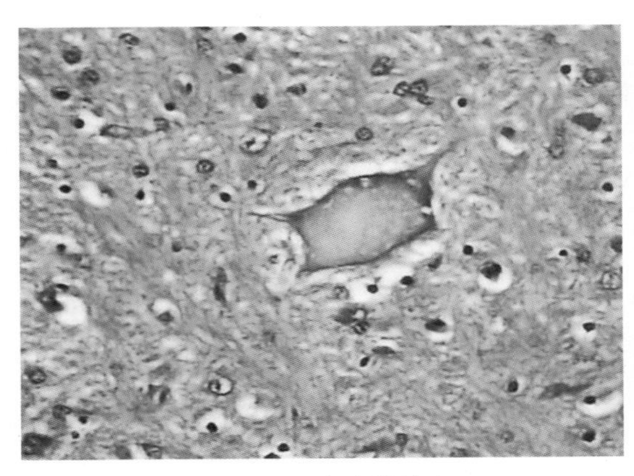

图2-184 禽脑脊髓炎

神经细胞肿大、变性，染色质和细胞核溶解消失。HE×400（胡薛英供图）

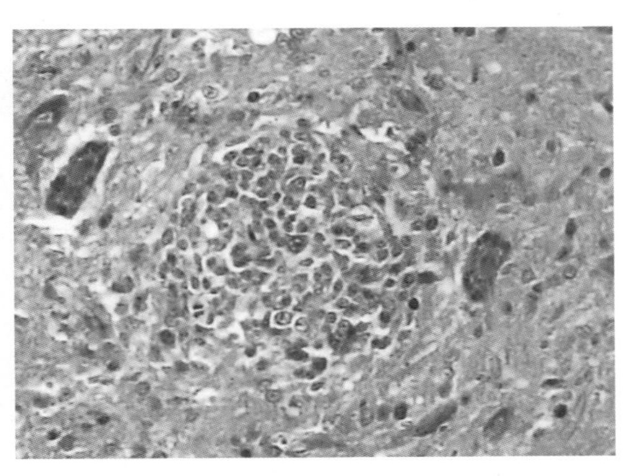

图2-185 禽脑脊髓炎

脑组织中的胶质细胞结节，附近的神经细胞变性、坏死。HE×400（胡薛英供图）

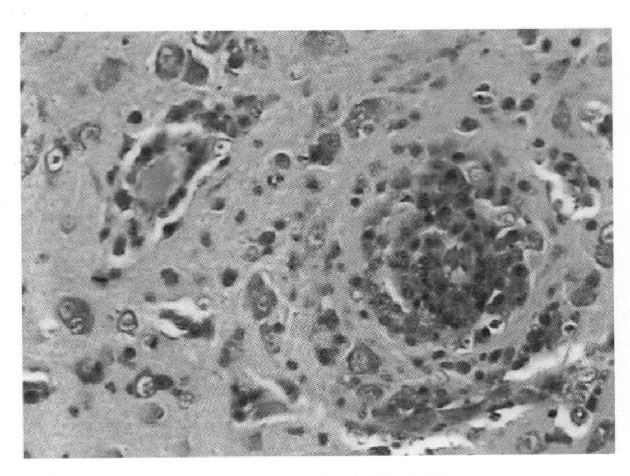

图2-186 禽脑脊髓炎

左侧血管周围有少量胶质细胞增生形成血管管套，右侧血管周围有大量胶质细胞增生形成以血管为中心的胶质细胞结节。HE×400（胡薛英供图）

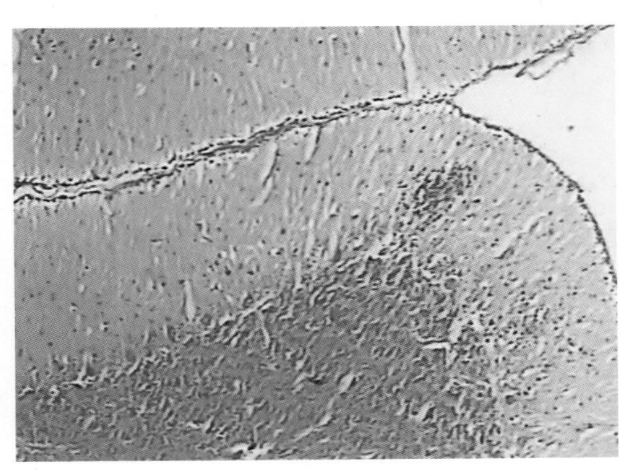

图2-187 禽脑脊髓炎

小脑分子层胶质细胞增生和胶质细胞结节形成。HE×100（胡薛英供图）

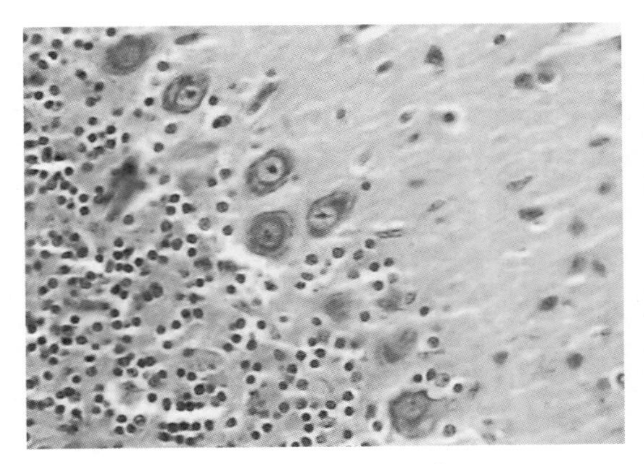

图2-188 禽脑脊髓炎

小脑浦肯野氏细胞变性、肿大、变圆，有的细胞坏死溶解。HE×400（胡薛英供图）

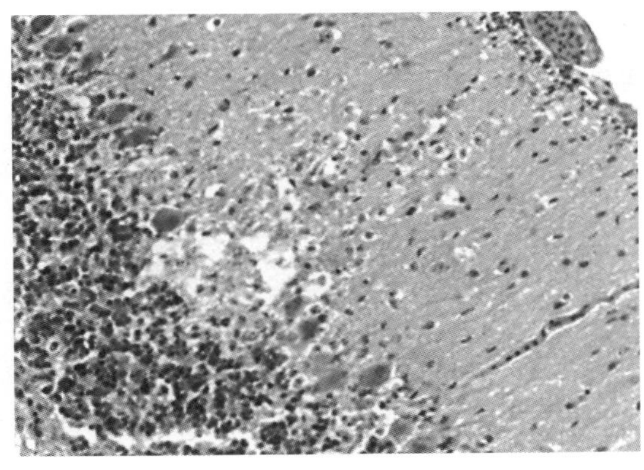

图2-189 禽脑脊髓炎

小脑浦肯野氏细胞变性、坏死，神经节细胞层形成软化灶。HE ×200（赵振华供图）

## 第二十节　鸡病毒性关节炎

鸡病毒性关节炎（avian viral arthritis，AVA）是由呼肠孤病毒引起鸡的一种传染病。病毒主要侵害关节、滑膜和肌腱，导致关节炎、腱鞘炎、滑膜炎、肌腱断裂等。

1. 病理特征　主要侵害胫跖关节（飞节），表现为浆液性、出血性或坏死性增生性腱鞘炎、关节炎。

2. 诊断要点　肉鸡发病率较高，多发生于4 ~ 7周龄，蛋鸡发病率较低，多发生于140 ~ 300日龄。临诊特征为关节疼痛、两跖屈曲，腓肠肌腱等肿大，出血或断裂（图2-190至2-193）。注意与维生素E-硒缺乏症、B族维生素缺乏症、锰缺乏症等区别。

3. 防治措施

（1）加强饲养管理和卫生管理。

（2）坚持执行严格的检疫制度，淘汰病鸡。

（3）易感鸡群可采用疫苗接种。

图2-190　鸡病毒性关节炎
病鸡趾爪蜷曲，不能站立（王新华、王方供图）

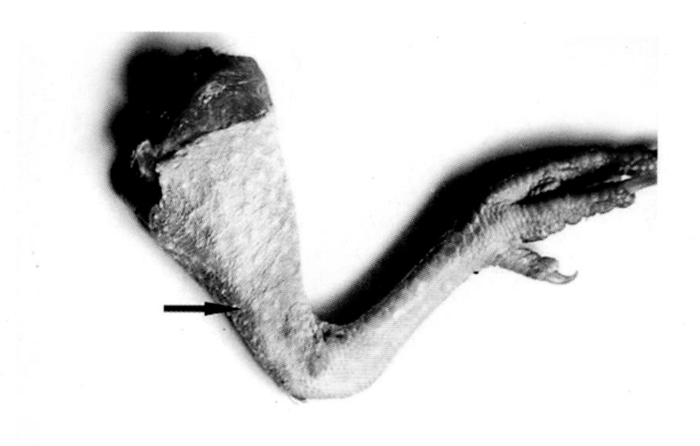

图2-191　鸡病毒性关节炎
患侧胫跗关节上方出血，隔着皮肤和肌肉即可看见出血部位呈蓝绿色（→）（王新华、王芳供图）

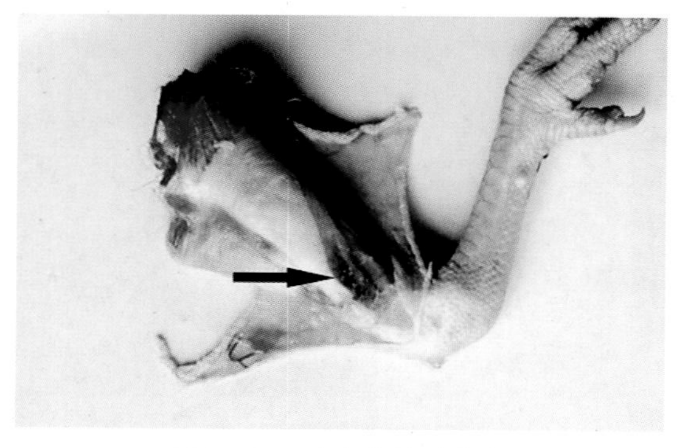

图2-192　鸡病毒性关节炎
切开皮肤可见腓肠肌腱出血（→）（王新华、王方供图）

图2-193　鸡病毒性关节炎
腓肠肌腱坏死、断裂（王新华、王方供图）

## 第二十一节 禽　痘

禽痘（avian pox，AP）是由禽痘病毒引起禽类的一种急性、高度接触性传染病。其临诊特征为痘疹形成。

1.病理特征　皮肤型（痘疹型）：在鸡冠、肉髯、趾部和少毛部位形成痘疹。黏膜型（白喉型）：可在口腔、喉头、食道、气管等部位形成痘斑。病变部皮肤和黏膜上皮细胞内可见细胞质内有包涵体形成（图2-194至图2-204）。

2.诊断要点　根据皮肤、黏膜的典型病变即可确诊。黏膜型禽痘易与传染性喉气管炎、维生素A缺乏症混淆，注意鉴别。

3.防治措施

（1）加强卫生管理，消灭吸血昆虫。

（2）接种疫苗　接种后4 ~ 6天应检查接种部位有无肿胀、水疱、结痂等反应，抽检的鸡80%以上有反应，表明接种成功；如无反应或反应率低，应再次接种。

图2-194　禽　痘

初期痘疹，在鸡冠、肉髯处有灰白色糠麸样物（王新华、逯艳云供图）

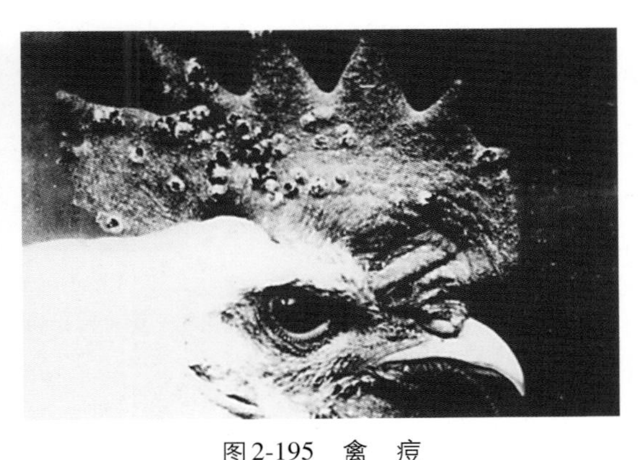

图2-195　禽　痘

中期痘疹进一步发展，形成大小不等隆起的痘疹，中心坏死（王新华、逯艳云供图）

图2-196　禽　痘

后期痘疹出现坏死、结痂（王新华、逯艳云供图）

图2-197　鸽　痘

鸽面部的痘疹（王新华、逯艳云供图）

图2-198 鸽 痘

鸽子趾部的痘疹已经坏死结痂（王新华、逯艳云供图）

图2-199 鸽 痘

鸽口腔和食道黏膜的痘斑（王新华、逯艳云供图）

图2-200 禽 痘

病鸡眼睑肿胀，结膜囊内有大量黄白色干酪样渗出物（王新华、逯艳云供图）

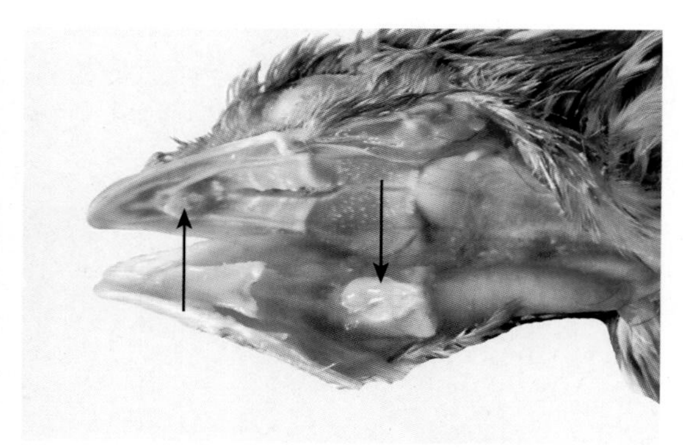

图2-201 禽 痘

喉裂边沿增生，喉头被黄白色干酪样渗出物阻塞（↓），上颚前端有一灰白色增生结节（↑）（王新华、逯艳云供图）

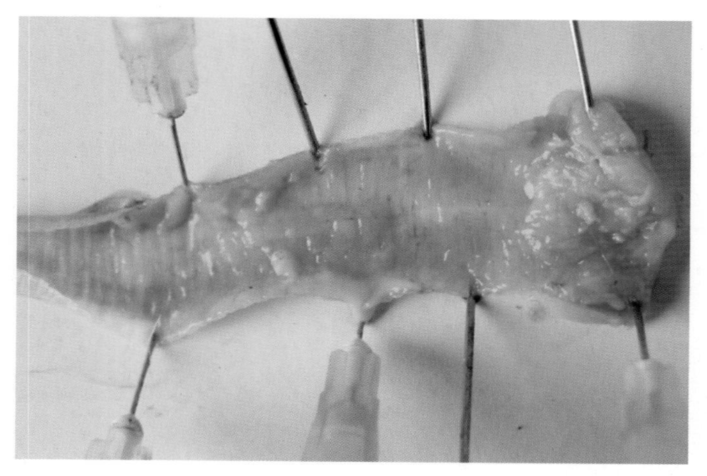

图2-202 禽 痘

喉头黏膜增生，气管有一增生性病灶（痘斑），管腔内有黄白色渗出物（王新华、逯艳云供图）

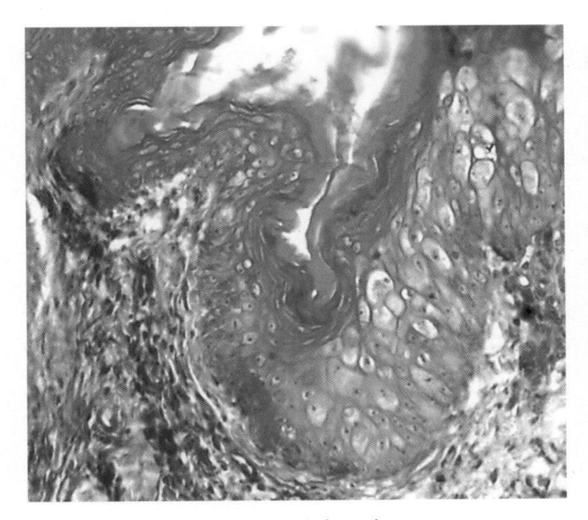

图2-203　禽　痘

病变部皮肤上皮层高度增生，上皮细胞出现明显空泡变性，真皮层炎性细胞浸润。HE×400（陈怀涛供图）

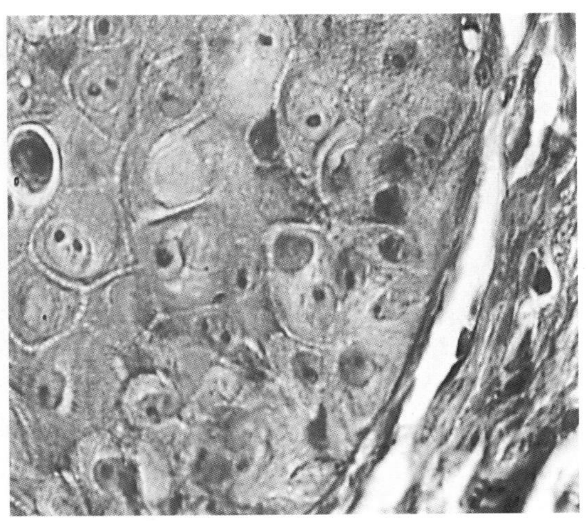

图2-204　禽　痘

病变部上皮细胞质中可见红染的包涵体。HE×400（陈怀涛供图）

## 第二十二节　禽网状内皮组织增生症

禽网状内皮组织增生症（reticuloendotheliosis，RE）是由网状内皮组织增殖症病毒（reticuloendothliosis virus，REV）引起禽类疾病的总称。REV与禽白血病病毒相似，与白血病病毒不同的是其类核体具有链状或假螺旋状结构。REV分为复制缺陷型和非复制缺陷型。复制缺陷型的原形病毒称为T株（REVT），可引起火鸡等禽类急性致死性网状细胞瘤，临诊无症状而迅速死亡，病死率达100%。非复制缺陷型的一些毒株可引起矮小综合征和慢性肿瘤：矮小综合征表现为发育迟缓、消瘦、苍白、羽毛粗乱、稀少；慢性肿瘤的发生一般较为缓慢。

1.病理特征　急性网状细胞瘤：肝、脾、胰、心、肾、性腺等器官肿大或有肿瘤结节形成。矮小综合征：生长抑制，胸腺和法氏囊萎缩，外周神经肿大，羽毛发育异常，肠炎，肝、脾坏死。慢性肿瘤：肝、脾等内脏器官中有缓慢形成的肿瘤结节。组织学特征：肿瘤是由大量增生的肿瘤性空泡网状内皮细胞组成（图2-205至图2-214）。

2.诊断要点　本病多由接种带病毒疫苗所致，或是由高致病性禽痘病毒携带的完整病毒引起发病。根据症状、病理变化可以做出初步诊断，确诊需证明REV或REV抗体存在。本病应与马立克氏病以及淋巴白血病鉴别。

3.防治措施　本病目前无有效治疗方法，也无可用疫苗。防治重点是健全生物安全体系，将疾病控制在鸡场之外。不使用被本病毒污染的疫苗。

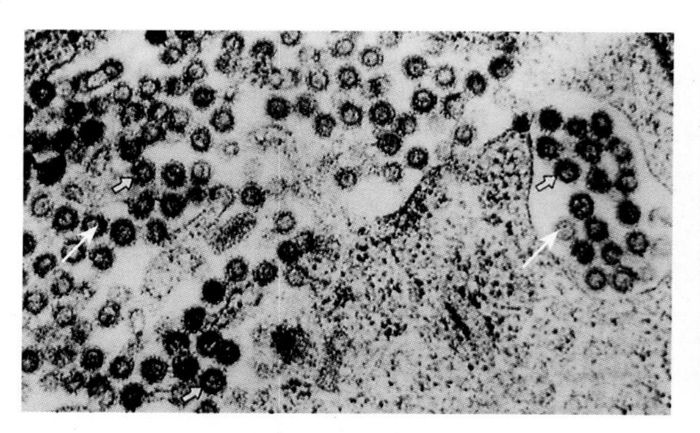

图2-205 禽网状内皮组织增生症

电镜下，在感染马立克氏病病毒鸡胚成纤维细胞的细胞质中发现的REV粒子（如箭头所示）（崔治中，等，2003. 禽病诊治彩色图谱.）

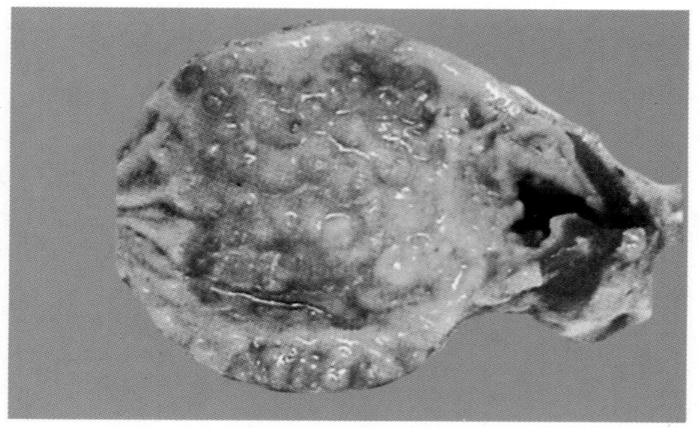

图2-206 禽网状内皮组织增生症

1日龄无特定病原体（SPF）鸡人工感染REV+ALV-J，一个月后死亡的鸡，腺胃肿大，胃壁增厚，乳头有环状出血（崔治中，等，2003. 禽病诊治彩色图谱.）

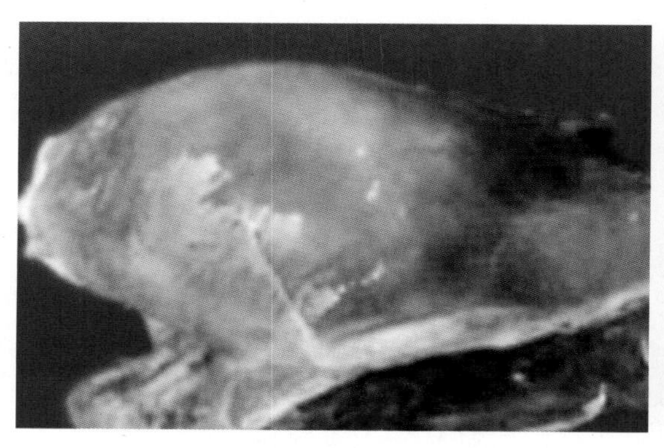

图2-207 禽网状内皮组织增生症

胸肌中巨大的肿瘤结节和灰白色肿瘤组织增生区（杜元钊，等，2005. 禽病诊断与防治图谱.）

图2-208 禽网状内皮组织增生症

病鸡肝脏中有数个大小不等的肿瘤结节，呈纽扣状，界线明显（杜元钊，等，2005. 禽病诊断与防治图谱.）

图2-209 禽网状内皮组织增生症

1日龄SPF鸡人工感染REV+ALV-（R+J），一个月后，法氏囊（左）和脾脏（右）显著小于ALV-J单独感染（J）和对照组（C），每组各监测6只鸡（崔治中，等，2003. 禽病诊治彩色图谱.）

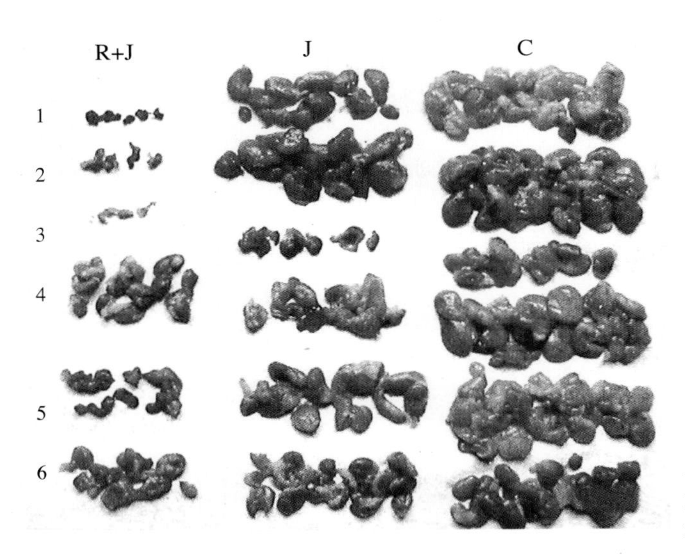


图2-210 禽网状内皮组织增生症
1日龄SPF鸡人工感染REV+ALV-（R+J），一个月后，胸腺显著小于ALV-J单独感染（J）和对照组（C），每组各监测6只鸡（崔治中，等，2003. 禽病诊治彩色图谱.）

图2-211 禽网状内皮组织增生症
病鸡羽毛发育不良（郑明球，等，2002. 动物传染病诊治彩色图谱.）

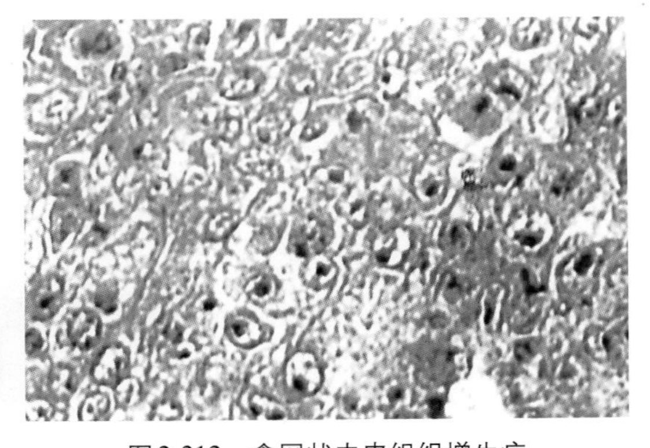

图2-212 禽网状内皮组织增生症
肝小叶间充满许多网状内皮细胞（郑明球，等，2002. 动物传染病诊治彩色图谱.）

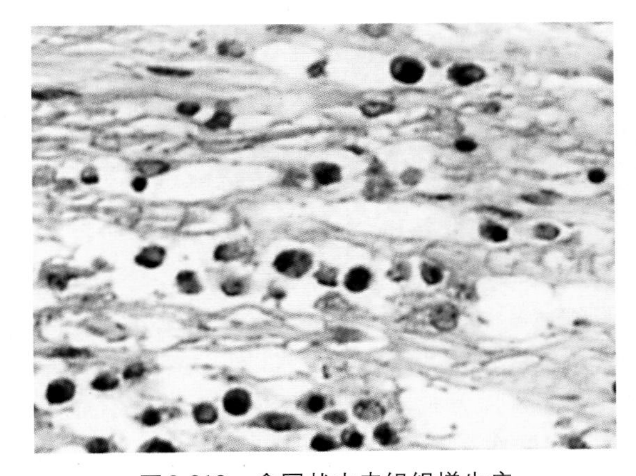

图2-213 禽网状内皮组织增生症
坐骨神经中有许多网状内皮细胞（郑明球，等，2002. 动物传染病诊治彩色图谱.）

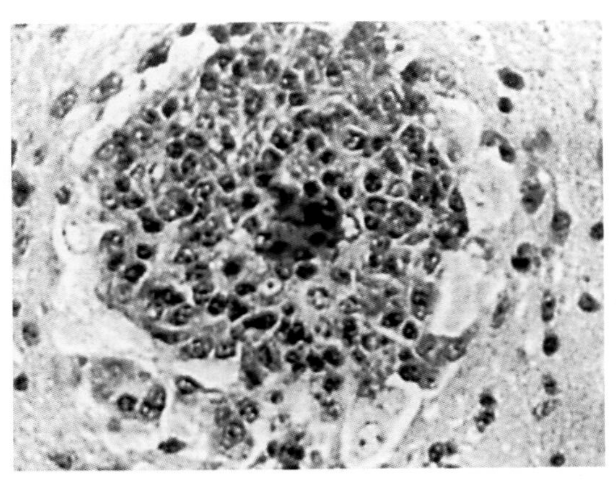

图2-214 禽网状内皮组织增生症
大脑中网状内皮细胞增生并形成血管管套（郑明球，等，2002. 动物传染病诊治彩色图谱.）

## 第二十三节 骨石化病

骨石化病（osteopetrosis，OP）又称骨硬化病、骨型白血病，是由禽白血病/肉瘤病毒群的病毒引起的一种疾病。

1.病理特征 病鸡腿骨、翅骨等管状骨呈明显肿瘤性增粗，骨髓腔变小或消失（图2-215、图2-216）。

2.诊断要点 发病率极低，公鸡发病率高于母鸡。病鸡消瘦、贫血、发育不良、管状骨明显增粗。

3.防治措施 目前无疫苗，也无防治办法。

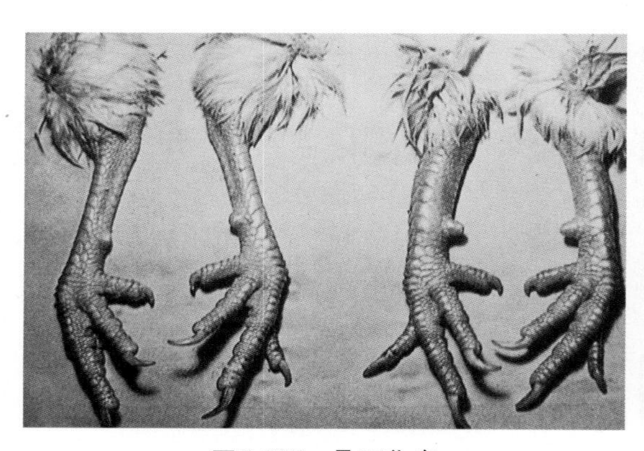

图2-215 骨石化病

病鸡跖骨明显增粗，左侧为正常对照（吕荣修，2004.禽病诊断彩色图谱.）

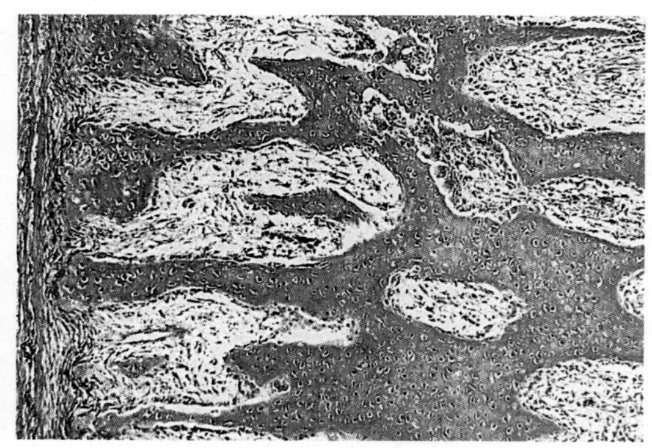

图2-216 骨石化病

骨外膜异常造骨，致成骨细胞和纤维性软骨大量增生而形成不规则的骨小梁致使管状骨增粗（吕荣修，2004.禽病诊断彩色图谱.）

## 第二十四节 鸡血管瘤

鸡血管瘤（haemangioma，HA）是由鸡白血病病毒引起的，肿瘤常发生于皮下、肝、肾、肺、输卵管、肠管等部位。

1.病理特征 临诊特征主要表现为出血和贫血。病变特征为皮肤、肌肉和内脏器官多发性血管瘤形成。

2.诊断要点 本病多发生于120 ~ 135日龄的鸡群，多为散发。病鸡精神沉郁，食欲减退，鸡冠苍白，张口喘气，排绿色稀粪，产蛋率降低；皮下、肌肉、内脏器官等处形成大小不等的血管瘤，直径为1 ~ 10mm，有时血管瘤可自行破溃，破溃后出血不止。注意与鸡传染性法氏囊病、住白细胞虫病、磺胺类药物中毒等疾病鉴别（图2-217至图2-225）。

3.防治措施 目前尚无有效防治办法。

图2-217 血管瘤
病鸡趾部血管瘤，外观呈暗红色稍隆起（王新华、王方供图）

图2-218 血管瘤
切开血管瘤流出暗红色血液和血块（王新华、王方供图）

图2-219 血管瘤
病鸡趾部血管瘤，已经自行破溃（王新华、王方供图）

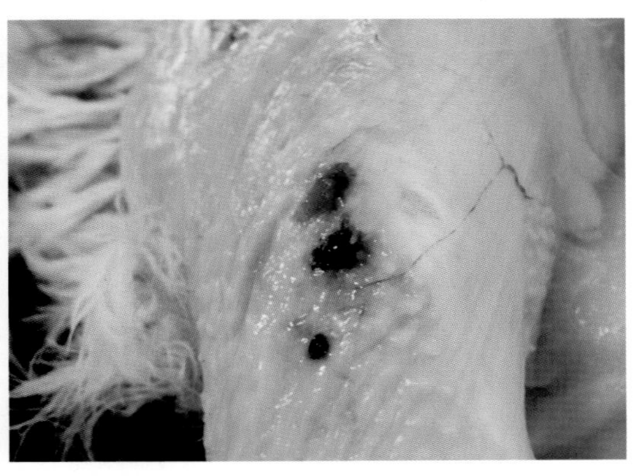

图2-220 血管瘤
颈部皮下有三个大小不等的血管瘤（王新华、王方供图）

图2-221 血管瘤
胸部肌肉中的血管瘤（王新华、王方供图）

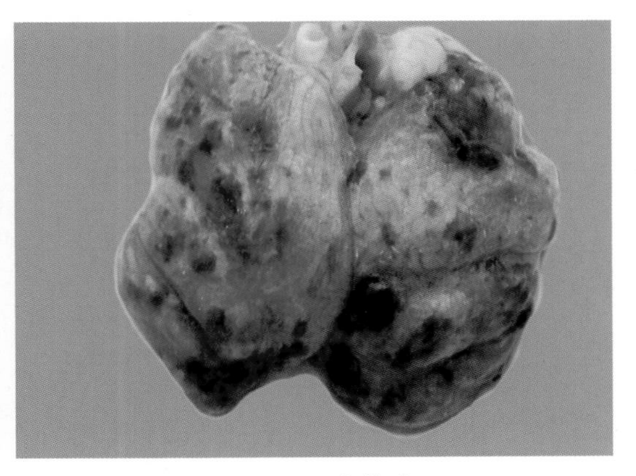

图2-222 血管瘤
肺部有许多大小不等的血管瘤（王新华、王方供图）

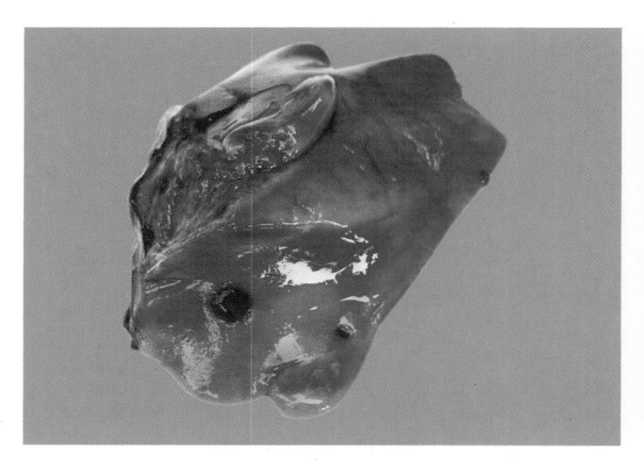

图2-223　血管瘤
肝脏中的血管瘤（王新华、王方供图）

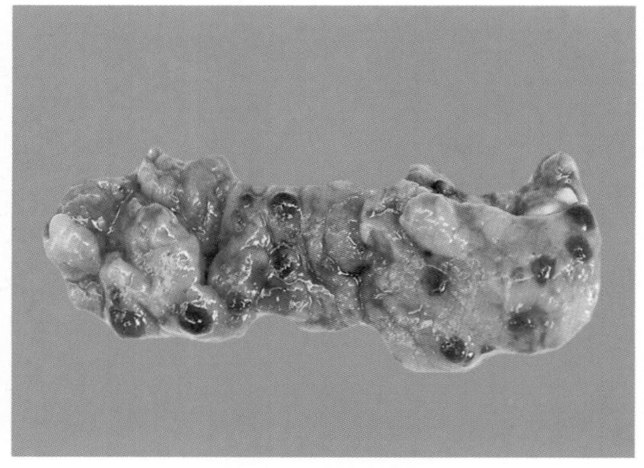

图2-224　血管瘤
肾脏上的血管瘤（王新华、王方供图）

图2-225　血管瘤
输卵管浆膜上的血管瘤（王新华、王方供图）

# 第三章 CHAPTER THREE 家禽细菌性疾病的病理特征和诊断要点

## 第一节　禽大肠杆菌病

禽大肠杆菌病（avian colibacillosis）是由大肠杆菌（*Escherichia coli*）引起各种禽类的急性或慢性传染病。其临诊表现形式十分复杂，危害严重。主要有急性败血症、心包炎、腹膜炎、肠炎和输卵管炎等病型。

1.病理特征　幼雏表现为脐炎（大肚脐病）；中雏多表现为败血症（心包炎、气囊炎、肝周炎）；产蛋鸡多表现为肠炎、腹膜炎、输卵管炎；而眼炎、脑炎、中耳炎、肉芽肿等病型较少见。

2.诊断要点　各种日龄的鸡均可发病，主要症状为精神沉郁、呼吸困难、腹泻、产蛋量减少等，经常有零星死亡。根据流行特点、症状、病理变化结合病原学检查即可做出诊断。注意与葡萄球菌病、滑液支原体感染、鸭传染性浆膜炎、曲霉菌病、结核病、沙门氏菌病等疾病鉴别（图3-1至图3-14）。

3.防治措施

（1）加强饲养管理和卫生管理。

（2）免疫预防　采用多价大肠杆菌病灭活苗可获得理想的免疫效果。

（3）药物治疗　根据药敏试验选择用药，应多种药物联合或交替使用。

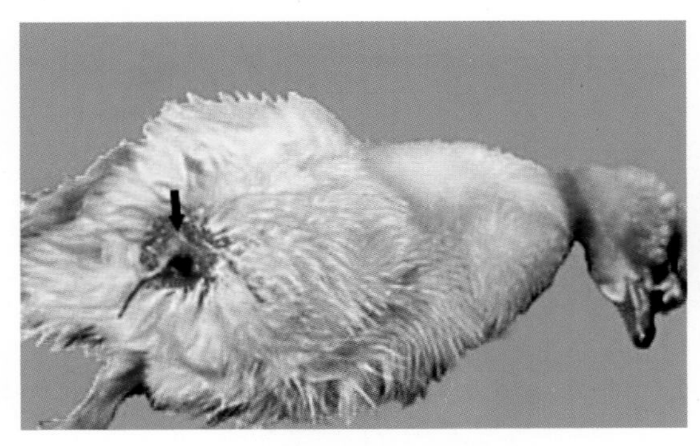

图3-1　禽大肠杆菌病

雏鸭，脐孔周围皮肤红肿、发炎（岳华、汤承供图）

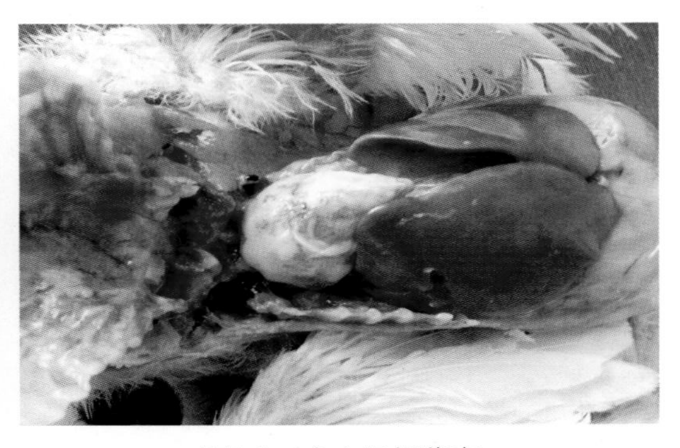

图3-2　禽大肠杆菌病

鸡，心包腔内积有大量灰白色纤维素性渗出物，心包增厚，心外膜粗糙，此即所谓“包心”（王新华、逯艳云供图）

（4）中草药治疗　常用的有黄连、黄芩、黄柏、秦皮、双花、白头翁、大青叶、板蓝根、穿心莲、大蒜和鱼腥草等。

（5）对于肠炎型大肠杆菌病，可考虑使用微生态制剂来调整肠道菌群。

图3-3　禽大肠杆菌病

鸡，肝脏表面被覆大量灰白色纤维素性渗出物，此即所谓“包肝”（王新华供图）

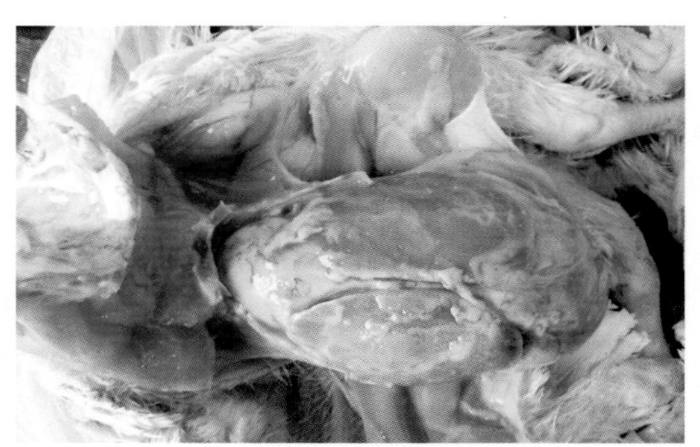

图3-4　禽大肠杆菌病

鸡，包心、包肝（王新华、逯艳云供图）

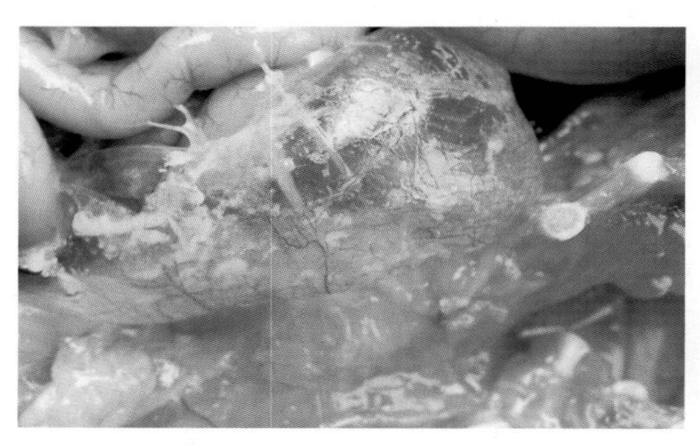

图3-5　禽大肠杆菌病

鸡，腹部气囊混浊、增厚、充满气体（王新华、逯艳云供图）

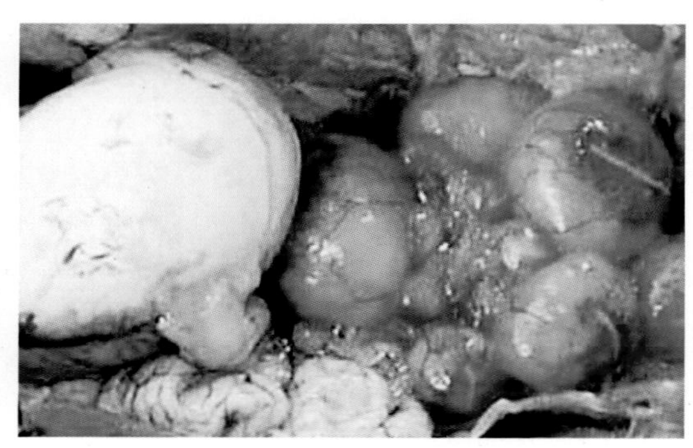

图3-6　禽大肠杆菌病

产蛋鸭，卵巢炎，卵泡变形、破裂（岳华、汤承供图）

图3-7　禽大肠杆菌病

结膜囊内有大量脓性渗出物（王新华、逯艳云供图）

图3-8　禽大肠杆菌病

从耳孔流出黄色液体，在耳孔周围有黄色干痂（王新华、逯艳云供图）

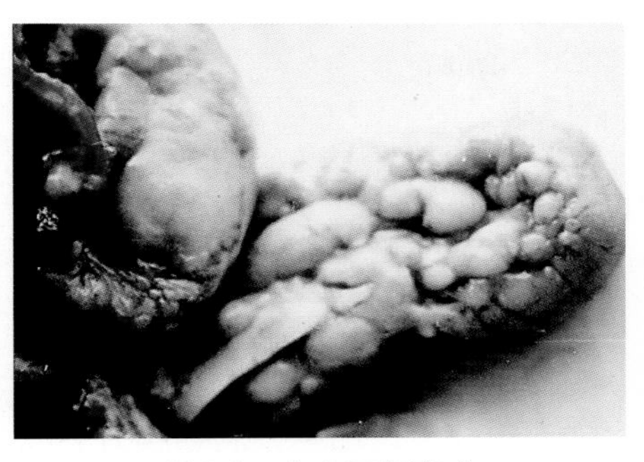

图3-9 禽大肠杆菌病

十二指肠袢和胰腺有大量大小不等的灰白色球状结节（肉芽肿）（王新华、逯艳云供图）

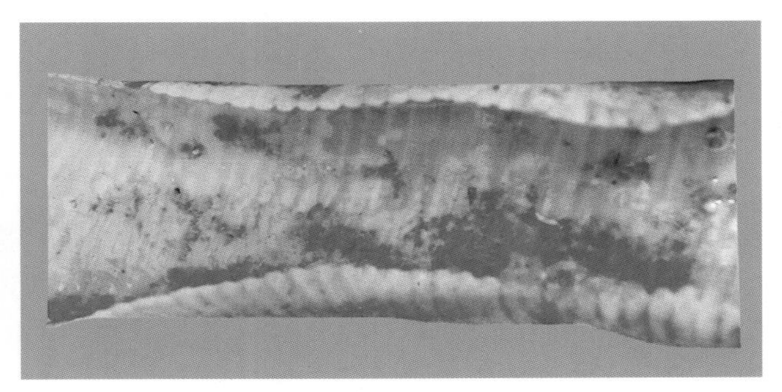

图3-10 禽大肠杆菌病

鸵鸟，气管黏膜明显出血（陈怀涛供图）

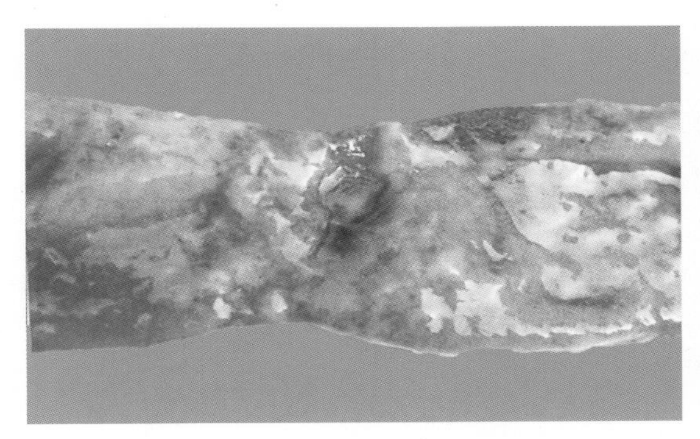

图3-11 禽大肠杆菌病

鸵鸟，肠黏膜出血、水肿并附着黏液（陈怀涛供图）

图3-12 禽大肠杆菌病

病鸡头顶和面部肿胀、潮红，俗称肿头综合征（颈下和耳部是检验切口）（王新华、逯艳云供图）

图3-13 禽大肠杆菌病

切开头部肿胀部位皮肤可见皮下出血和大量灰黄色坏死物（王新华、逯艳云供图）

图3-14 禽大肠杆菌病

## 第二节 禽巴氏杆菌病

禽巴氏杆菌病（avian pasteurellosis）又称禽霍乱（fowl cholera）、禽出血性败血症，是由多杀性巴氏杆菌（*Pasteurella multocida*）引起禽类的急性或慢性接触性传染病。

1.病理特征　最急性型：可见浆液性或出血性心包炎，心外膜出血，肝脏表面散在灰白色或灰黄色坏死点。急性型：呈败血性变化，皮下、腹腔脂肪、浆膜、黏膜有出血斑点，肺充血、水肿，胸腹腔、气囊、肠浆膜等处常见纤维素性或干酪样渗出物，肠黏膜有弥漫性出血，肝脏表面有多量灰白色坏死点。慢性型：卵巢出血，卵泡坏死，头颈部脓肿。

2.诊断要点　最急性型突然死亡；急性型冠髯发绀，精神沉郁，废食，流涎，腹泻，排黄绿色稀粪，经常有零星死亡；慢性型长期腹泻，关节、头颈部和肉髯内有大小不等的脓肿。根据症状和病理变化可做初步诊断，肝脏涂片镜检发现两极着色的巴氏杆菌即可确诊。注意与新城疫、禽流感、沙门氏菌病、鸭瘟等病鉴别（图3-15至图3-24）。

3.防治措施

（1）加强禽群的饲养管理和卫生管理。

（2）通过药敏试验选用敏感药物进行治疗。

图3-15　禽巴氏杆菌病

鸡，慢性巴氏杆菌病，面部和肉髯肿胀（刘晨供图）

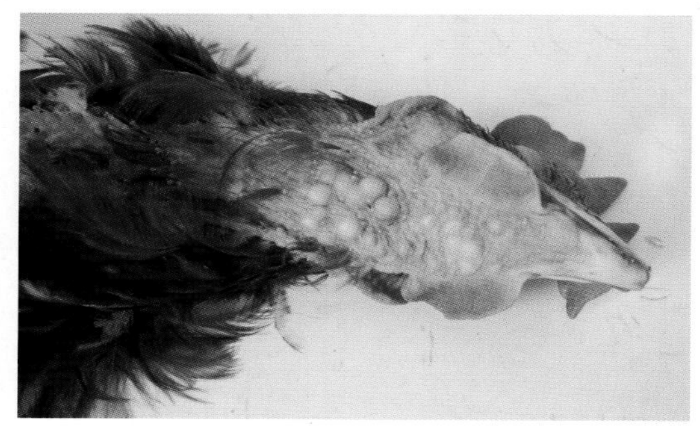

图3-16　禽巴氏杆菌病

鸡，慢性巴氏杆菌病，颈下部有多个球形结节（王新华、逯艳云供图）

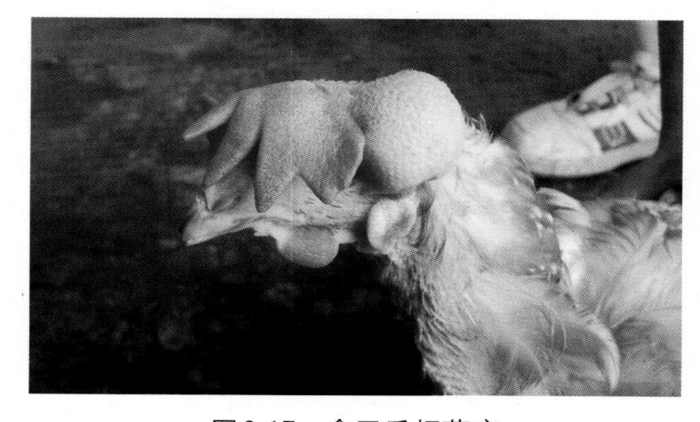

图3-17　禽巴氏杆菌病

鸡，慢性巴氏杆菌病，头顶部有一个巨大的结节（王新华供图）

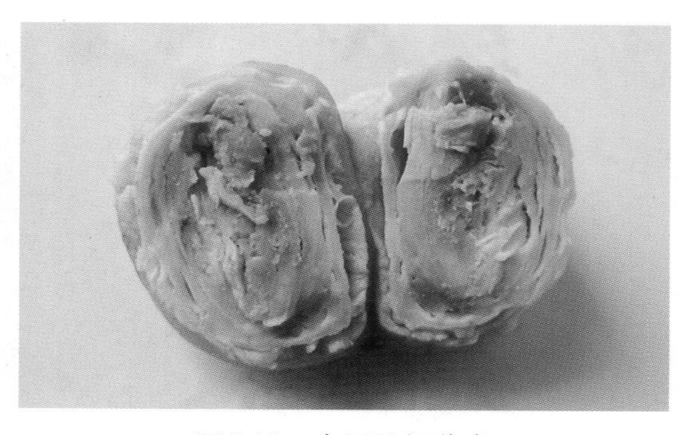

图3-18　禽巴氏杆菌病

切开结节可见有完整的包膜，包膜内是黄白色轮层状干酪样坏死物（王新华、逯艳云供图）

图3-19 禽巴氏杆菌病

右侧肉髯肿大，内有坚硬的黄白色干酪样坏死物（王新华、逯艳云供图）

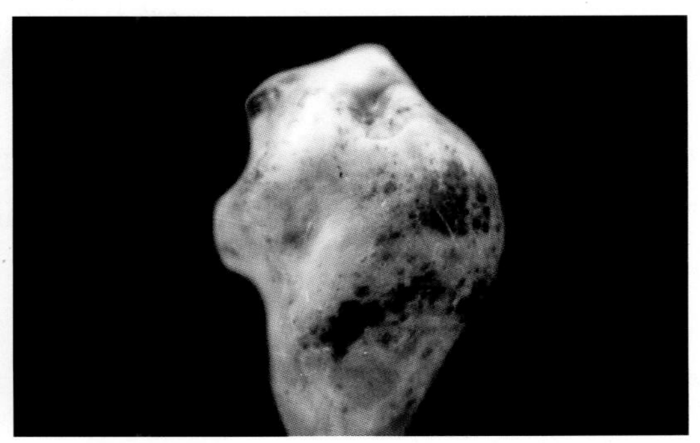

图3-20 禽巴氏杆菌病

鸭，心外膜有大小不等的出血斑点（王新华、逯艳云供图）

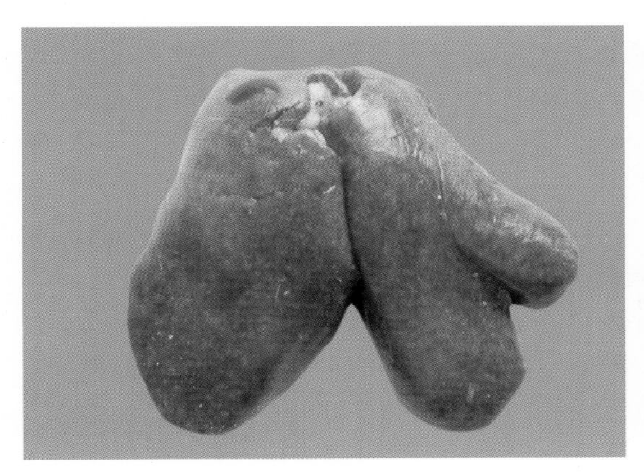

图3-21 禽巴氏杆菌病

鸡，肝脏表面有大量灰白色坏死点（王新华、逯艳云供图）

图3-22 禽巴氏杆菌病

产蛋鸡，卵泡出血、坏死（王新华、逯艳云供图）

图3-23 禽巴氏杆菌病

鸡，肠浆膜充血、出血；下为十二指肠黏膜肿胀、出血（崔恒敏供图）

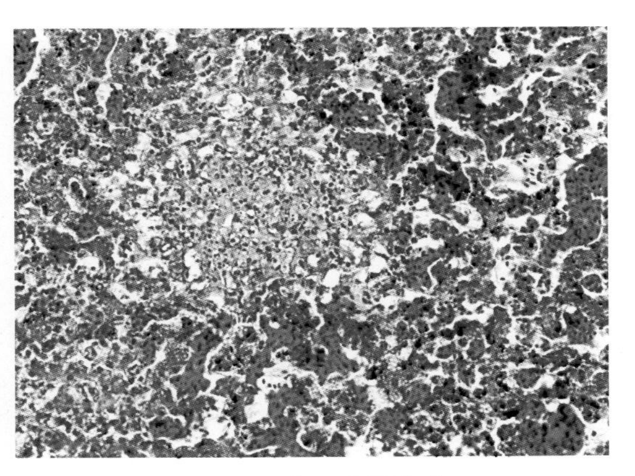

图3-24 禽巴氏杆菌病

鸡，肝组织内散在大量由坏死肝细胞和炎性细胞组成的凝固性坏死灶。HEA×400（陈怀涛供图）

## 第三节　禽沙门氏菌病

禽沙门氏菌病（avian salmonellosis）是由一种或多种沙门氏菌（*Salmonella*）引起的禽类疾病的总称。重要的有鸡白痢（pullorum disease）、禽伤寒（avian typhoid）和禽副伤寒（avian paratyphoid）三种。

1.病理特征　败血型雏鸡白痢早期病变不明显，病程长时可见卵黄吸收不良，内容物呈黄色奶油状或干酪样，心、肝、肾、肺、肠道等器官中可见有灰白色结节，盲肠中有灰白色干酪样物；慢性成年母鸡常见卵子变形、变色，内容物呈奶油状或干酪样。

急性禽伤寒时无眼观变化，病程长者肝、脾、肾肿大、变红，有时可见肝脏肿大且呈棕绿色或古铜色，卵子出血、变形、变色，心肌、肺脏等处也可见灰白色小坏死灶。

幼禽急性副伤寒时可能没有病理变化，病程长者可见卵黄凝固，肝、脾、肾充血，有点状坏死，有心包炎并伴有心包粘连；成年禽急性感染可见肝、脾、肾肿大、充血，并有出血性或坏死性肠炎，心包炎和腹膜炎，卵巢坏死或化脓性病变，也可见关节炎；慢性病例主要表现消瘦，肠道有坏死溃疡，肝、脾、肾肿大，心脏有结节（图3-25至图3-34）。

2.诊断要点　鸡白痢是由鸡白痢沙门氏菌引起的，经蛋传播者多发生于1周龄内，水平传播时多在1周龄后发病，死亡率较高，病鸡排灰白色稀粪，成年鸡白痢时也腹泻，但死亡率较低。禽伤寒是由禽伤寒沙门氏菌引起的，幼禽的禽伤寒与鸡白痢很难区别，本病的死亡可从出幼禽阶段持续到产蛋日龄，病变与鸡白痢不同的是亚急性和慢性病例肝脏呈棕绿色或古铜色。禽副伤寒是由多种能运动的沙门氏菌引起，多发生于2周龄以内的幼禽，1月龄以上的禽很少死亡。三种疾病有相同的症状和类似病理变化，根据流行特点、症状和病变可怀疑相关疾病，但确诊需靠病原分离鉴定。注意与巴氏杆菌病及有肠炎病变和腹泻症状的疾病鉴别。

图3-25　禽沙门氏菌病

肛门下部的绒毛被粪便黏结在一起，排粪困难（王新华供图）

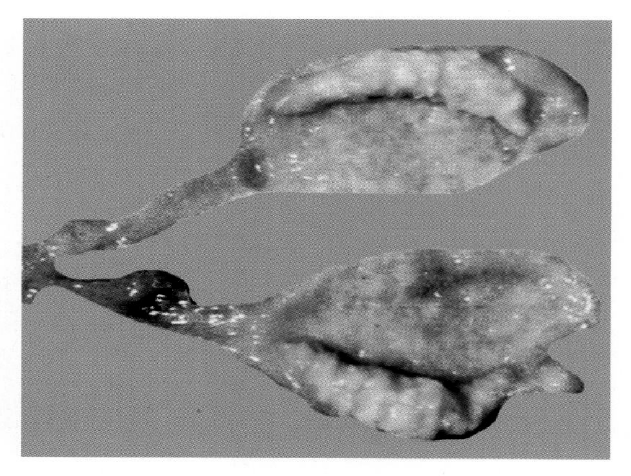

图3-26　禽沙门氏菌病

病雏盲肠中有灰黄色干酪样凝块，肠黏膜有出血点（刘晨供图）

3.防治措施

（1）认真执行兽医卫生综合防治措施，做好防治和净化工作。

（2）药物治疗　根据药敏试验选择用药。

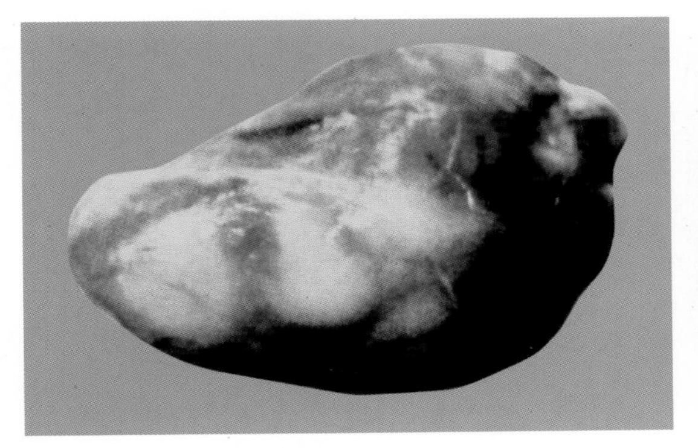

图3-27　禽沙门氏菌病
病雏心肌中有较大的块状灰白色坏死灶（王新华供图）

图3-28　禽沙门氏菌病
病雏肝脏上有大量灰白色坏死灶（王新华供图）

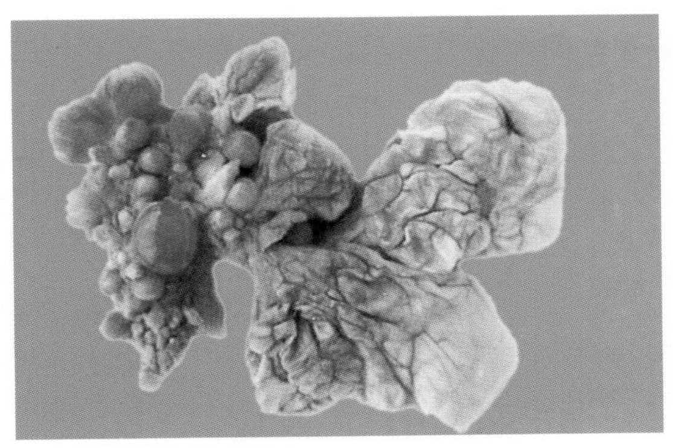

图3-29　禽沙门氏菌病
成年鸡白痢，卵巢变性、变形、坏死（王新华供图）

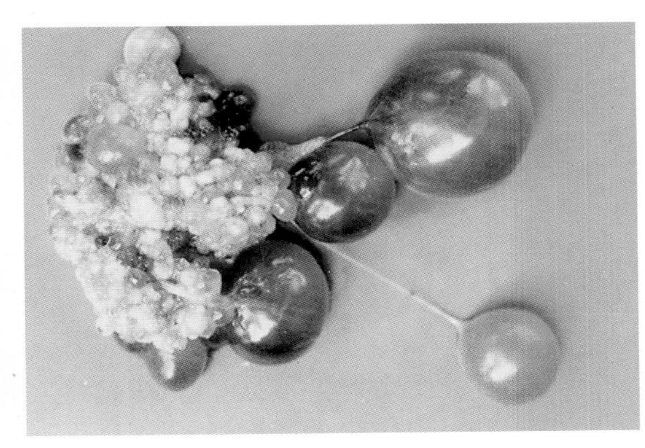

图3-30　禽沙门氏菌病
成年鸡白痢，卵巢变性、变形、坏死，变性的卵泡呈暗红色或墨绿色，有细长的蒂（王新华供图）

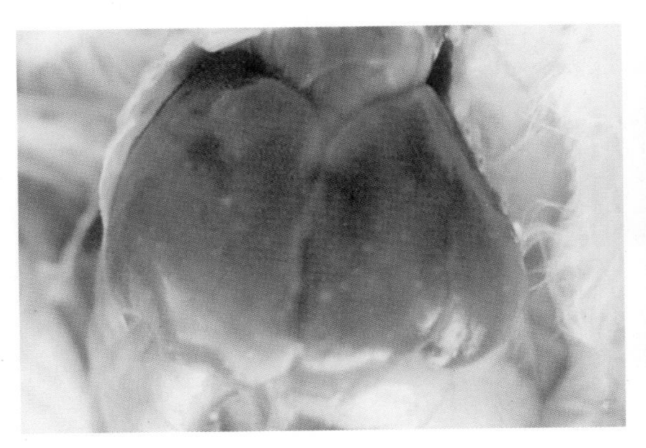

图3-31　禽沙门氏菌病
鸡伤寒肝脏呈古铜色，并有灰白色坏死灶（王新华供图）

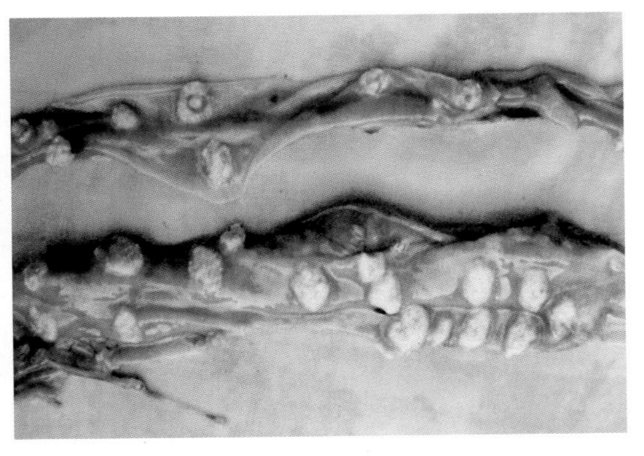

图3-32　禽沙门氏菌病
小肠黏膜上有多量周边隆起中心凹陷的溃疡（崔恒敏供图）

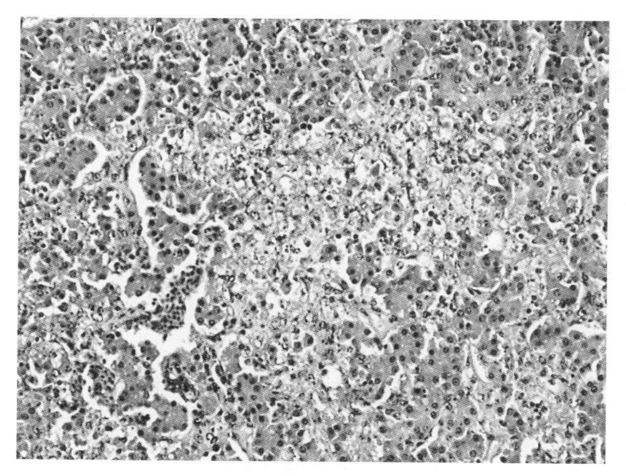

图3-33 禽沙门氏菌病

肝组织中的坏死灶，局部肝细胞坏死，肝组织中有炎性细胞浸润。HE × 100（陈怀涛供图）

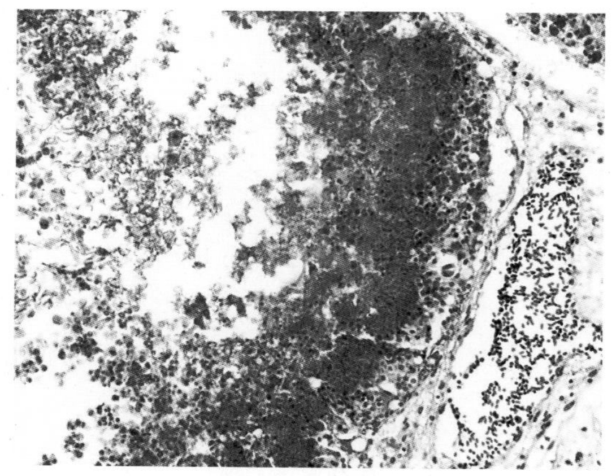

图3-34 禽沙门氏菌病

睾丸曲细精管上皮细胞坏死，正常管壁结构破坏，可见少量炎性细胞浸润。HEA × 100（陈怀涛供图）

## 第四节 葡萄球菌病

葡萄球菌病（staphylococcosis）是由金黄色葡萄球菌（*Staphylococcus aureus*）引起鸡的急性败血性或慢性传染病。

1. 病理特征 急性败血型皮肤发生湿性坏疽；慢性型表现为趾瘤病、胸腹部囊肿和化脓性关节炎。

2. 诊断要点 急性败血型：可见颈下、翅下、腹下等处皮肤呈紫红或红褐色，溃烂、流出红褐色液体，羽毛脱落或触之即掉；雏鸡表现为脐炎，俗称“大肚脐”。慢性型：表现为趾瘤病和胸、腹部囊肿，多发生于肉用仔鸡，表现为趾底肿胀和溃烂，胸、腹下部囊肿形成，多处关节肿胀，充满脓液，关节面溃烂，用溃烂部渗出液涂片镜检可见大量葡萄球菌。注意与滑液支原体感染等疾病鉴别（图3-35至图3-43）。

图3-35 葡萄球菌病

病鸡颈下部和肉髯发生湿性坏疽，流出红褐色液体，羽毛脱落（王新华供图）

3. 防治措施

（1）加强综合防治，保持禽舍干燥通风，禽群密度不宜过大，防止拥挤。光照要强弱适宜，防止禽只相互啄，定期消毒。

（2）用禽葡萄球菌病多价氢氧化铝胶灭活苗进行免疫接种。

图3-36 葡萄球菌病
病鸡两翅腹面和颈部发生湿性坏疽（王新华供图）

图3-37 葡萄球菌病
病鸡因关节炎致单脚站立、卧地不起或两翅着地（谷长勤供图）

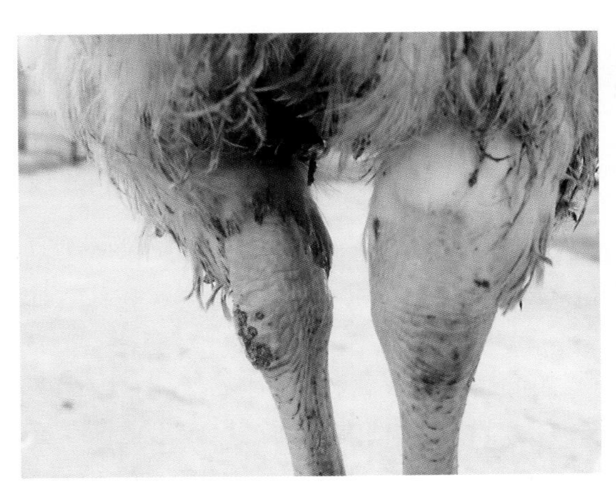

图3-38 葡萄球菌病
患侧关节明显肿大、发红（谷长勤供图）

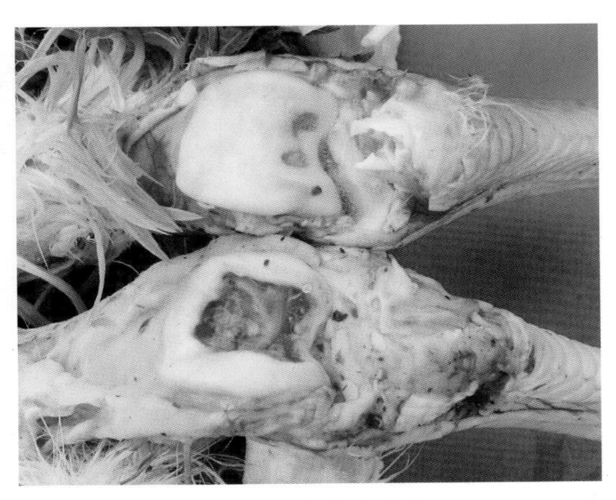

图3-39 葡萄球菌病
患侧关节面坏死、溃烂（谷长勤供图）

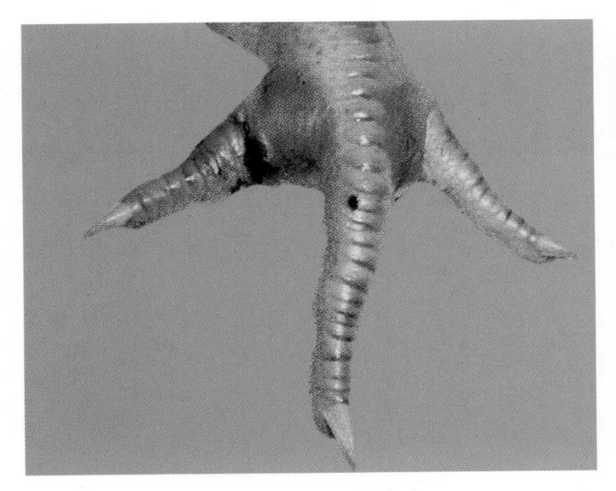

图3-40 葡萄球菌病
病鸡趾部肿胀、发红（岳华供图）

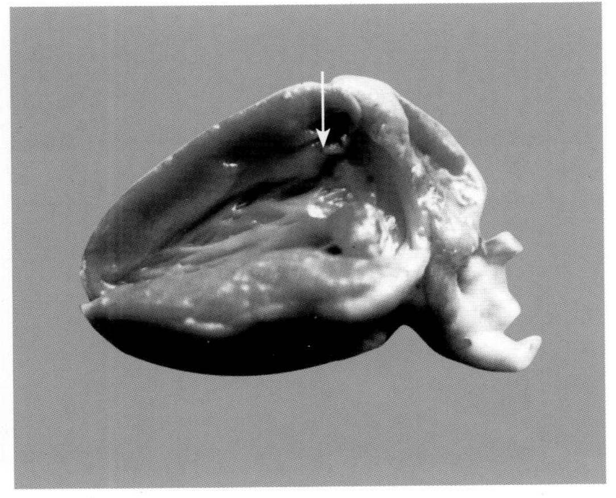

图3-41 葡萄球菌病
慢性病例见有疣状心内膜炎（↓）（谷长勤供图）

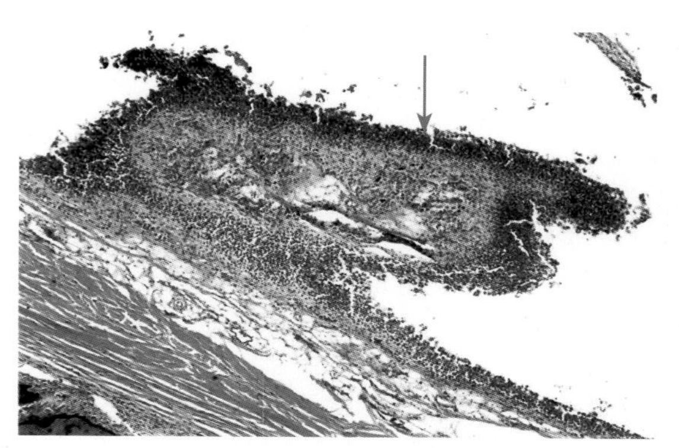

图3-42　葡萄球菌病

关节滑膜表面组织坏死，并有大量的炎性渗出物（↓）。HE×100（谷长勤供图）

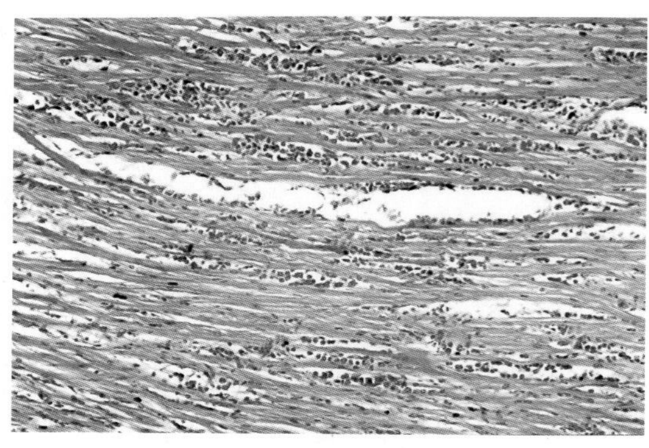

图3-43　葡萄球菌病

心肌纤维变性、坏死，纤维之间可见大量的炎性细胞浸润。HE×100（谷长勤供图）

## 第五节　禽弯曲杆菌性肝炎

禽弯曲杆菌性肝炎（avian campylobacter hepatitis）主要是由空肠弯曲菌（*Campylobacter jejuni*）引起幼鸡和成年鸡的一种传染病。

1.病理特征　急性型：肝脏肿大质脆，肝脏表面有大小不等出血点或被膜下有大的血疱（出血性肝炎）。慢性型：肝脏质地变硬，实质中有大量灰白色或灰黄色坏死灶（坏死性肝炎）（图3-44至图3-47）。

2.诊断要点　本病发病率高，死亡率低，生前不易诊断，病禽往往突然死亡，病久者可见精神沉郁，鸡冠苍白、干缩，排黄褐色稀粪。根据特征性病变可以做出诊断，必要时可取胆汁做病原菌分离鉴定。

3.防治措施

（1）加强平时的饲养管理。

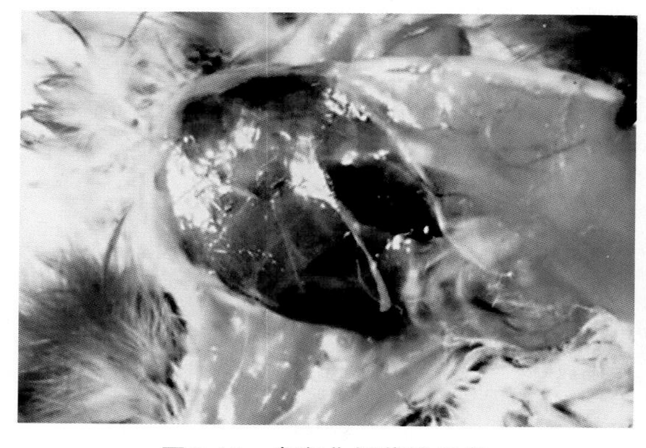

图3-44　禽弯曲杆菌性肝炎

急性病例肝脏薄膜下有大的出血疱，破裂后腹腔可见大量积血（王新华、逯艳云供图）

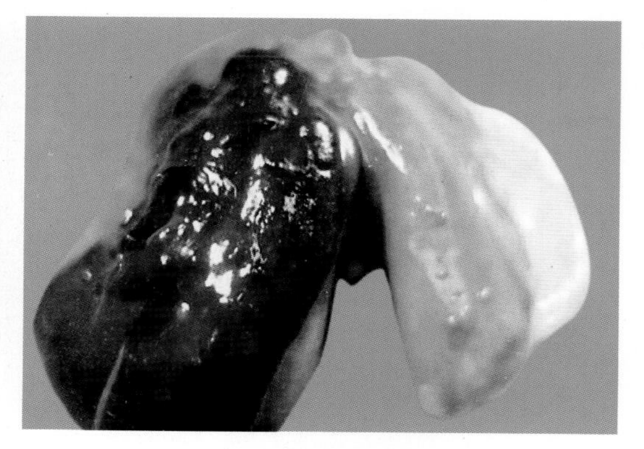

图3-45　禽弯曲杆菌性肝炎

肝脏薄膜下形成大的血疱，并有凝固的血块（王新华、逯艳云供图）

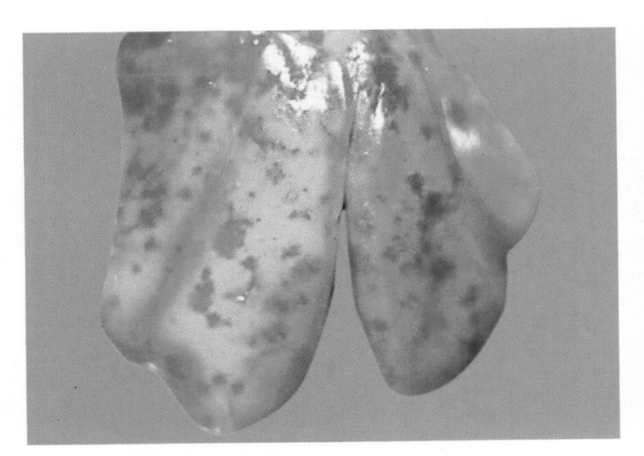

图3-46 禽弯曲杆菌性肝炎
肝脏实质中有大量不规则的出血灶（王新华、逯艳云供图）

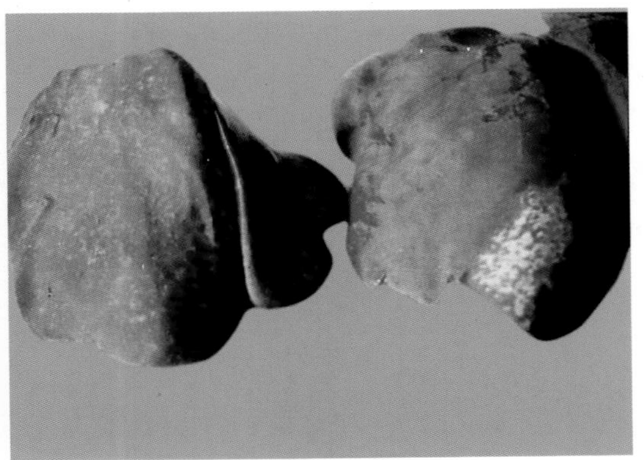

图3-47 禽弯曲杆菌性肝炎
慢性病例见肝脏体积缩小，质地变硬，实质中有大量灰白色坏死灶（王新华、逯艳云供图）

（2）药物治疗　本病可选用金霉素等拌料，磺胺甲基嘧啶等饮水；此外，卡那霉素结合庆大霉素等亦有较好疗效。治疗时应首先进行药敏试验，根据药敏试验结果选择用药。

## 第六节　鸡传染性鼻炎

鸡传染性鼻炎（infectious coryza，IC）是由副鸡嗜血杆菌（*Haemophilus paragallinarum*）引起鸡的急性上呼吸道传染病。

1.病理特征　浆液性、黏液性、化脓性鼻窦炎、鼻炎和眶下窦炎，有时肉髯肿胀（图3-48至图3-50）。

2.诊断要点　本病发病率高、死亡率低，病鸡精神委顿，眼部肿胀。根据症状和病变一般可以做出诊断。

3.防治措施

（1）疫苗接种　接种鸡传染性鼻炎油乳剂疫苗。

（2）药物防治　预防性投药，在饲料中添加中药等。

（3）鸡舍内氨气含量过高可诱发传染性鼻炎，应保持鸡舍通风良好。

图3-48 鸡传染性鼻炎
病鸡因鼻窦炎及结膜炎致眼部肿胀，眼和鼻孔周围附有脓性渗出物（陈建红，等，2001.鸡病诊治彩色图谱.）

图3-49　鸡传染性鼻炎

病鸡鼻窦、眼周围和肉髯肿胀，眼流泪（甘孟侯，2003.中国禽病学.）

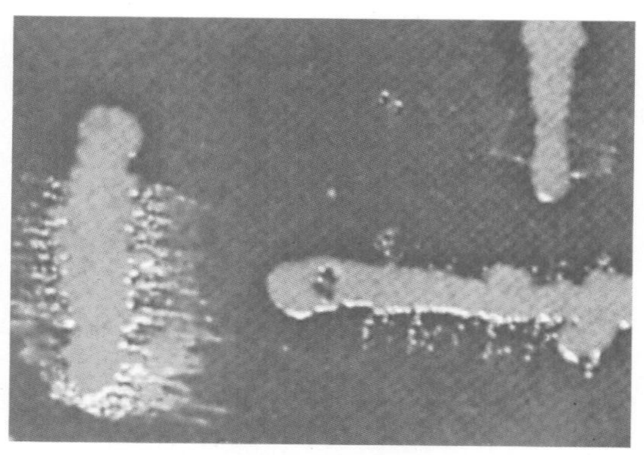

图3-50　鸡传染性鼻炎

副鸡嗜血杆菌接种在葡萄球菌划线周围，生长出细小的菌落（甘孟侯，2003.中国禽病学.）

## 第七节　鸭传染性浆膜炎

鸭传染性浆膜炎（infectious serositis in duckling）又名鸭疫里默氏菌病，旧名鸭疫巴氏杆菌病，是由鸭疫里默氏菌（*Riemerella anatipestifer*）引起雏鸭的一种传染病。

1.病理特征　纤维素性气囊炎、心包炎、肝周炎、腹膜炎、脑膜炎和关节炎。

2.诊断要点　本病多发生于3～4周龄的雏鸭，病鸭精神沉郁、厌食、腹泻、共济失调、抽搐、痉挛以及角弓反张，鼻窦肿胀，跗关节肿胀、脚软。根据症状和病变可做初步诊断，确诊要靠病原菌分离鉴定。注意与鸭链球菌病区别（图3-51至图3-63）。

3.防治措施

（1）加强饲养管理　保持育雏室干燥、通风、清洁卫生，保持适宜的饲养密度，实行"全进全出"制度。

图3-51　鸭传染性浆膜炎

病鸭伏卧，排出黄绿色稀粪（崔恒敏供图）

图3-52　鸭传染性浆膜炎

病鸭流泪，眼睑粘连（崔恒敏供图）

（2）疫苗预防。

（3）药物治疗　一旦发生本病，应先做药敏试验，选择高度敏感的药物，并注意交替使用。常用药物有土霉素、复方磺胺嘧啶预混剂等。

图3-53　鸭传染性浆膜炎

病鸭出现神经症状，勾头（崔治中，等，2003. 禽病诊治彩色图谱.）

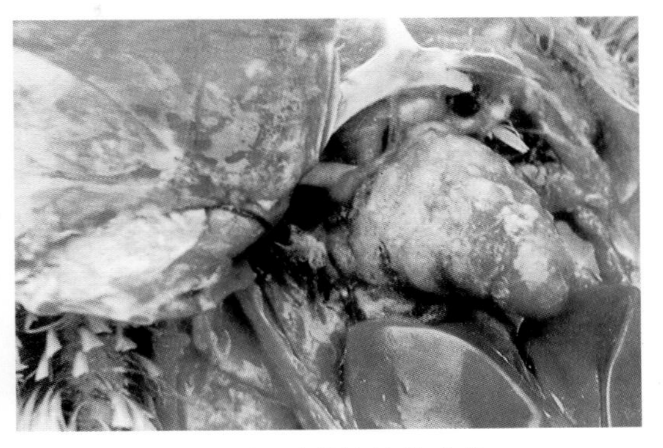

图3-54　鸭传染性浆膜炎

心外膜被覆灰白色纤维素性渗出物（崔治中，等，2003. 禽病诊治彩色图谱.）

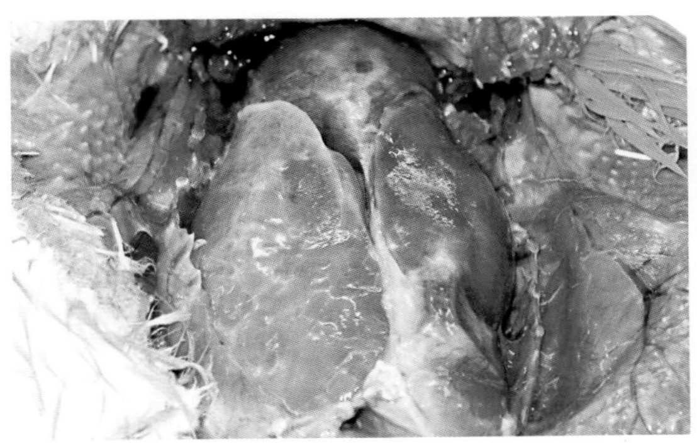

图3-55　鸭传染性浆膜炎

心脏和肝脏被覆纤维素性假膜（崔恒敏供图）

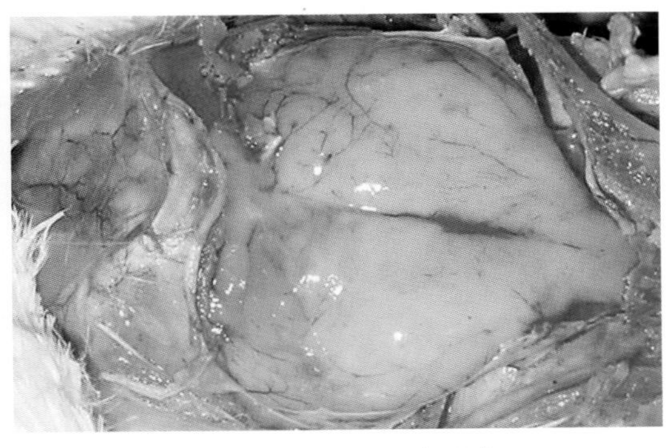

图3-56　鸭传染性浆膜炎

脑膜血管明显充血（崔恒敏供图）

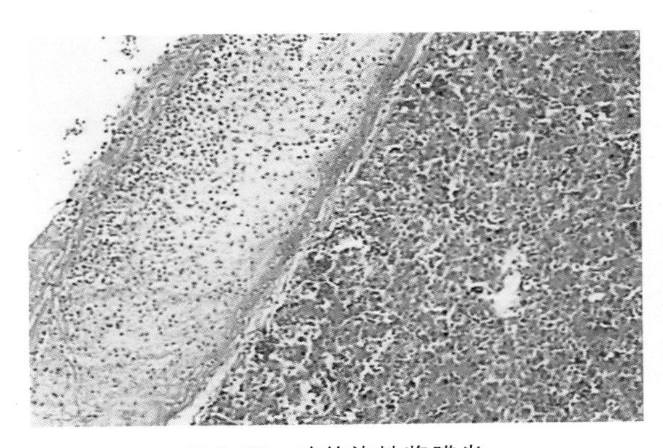

图3-57　鸭传染性浆膜炎

肝被膜表面有厚层网状纤维素渗出，其中混有大量炎性细胞。HE×100（胡薛英供图）

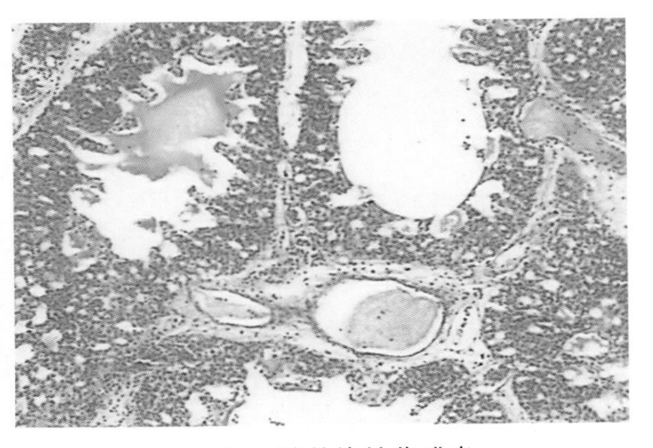

图3-58　鸭传染性浆膜炎

肺脏血管周围、小叶间隔及肺房内有大量网状纤维素性渗出物。HE×100（胡薛英供图）

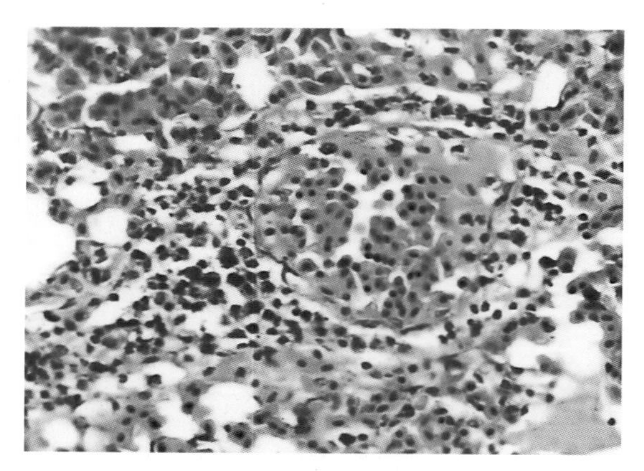

图3-59 鸭传染性浆膜炎

肺脏血管周围有大量炎性细胞浸润。HE×400（胡薛英供图）

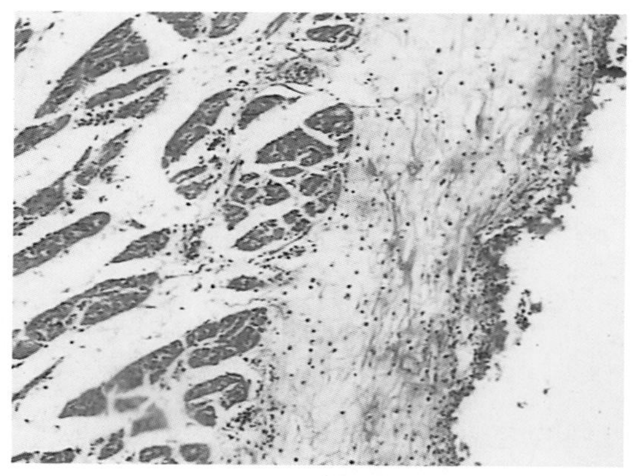

图3-60 鸭传染性浆膜炎

心包膜有厚层网状纤维素性渗出物，其中混有大量炎性细胞。HE×100（胡薛英供图）

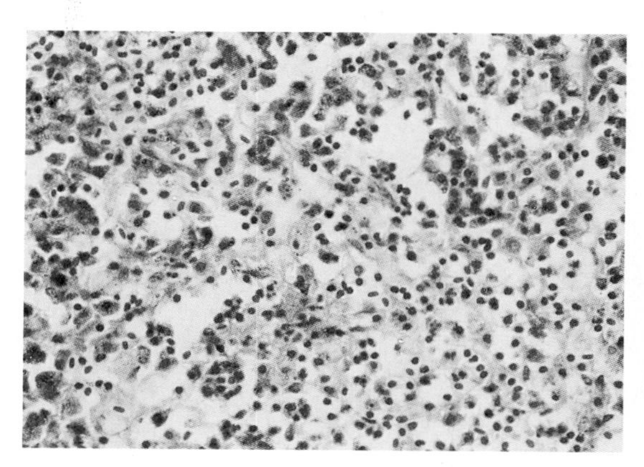

图3-61 鸭传染性浆膜炎

脾脏淋巴细胞坏死、减少，有较多纤维素性渗出物和炎性细胞浸润。HE×330（崔恒敏供图）

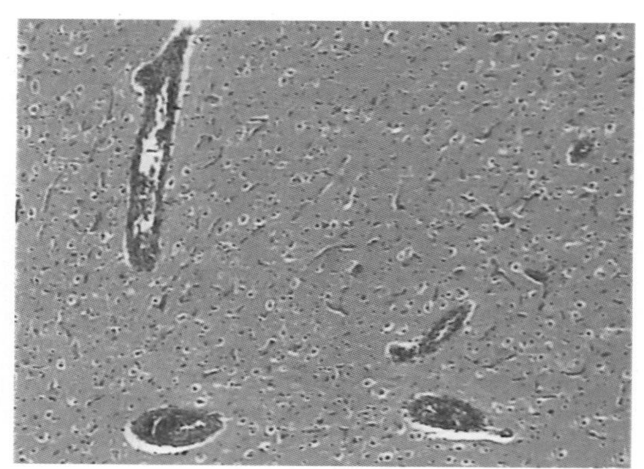

图3-62 鸭传染性浆膜炎

脑血管扩张、充血。HE×100（胡薛英供图）

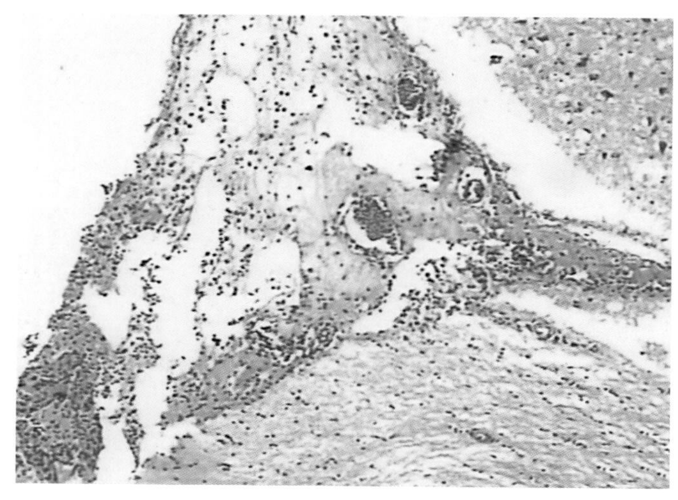

图3-63 鸭传染性浆膜炎

脑膜充血、水肿，有大量网状纤维素性渗出物和炎性细胞浸润。HE×100(胡薛英供图)

## 第八节　禽结核病

禽结核病（avian tuberculosis）是由禽分枝杆菌（*Mycobacterium avium*）引起禽类的一种慢性传染病。

1. 病理特征　肝、脾、肺、肾、卵巢、肠壁等器官中形成大小不等的结核结节。结核结节的组织学变化与其他动物的相似，但结节中心无钙化现象，巨细胞多在干酪样坏死区外围排列成栅栏状（图3-64至图3-73）。

2. 诊断要点　本病多呈慢性经过，常发生于老龄禽，病禽表现进行性消瘦，生长缓慢，生产性能下降，精神委顿，食欲减退，冠髯萎缩苍白，或有跛行或有顽固性腹泻。根据特征性病变一般可做出诊断，确诊应做病原体分离鉴定。

3. 防治措施　禽结核病没有治疗价值，主要采取综合性防控措施。发现本病后应淘汰病鸡，净化禽群等。

图3-64　禽结核

鸡结核，肝脏中的结核结节（崔治中，等，2003. 禽病诊治彩色图谱.）

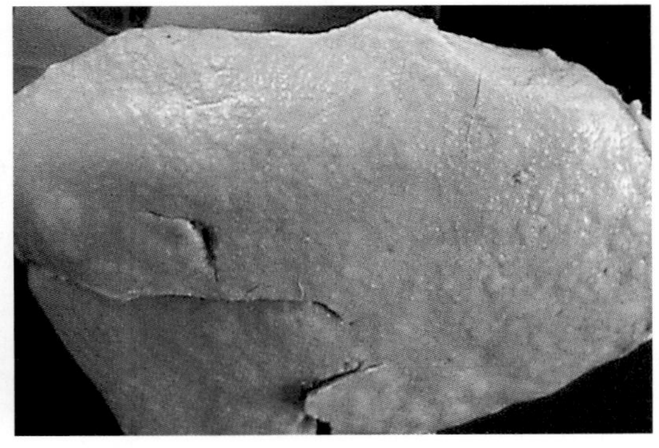

图3-65　禽结核

鸡结核，肝脏表面有密集的结核结节（陈怀涛供图）

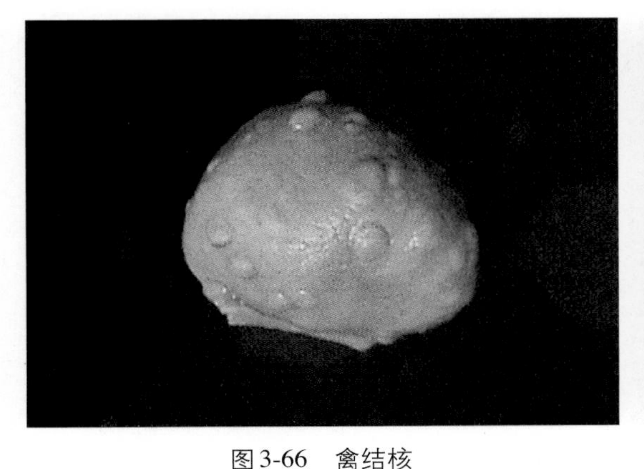

图3-66　禽结核

鸡结核，脾脏表面有大小不等的结核结节（陈怀涛供图）

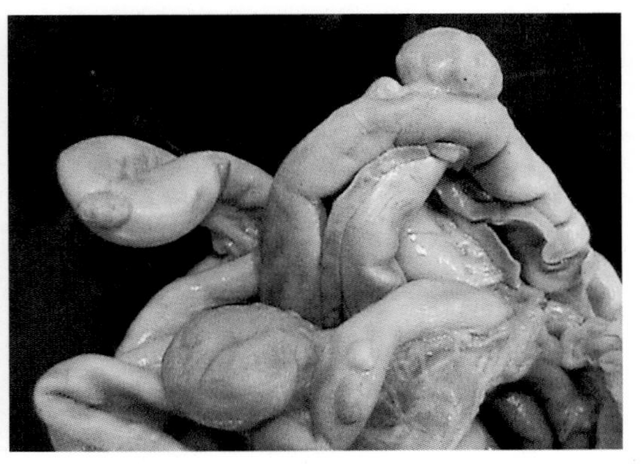

图3-67　禽结核

鸡结核，小肠壁有几个大小不等的结核结节，突出于肠浆膜（陈怀涛供图）

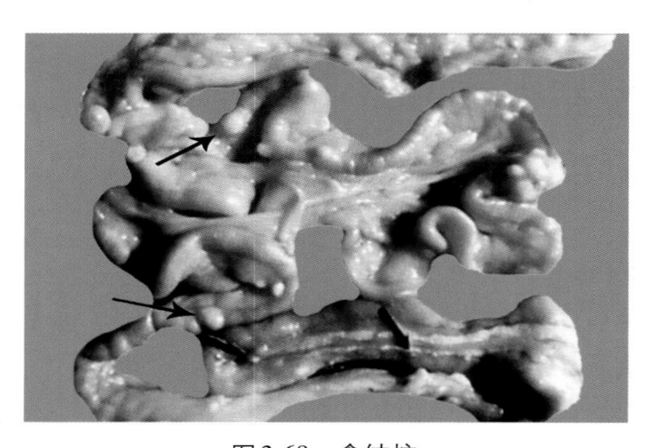

图 3-68　禽结核

鸡结核，肠壁上有大小不等的结节（↑）（崔治中，等. 禽病诊治彩色图谱, 2003.）

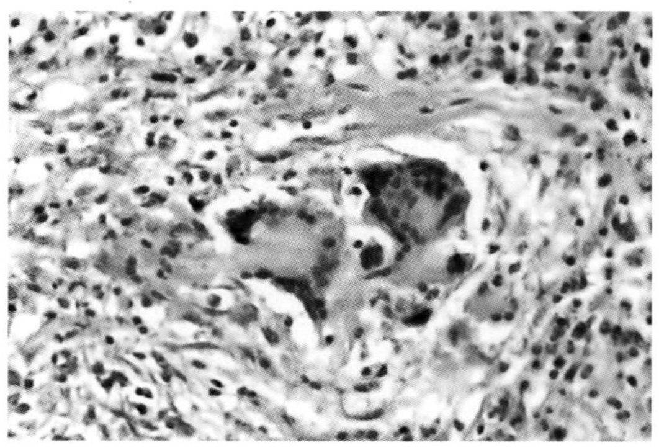

图 3-69　禽结核

鸭结核，肺脏组织中的结核结节，由上皮样细胞和两个多核巨细胞组成。HE × 400（胡薛英供图）

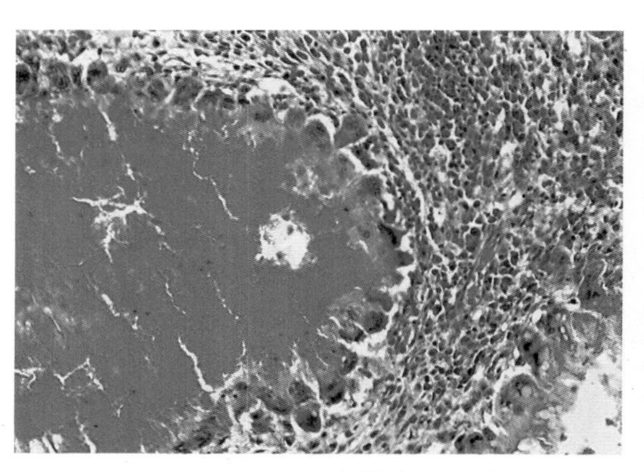

图 3-70　禽结核

结核结节中心为干酪样坏死，周围是大量呈栅栏状排列的多核巨细胞。HE × 400（陈怀涛供图）

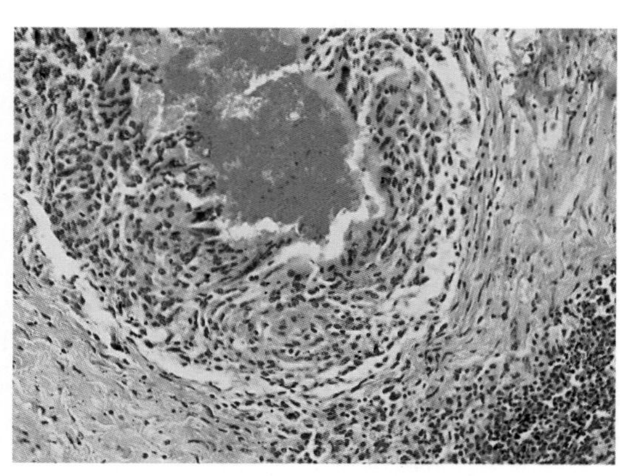

图 3-71　禽结核

脾结核结节中心为干酪样坏死，周围是巨细胞和上皮样细胞，最外围是结缔组织包膜。HE × 400（陈怀涛供图）

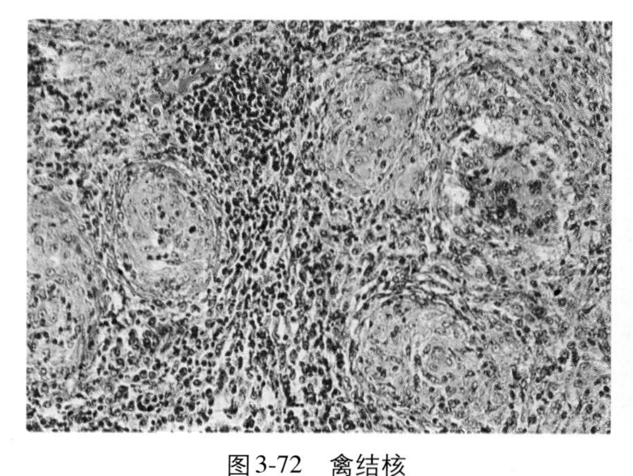

图 3-72　禽结核

结核结节较小，仅由上皮样细胞组成，尚无干酪样坏死。HEA × 400（陈怀涛供图）

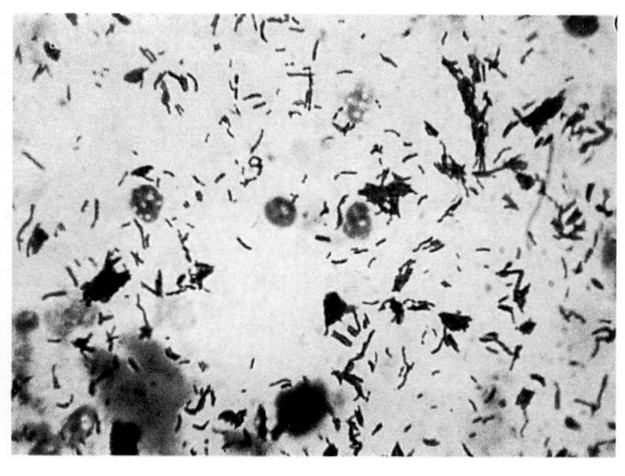

图 3-73　禽结核

结核结节中的结核分枝杆菌。抗酸染色 × 1 000（吕荣修, 2004. 禽病诊断彩色图谱.）

## 第九节 鸭链球菌病

鸭链球菌病（duck streptococcosis）是鸭的一种急性败血性或慢性传染病。临床上表现为急性和亚急性/慢性两种病型。急性常无典型症状，发病后数小时死亡，慢性表现精神沉郁、关节肿大、神经症状或腹泻等。

1. 病理特征　急性呈败血性病变，心肌出血，肝、脾变性坏死，表现纤维素性心包炎、肝周炎、气囊炎及心内膜炎。慢性表现为关节炎、肠炎与脑炎等（图3-74至图3-77）。

2. 诊断要点　在临诊症状和剖检病变基础上，需结合细菌的分离鉴定方能做出诊断。注意与巴氏杆菌病、鸭传染性浆膜炎等疾病鉴别。

3. 防治措施　发病和受威胁的鸭群应尽快用恩诺沙星或硫酸庆大霉素防治。加强卫生管理。

图3-74　鸭链球菌病

肝脏变性、肿大，呈淡黄色（谷长勤供图）

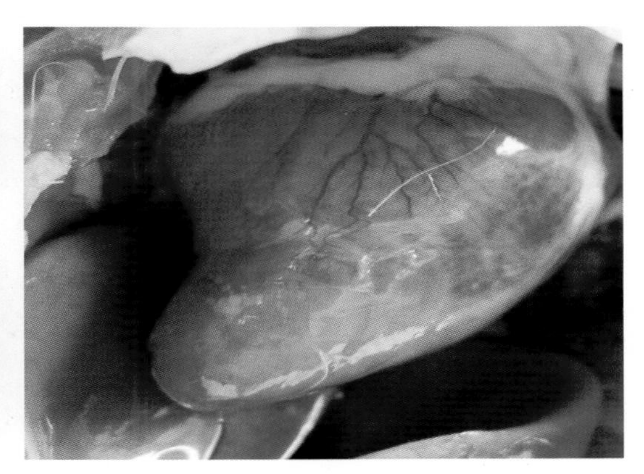

图3-75　鸭链球菌病

心外膜与心肌有出血斑点（谷长勤供图）

图3-76　鸭链球菌病

肠浆膜出血（谷长勤供图）

图3-77　鸭链球菌病

小肠局灶性增粗，肠壁出血、坏死（谷长勤供图）

# 第十节 鸭丹毒

鸭丹毒（duck erysipelas）是由猪丹毒丝菌引起的一种急性传染病，主要通过伤口感染，多为散发，各种日龄的鸭均可感染，2 ～ 3 周龄雏鸭多发。病鸭精神沉郁、嗜睡、衰弱、步态不稳、腹泻和猝死。

1. 病理特征　感染部位皮肤呈浆液出血性炎症，心外膜出血，特别是冠状沟和纵沟部位较多见；肝脏肿大，色黄，呈斑驳状，表面有坏死点；脾脏肿大、质脆，呈紫黑色（图3-78至图3-80）。

2. 诊断要点　根据皮肤和心内膜的病变，可做出初步诊断，确诊需进行细菌学检查。注意与巴氏杆菌病等疾病鉴别。

3. 防治措施　平时加强卫生管理，保持圈舍干燥。一旦发病，应尽快注射青霉素或庆大霉素。

图3-78　鸭丹毒

病鸭衰弱，步态不稳（岳华、汤承供图）

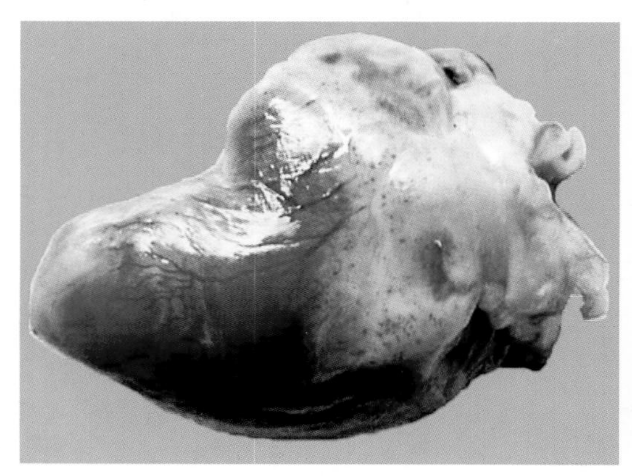

图3-79　鸭丹毒

心冠状沟和纵沟明显出血（岳华、汤承供图）

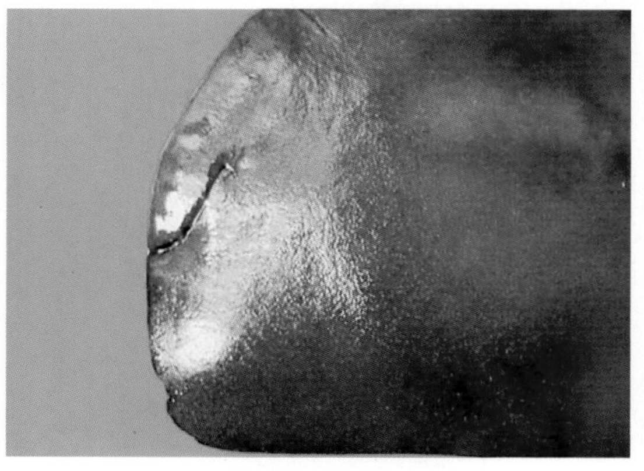

图3-80　鸭丹毒

肝脏表面有许多针尖大米黄色坏死点（岳华、汤承供图）

## 第十一节 鸭坏死性肠炎

鸭坏死性肠炎（duck necrotic enteritis）是种鸭的一种致死性疾病，病因尚不清楚，多认为是由魏氏梭菌引起。本病四季均可发生，免疫接种、转群、气候剧变或长期使用抗菌药物等应激情况下更易诱发本病。急性病例常不见任何症状而突然倒毙。

1. 病理特征　出血性、坏死性肠炎，化脓性腹膜炎，出血坏死性输卵管炎与卵巢炎（图3-81至图3-86）。

2. 诊断要点　根据流行特点和病理变化可做初步诊断。

3. 防治措施　平时加强环境卫生管理，发病鸭可用头孢类药物、新霉素或土霉素治疗。

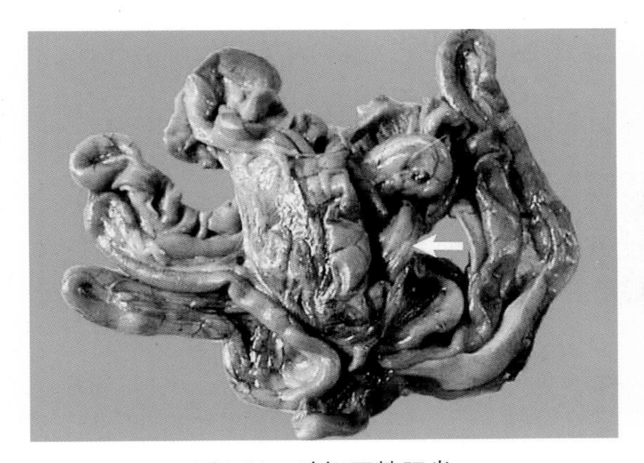

图3-81　鸭坏死性肠炎
肠管肿胀色黑，失去光泽和弹性（←）（岳华、汤承供图）

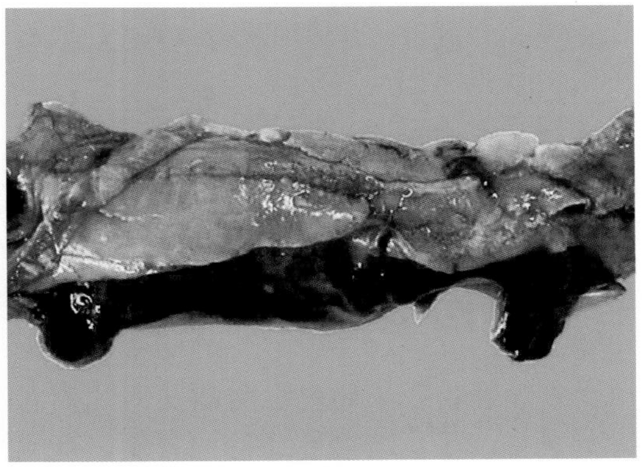

图3-82　鸭坏死性肠炎
胰腺充血、出血，肠内容物污秽发黑（岳华、汤承供图）

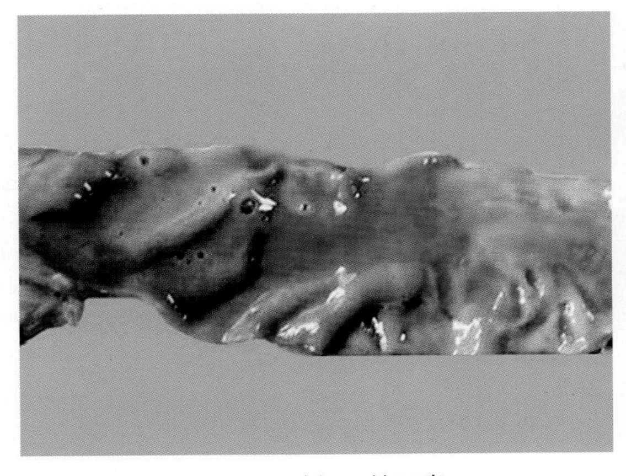

图3-83　鸭坏死性肠炎
小肠黏膜充血，表面附有灰绿色内容物（岳华、汤承供图）

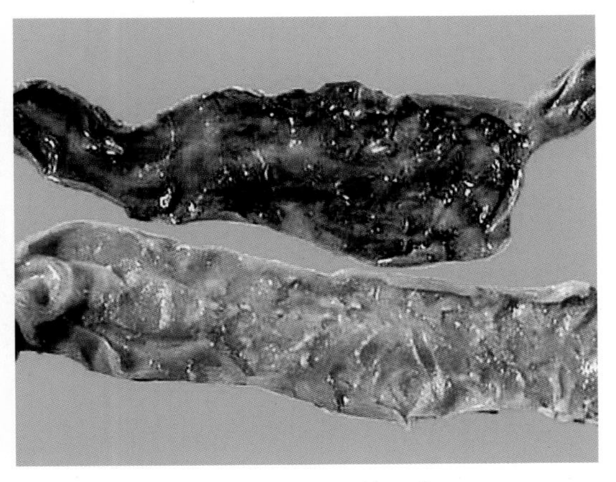

图3-84　鸭坏死性肠炎
空肠、盲肠黏膜坏死（岳华、汤承供图）

图3-85　鸭坏死性肠炎
卵泡膜充血、出血（岳华、汤承供图）

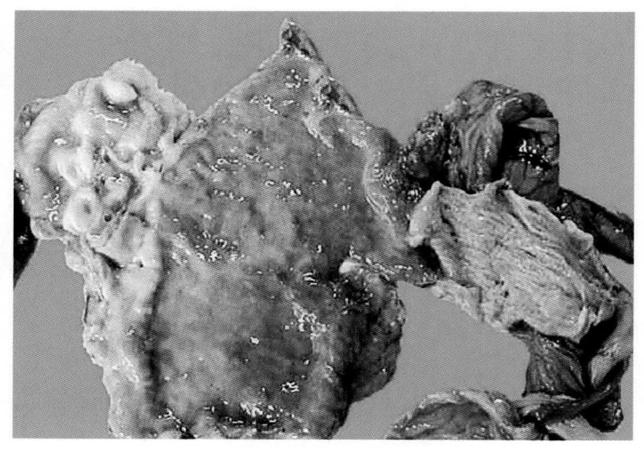

图3-86　鸭坏死性肠炎
输卵管黏膜出血、坏死（岳华、汤承供图）

## 第十二节　鸡坏死性肠炎

坏死性肠炎（necrotic enteritis）又称肠毒血症，是由产气荚膜梭菌（*Clostridium welchii*）引起的一种急性传染病。病鸡突然发病，很快死亡。病程久时表现为排黑色有时混有血液的稀粪，小肠后段黏膜出血、坏死，肠管充气，外观呈黑绿色。本病常继发于球虫病。

1. 病理特征　病鸡常突然发病、死亡。病程稍长的病鸡可见精神沉郁，食欲减退或废绝，排出黑色或混有血液的粪便。一般情况下发病较少，死亡率较高，如管理不当或并发感染则死亡率增加。

剖检时打开腹腔可闻到一种腐臭气味。肠管显著肿胀，充满气体，呈黑绿色充满腹腔；特别是小肠后段表现明显，肠黏膜出血、有大小不等的糠麸样坏死灶，严重时可形成一层伪膜，易于剥离。其他器官除淤血外无特殊变化（图3-87至图3-89）。

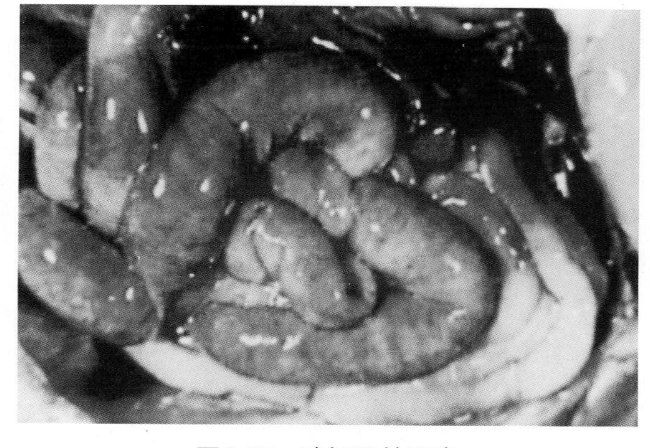

图3-87　鸡坏死性肠炎
病鸡小肠充气，肠浆膜呈蓝色，肠壁变薄，内容物呈褐绿色（范国雄，1995. 动物疾病诊断图谱.）

2. 诊断要点　根据饲养环境卫生状况、季节和病理剖检容易做出诊断，球虫感染时更易发生本病。

3. 防治措施

（1）加强饲养管理和环境卫生工作，减少细菌污染。

（2）可用杆菌肽、土霉素、青霉素、泰乐菌素、林可霉素等进行治疗。

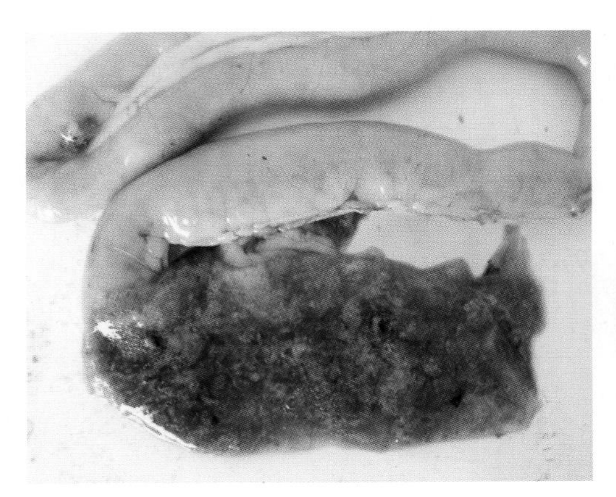

图3-88 鸡坏死性肠炎

从十二指肠到回肠肠管肿胀，黏膜肥厚，肠内容物呈灰红色烂肉样，其中有大量小气泡。内容物压片镜检可见大量球虫裂殖体内含柳叶状裂殖子，涂片瑞氏染色可见大量粗大的产气荚膜梭菌（王新华供图）

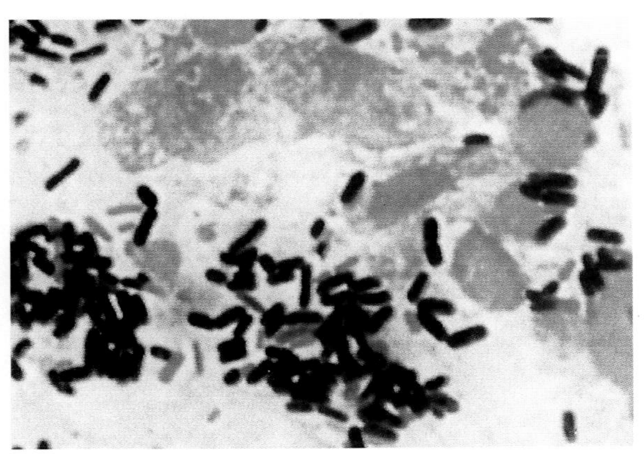

图3-89 鸡坏死性肠炎

肠内容物涂片可见大量粗大的产气荚膜梭菌（范国雄，1995.动物疾病诊断图谱.）

# 第四章 CHAPTER FOUR
# 家禽支原体及真菌性疾病的病理特征和诊断要点

## 第一节　鸡毒支原体感染

鸡毒支原体感染（mycoplasma gallisepticum infection，MGI）是由鸡毒支原体（*Mycoplasma gallisepticum*）引起鸡的呼吸道传染病，由于病程长而曾被称为慢性呼吸道病（chronic respiratory disease，CRD）。

1.病理特征　上呼吸道炎与气囊炎。眼、鼻腔、鼻窦内有浆液性、脓性或干酪样渗出物。腹腔有泡沫样浆液，气囊壁浑浊增厚，囊腔内有黄白色干酪样渗出物（图4-1至图4-7）。

2.诊断要点　根据病程较长、呼吸困难与气管啰音等症状和病变可做出诊断。注意与传染性支气管炎、传染性喉气管炎、传染性鼻炎及曲霉菌病等呼吸道传染病鉴别。

3.防治措施

（1）接种疫苗　目前有两种疫苗，即致弱的F株疫苗和油乳剂灭活疫苗，F株弱毒疫苗可以与新城疫$B_1$或Lasota株同时接种。

（2）改善鸡舍通风条件，降低饲养密度，提供全价平衡饲料，经常对鸡舍消毒。

（3）防治其他疾病（如大肠杆菌病等）。

（4）一旦发病可用泰乐菌素、泰妙菌素（支原净）、罗红霉素、替米考星、土霉素等治疗。

图4-1　鸡毒支原体感染
眼睑和眶下窦肿胀，结膜潮红，结膜囊内有大量浆液和泡沫（王新华供图）

本病常与大肠杆菌病、传染性支气管炎等合并感染，治疗时应同时进行方可获得较好疗效。

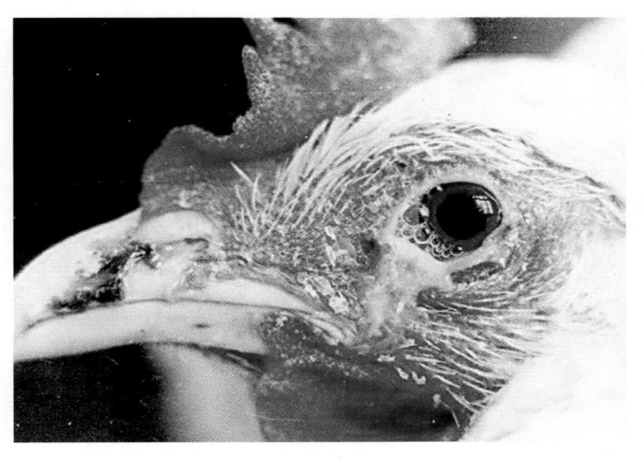

图4-2 鸡毒支原体感染
眼角内有泡沫和大量黏液流出（王新华供图）

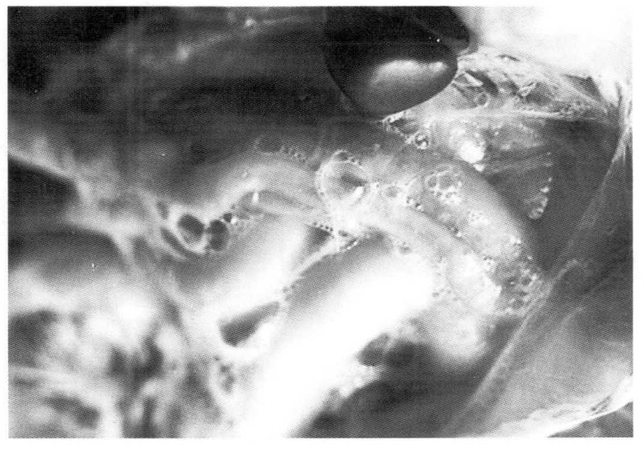

图4-3 鸡毒支原体感染炎
腹腔内有多量混有泡沫的浆液（王新华供图）

图4-4 鸡毒支原体感染
气囊壁混浊增厚，囊腔中有黄白色干酪样凝块（王新华供图）

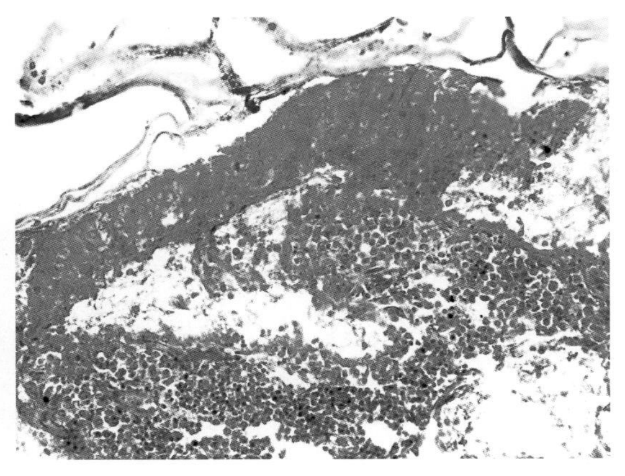

图4-5 鸡毒支原体感染
喉黏膜上皮增生、坏死。HEA×400（罗马尼亚布加勒斯特农业与兽医大学兽医病理科供图）

图4-6 鸡毒支原体感染
气管黏膜上皮增生、坏死。HEA×400（罗马尼亚布加勒斯特农业与兽医大学兽医病理科供图）

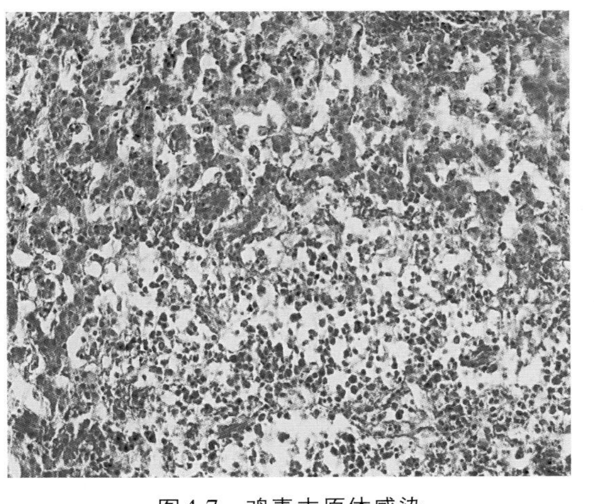

图4-7 鸡毒支原体感染
肝灶状坏死，并有炎性细胞浸润。HEA×400（罗马尼亚布加勒斯特农业与兽医大学兽医病理科供图）

## 第二节　滑液支原体感染

滑液支原体感染（mycoplasma synoviae infection）是由滑液支原体（*Mycoplasma synoviae*）引起的鸡的一种以浆液性或化脓性腱鞘炎、滑膜炎和关节炎为特征的慢性传染病。

1.病理特征　浆液性或化脓性滑液囊炎、关节炎、腱鞘炎等（图4-8至图4-11）。

2.诊断要点　根据病鸡消瘦、跛行、不能站立等症状和病变一般可做出诊断。注意与葡萄球菌病、病毒性关节炎等疾病鉴别。

3.防治措施　同鸡毒支原体感染。

图4-8　滑液支原体感染
跗关节肿大，跛行，站立困难（王新华、逯艳云供图）

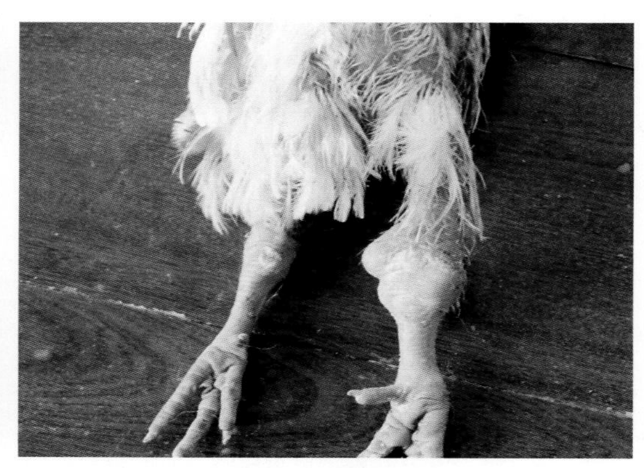

图4-9　滑液支原体感染
跗关节周围滑液囊发炎、肿大（王新华、逯艳云供图）

图4-10　滑液支原体感染
肿大的滑液囊剖开可见内有灰白色脓液（王新华、逯艳云供图）

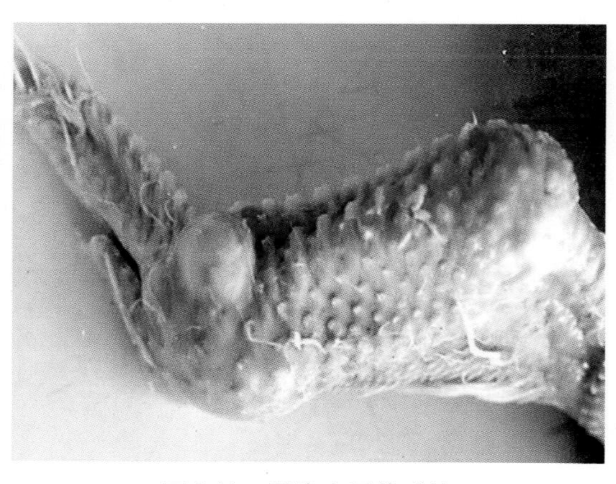

图4-11　滑液支原体感染
翅关节滑液囊肿大（王新华、逯艳云供图）

## 第三节 鸭传染性窦炎

鸭传染性窦炎（infectious duckling sinusitis）是由支原体感染引起的主要危害雏鸭的一种呼吸道传染病，7 ~ 15日龄的雏鸭最易感，成年鸭也可发生，临诊特征是眶下窦肿胀，充满浆液、黏液或干酪样渗出物。病鸭打喷嚏，从鼻孔流出浆液性或黏液性渗出物，并在鼻孔周围结痂。部分病鸭呼吸困难，频频摇头。

1. 病理特征　浆液性、黏液性、化脓性眶下窦与鼻窦炎（图4-12至图4-15）。

2. 诊断要点　根据眶下窦显著肿大的症状与病变等可做出初步诊断，结合病原分离鉴定结果可以确诊。

3. 防治措施　加强饲养和卫生管理，保持合理饲养密度，保持鸭舍通风良好，能有效预防本病。一旦发病可用泰乐菌素、泰妙菌素（支原净）、罗红霉素、替米考星、土霉素等治疗。

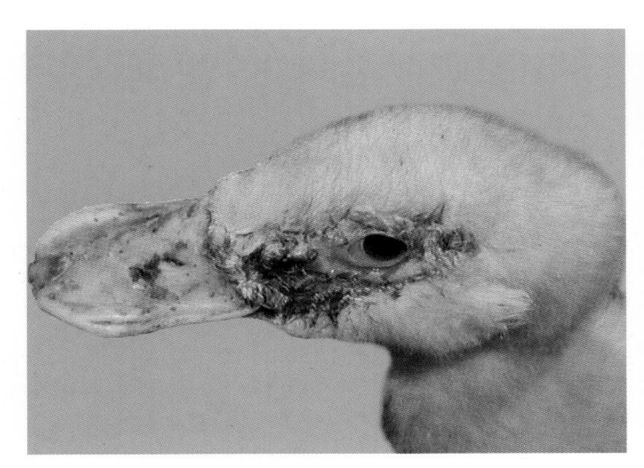

4-12　鸭传染性窦炎
从眼、鼻流出浆液性或黏液性渗出物（岳华、汤承供图）

图4-13　鸭传染性窦炎
病鸭呼吸困难，张口伸颈（岳华、汤承供图）

图4-14　鸭传染性窦炎
眶下窦明显肿胀，但无痛感（岳华、汤承供图）

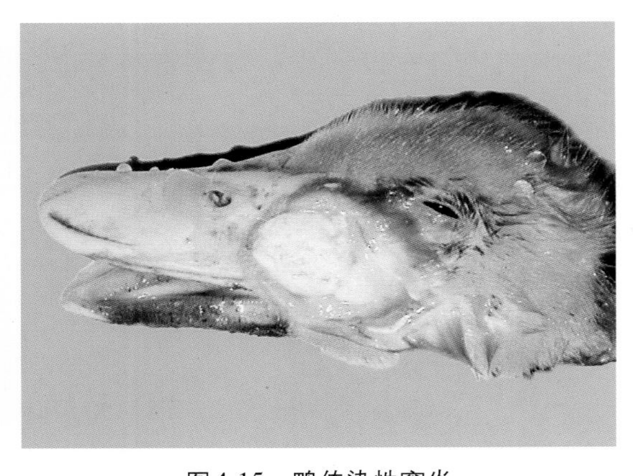

图4-15　鸭传染性窦炎
眶下窦剖开时，其中积聚大量灰白色干酪样脓性渗出物（岳华、汤承供图）

## 第四节　禽曲霉菌病

禽曲霉菌病（avian aspergillosis）主要是由真菌中的烟曲霉菌（*Aspergillus fumigatus*）引起多种禽类的真菌性疾病，主要侵害呼吸器官。以幼禽多发，常见急性暴发，成年禽多为散发。

1. 病理特征　以肺、气囊以及胸腹腔、皮下、内脏器官霉菌性炎症和形成霉菌结节（霉菌性肉芽肿）为特征（图4-16至图4-31）。

2. 诊断要点　本病发生与垫料、饲料霉变及环境霉菌污染有直接关系。临诊症状多表现为呼吸困难等。根据症状和病理变化很容易做出诊断。注意与结核病、鸡毒支原体感染等呼吸道传染病及鸡白痢、马立克氏病鉴别。

3. 防治措施　不用发霉的饲料和垫料，保持鸡舍干燥、通风良好。一旦发病可用制霉菌素、克霉唑等治疗。

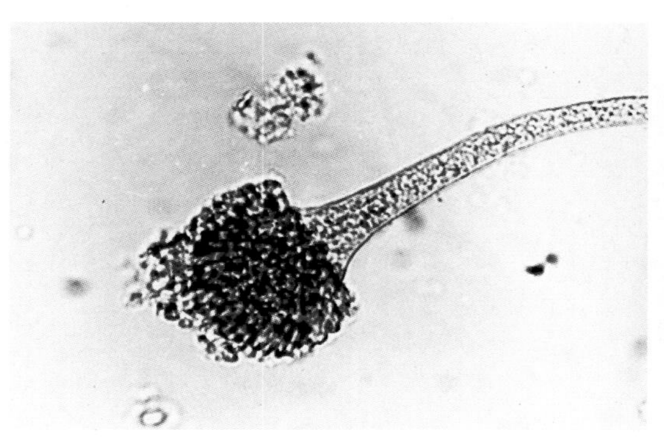

图4-16　禽曲霉菌病
气囊上的烟曲霉菌的分生孢子头（王新华、王方供图）

图4-17　禽曲霉菌病
雏鸡因曲霉菌性肺炎而呼吸困难，伸颈、张口、喘气、闭目，两翅下垂（王新华、王方供图）

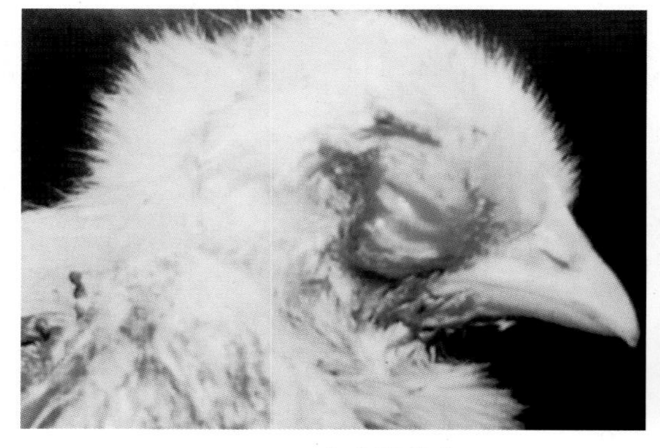

图4-18　禽曲霉菌病
眼睑肿胀，眼裂闭合，结膜囊内有黄豆瓣样黄白色干酪样渗出物（B. W. 卡尔尼克，1999. 禽病学. 高福，苏敬良，译.）

图4-19　禽曲霉菌病
上眼睑的霉菌结节（↓）（王新华、王方供图）

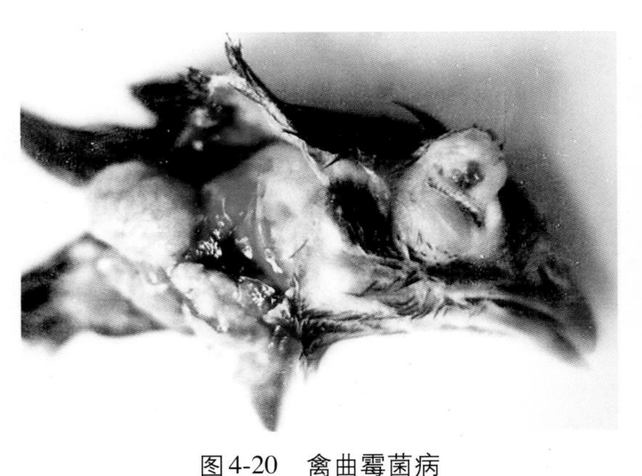

图4-20 禽曲霉菌病

图4-19病鸡剖开后，除眼睑上有结节外，在颈部皮下也见有较大的霉菌结节（王新华、王方供图）

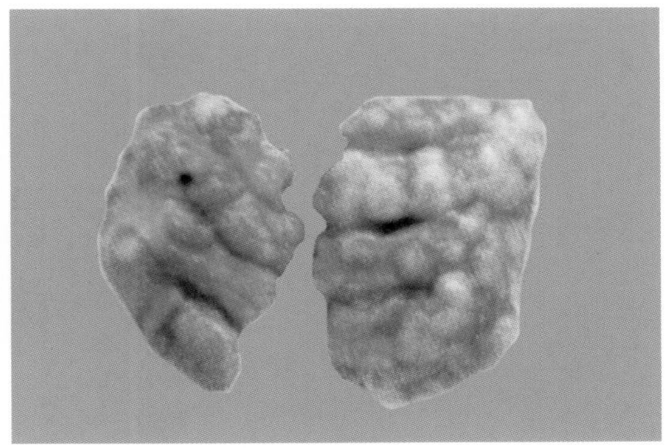

图4-21 禽曲霉菌病

雏鸡曲霉菌性肺炎，肺部有大量霉菌结节，呈灰白色肿瘤样（王新华、王方供图）

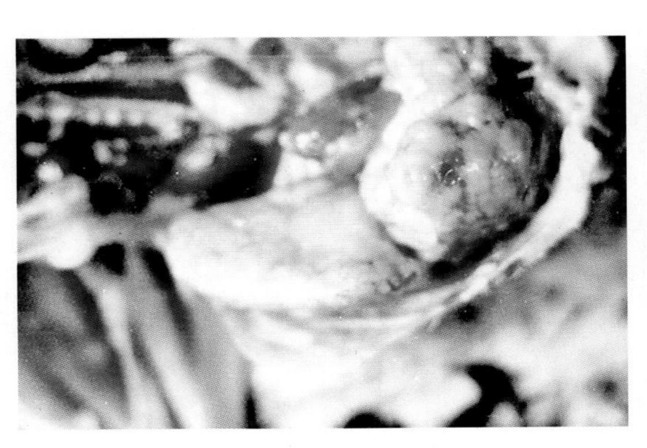

图4-22 禽曲霉菌病

胸腔可见巨大的霉菌结节，呈灰黄色分叶状（王新华、王方供图）

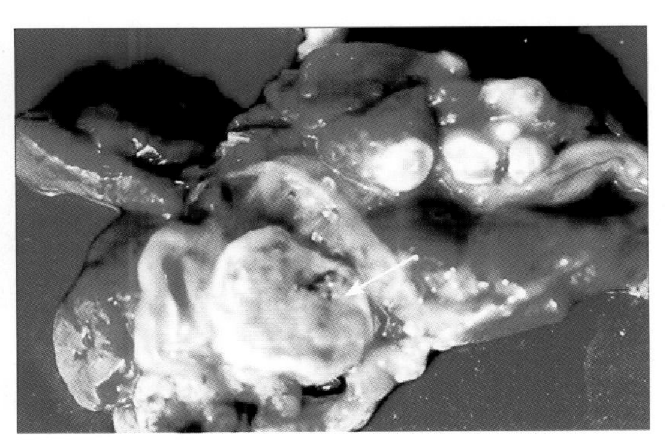

图4-23 禽曲霉菌病

肾脏上有数个呈圆盘状、灰白色、质地坚实的结节，最大的一个结节表面有黄绿色的菌丝体（如箭头所示）（王新华、王方供图）

图4-24 禽曲霉菌病

腺胃与肌胃交界处有一霉菌结节，结节中心有暗绿色菌斑（↓）（王新华、王方供图）

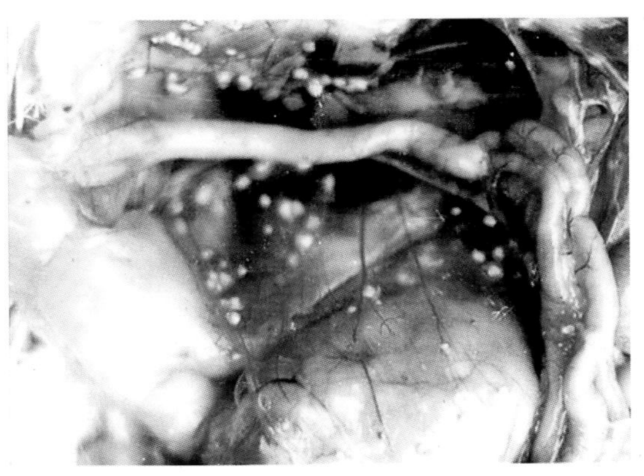

图4-25 禽曲霉菌病

腹部气囊表面散布许多灰黄色粟粒大小的霉菌结节（王新华、王方供图）

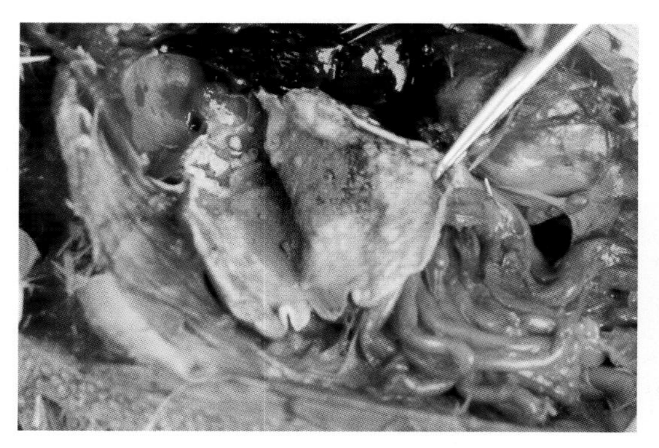

图4-26 禽曲霉菌病

鸭腹腔浆膜可见大片黄绿色曲霉菌斑块（胡薛英供图）

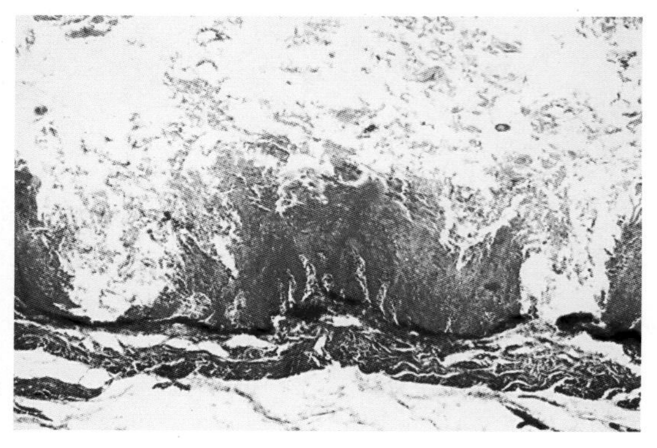

图4-27 禽曲霉菌病

鸭，嗉囊黏膜因霉菌侵害而坏死脱落。HEA × 100（陈怀涛供图）

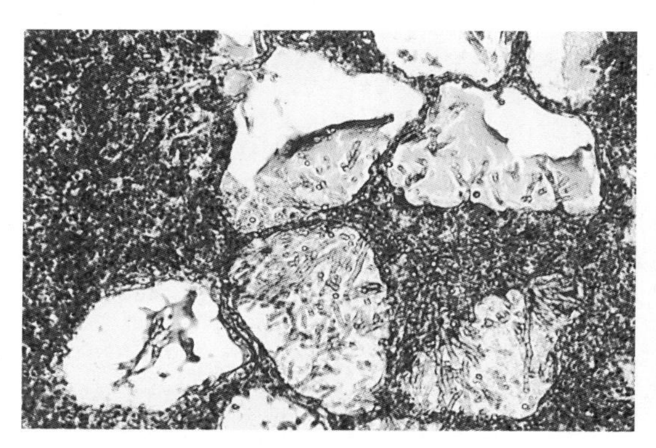

图4-28 禽曲霉菌病

雏鸡，肺泡内有大量炎性细胞和菌丝体。HEA × 100（陈怀涛供图）

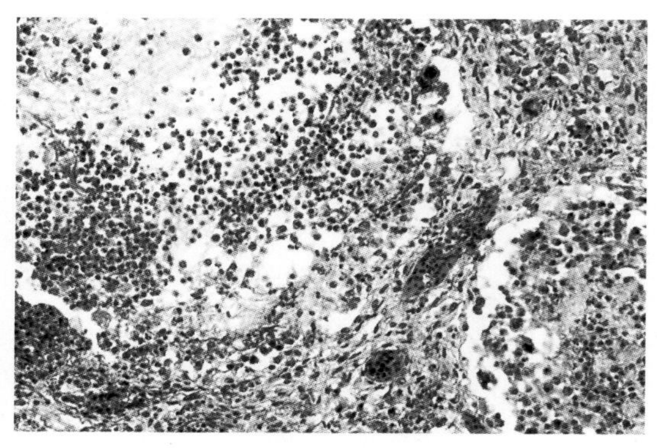

图4-29 禽曲霉菌病

鸡，睾丸组织化脓、坏死，曲细精管中有许多脓细胞和少量菌丝体，小管间充血，也有炎性细胞浸润。HEA × 100（陈怀涛供图）

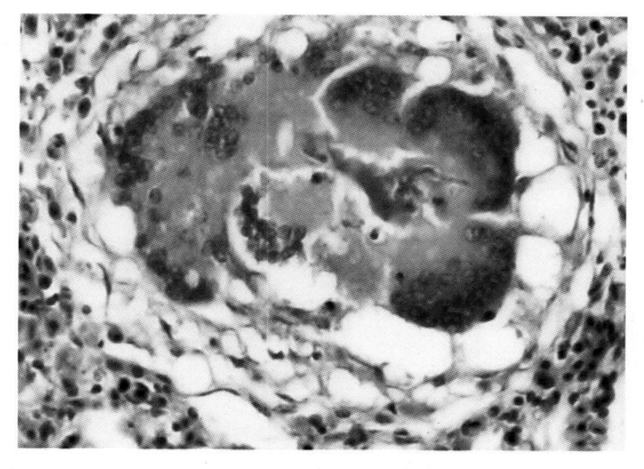

图4-30 禽曲霉菌病

鸭肺内的霉菌性肉芽肿，主要由巨细胞、上皮样细胞和成纤维细胞组成，周围有许多淋巴细胞浸润。HE × 400（胡薛英供图）

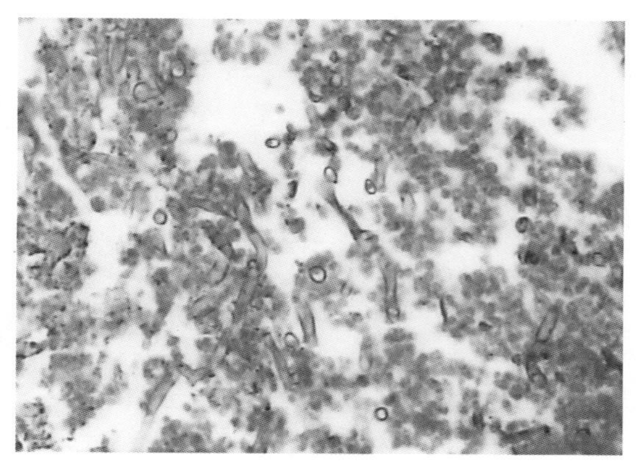

图4-31 禽曲霉菌病

鸭气管内的霉菌菌丝及孢子，并有不少炎性细胞和坏死物。HE × 400（胡薛英供图）

## 第五节 禽念珠菌病

念珠菌病（avian moniliasis）是由白色念珠菌（*Monilia albicans*）引起的禽类上消化道的一种霉菌病。高密度饲养、饲喂霉变料、气候潮湿、维生素缺乏等可促进本病发生，长期使用抗菌药或饮用消毒药水可导致肠道菌群失调，继发二重感染，引起本病发生。

1.病理特征　本病病程一般为5 ～ 15d。6周龄以前的幼禽发生本病时，死亡率可高达75%。该病多发生在夏、秋炎热多雨季节。鸽群发病时往往与鸽毛滴虫并发感染。

急性暴发时常无任何症状即死。病鸡减食或停食，消化障碍。精神委顿，消瘦，羽毛松乱。眼睑和口腔出现痂皮病变，散在大小不一的灰白色丘疹，继而扩大成片，高出皮肤表面，凹凸不平。吞咽困难，嗉囊胀满而松软，压之有痛感，并有酸臭气体自口中排出。有时病鸡下痢，粪便呈灰白色。一般1周左右死亡。

特征性病理变化是上消化道黏膜发生溃疡和形成假膜。可见喙缘结痂，口腔、咽和食道有干酪样假膜和溃疡。嗉囊黏膜明显增厚，被覆一层灰白色斑块状假膜，易刮落。假膜下可见坏死和溃疡。少数病禽出现胃黏膜肿胀、出血和溃疡，颈胸部皮下形成肉芽肿（图4-32至图4-37）。

2.诊断要点　根据季节、饲料霉变情况、抗菌药使用情况、临床症状和病理变化基本可以确诊。

3.防治措施　加强综合性卫生管理，不使用霉变饲料。一旦发病可用制霉菌素，同时补充维生素$B_2$。合并毛滴虫感染时可用二甲硝咪唑饮水。避免长期使用广谱抗菌药，防止二重感染。

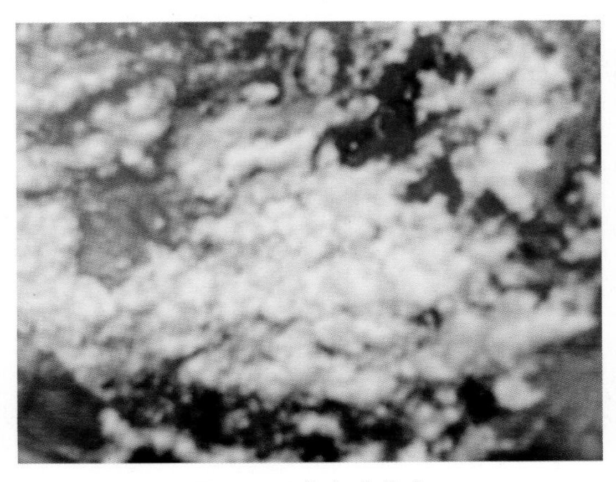

图4-32　禽念珠菌病

嗉囊表面灰白色假膜（陈建红，等，2001. 禽病诊治彩色图谱.）

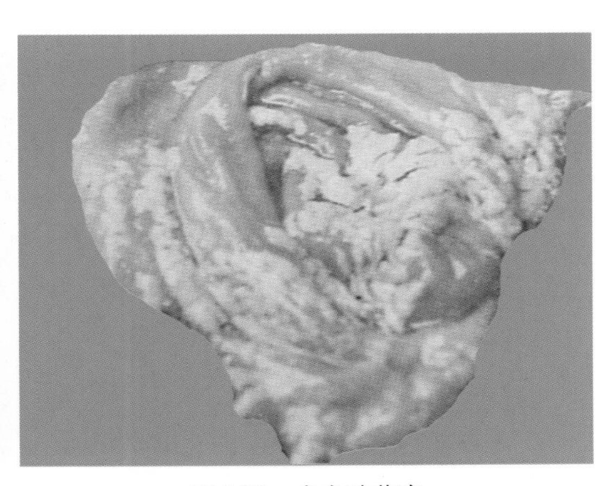

图4-33　禽念珠菌病

嗉囊黏膜被覆白色假膜（范国雄，1995. 动物疾病诊断图谱.）

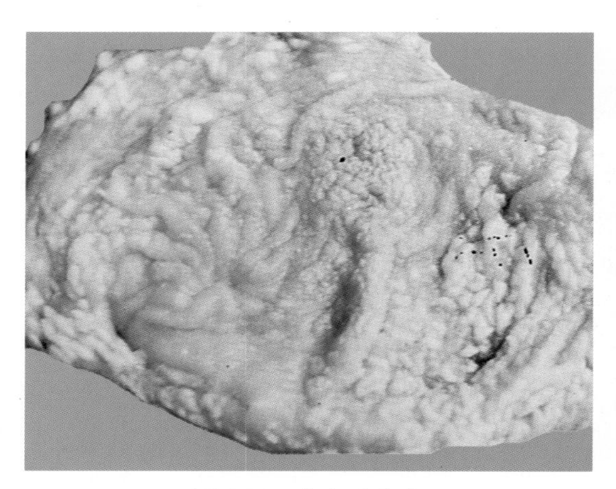

图4-34　禽念珠菌病

病鸡嗉囊黏膜粗糙，散在斑点状绒毛状物（范国雄，1995.动物疾病诊断图谱.）

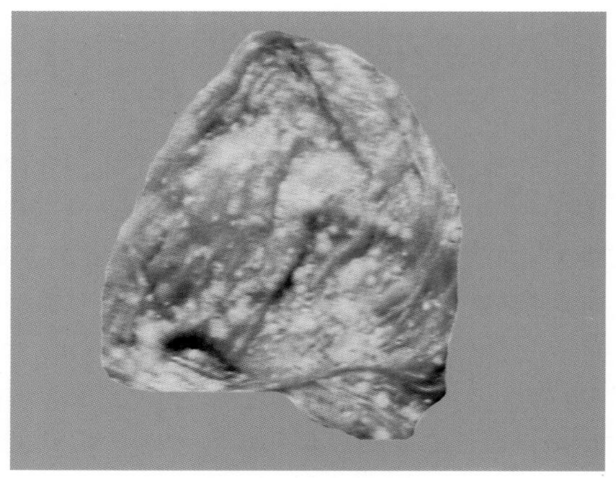

图4-35　禽念珠菌病

嗉囊炎，黏膜散在绒毛和颗粒状物（范国雄，1995.动物疾病诊断图谱.）

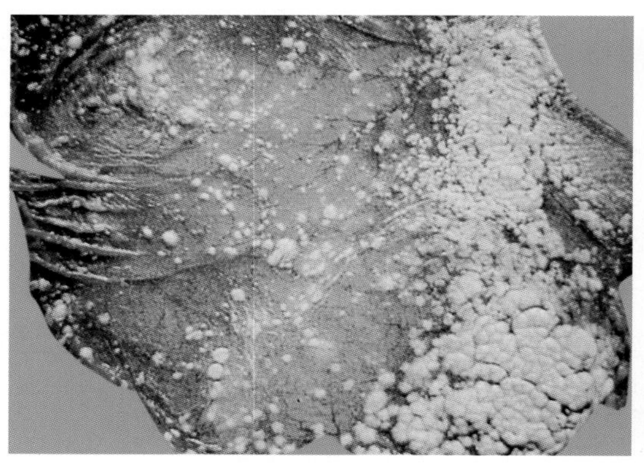

图4-36　禽念珠菌病

嗉囊黏膜密发黄白色病灶，这些病灶是念珠菌增殖与黏膜上皮过度角化引起的，病灶大小不一，单个病灶如黄豆大小，呈片状的是小病灶互相融合而成（吕荣修，2004.禽病诊断彩色图谱.）

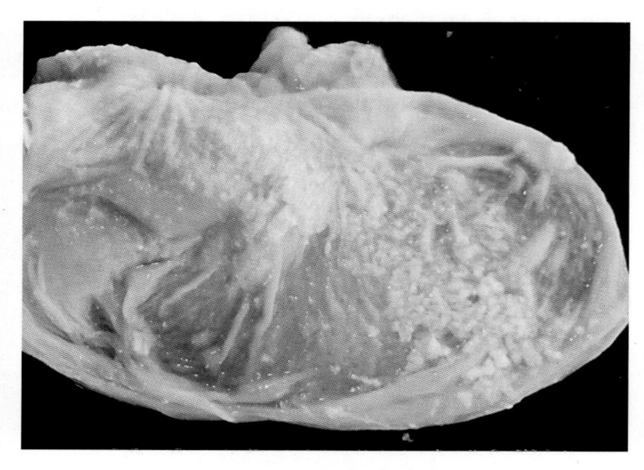

图4-37　禽念珠菌病

嗉囊局部黏膜被覆灰白色容易剥离的假膜（王新华供图）

# 第五章 CHAPTER FIVE 家禽寄生虫病的病理特征和诊断要点

## 第一节　鸡球虫病

鸡球虫病（coccidiosis in chickens）是由艾美耳属球虫引起的一种重要原虫病，最常见的是盲肠球虫病和小肠球虫病，以盲肠球虫病危害更为严重。

1.病理特征　呈出血性或出血坏死性肠炎变化。盲肠球虫病时肠腔内有大量鲜红或暗红色血液或血凝块；小肠球虫病时则在小肠不同部位有出血点或灰白色斑点。肠内容物镜检可见大量球虫卵囊（图5-1至图5-7）。

2.诊断要点　盲肠球虫病血便明显，死亡率高，盲肠肠壁出血明显，肠腔内有大量血液或血凝块；小肠球虫病血便不明显，死亡率较低，在小肠不同部位有出血点或灰白色斑点。肠内容物镜检可见大量球虫卵囊。

3.防治措施

（1）消灭环境中的球虫卵囊　可以用氨水或二硫化碳消毒场地，粪便堆积发酵杀灭卵囊。

（2）药物治疗　抗球虫的药物很多，应选择广谱、高效、低毒、安全、残留量少、残留期短的药物。为避免耐药或抗药性的产生，要经常更换药物，或联合用药。常用的药物有氨丙啉、尼卡巴嗪、常山酮、地克珠利、妥曲珠利、磺胺氯吡嗪、莫能菌素、盐霉素、马杜霉素、海南霉素等，按药品说明使用。

（3）疫苗接种　国内已有致弱球虫卵囊疫苗，按厂家说明使用。

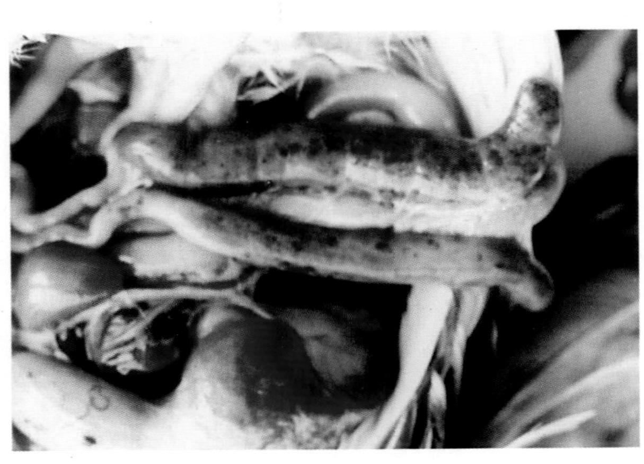

图5-1　鸡球虫病

盲肠球虫病，盲肠增粗，肠浆膜有明显出血斑点，隔着肠壁可见肠腔内血液或暗红色血凝块（王新华、王方供图）

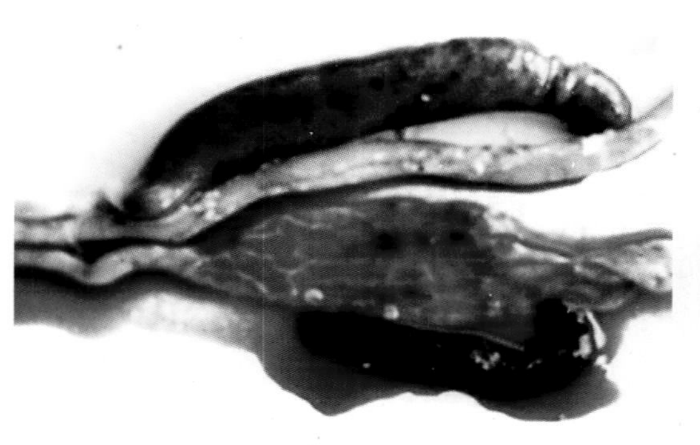

图5-2 鸡球虫病
盲肠球虫病，肠腔内有血样内容物和血凝块（王新华、王方供图）

图5-3 鸡球虫病
小肠球虫病，小肠浆膜有点状出血，密布灰白色斑点（王新华、王方供图）

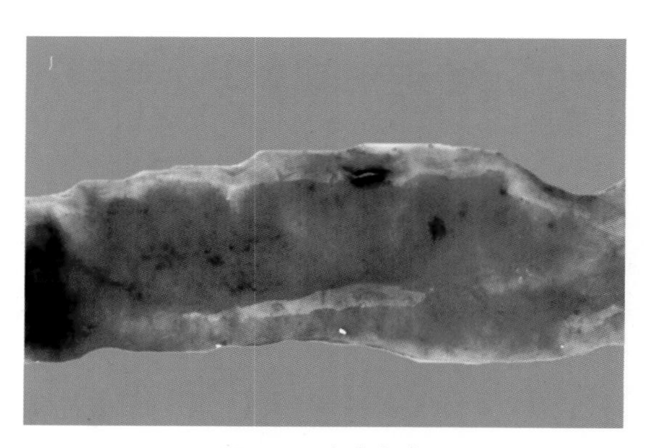

图5-4 鸡球虫病
小肠球虫病，黏膜有大小不等的出血点，黏膜大量脱落，肠腔内含有混有血块的大量糊状物（王新华、王方供图）

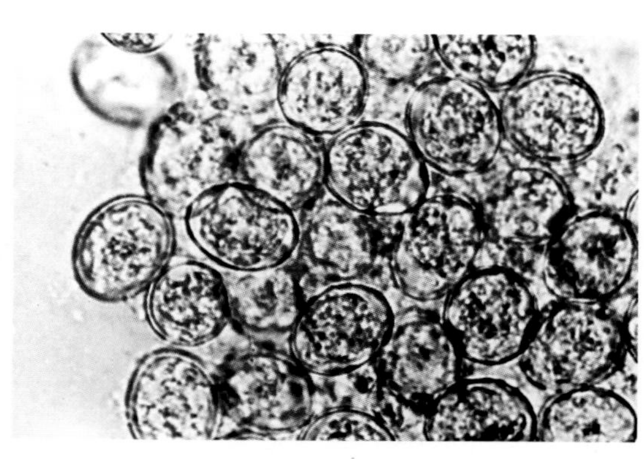

图5-5 鸡球虫病
肠内容物中大量成熟的卵囊。肠内容物压片 ×400（王新华、王方供图）

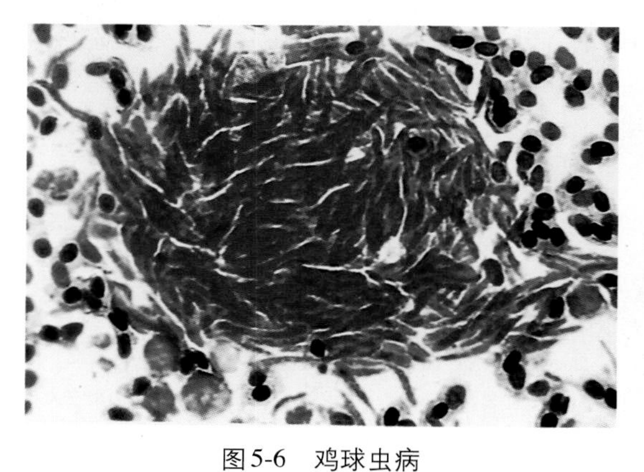

图5-6 鸡球虫病
盲肠内容物中的裂殖体正在释放裂殖子。姬姆萨 ×330（刘宝岩供图）

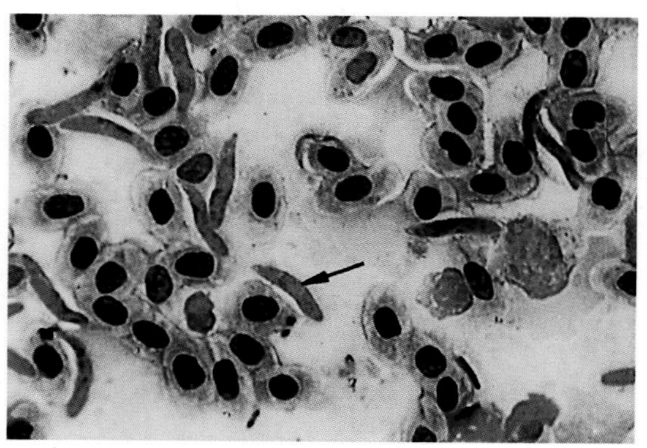

图5-7 鸡球虫病
盲肠内容物中的裂殖子（←）。姬姆萨 ×330（刘宝岩供图）

## 第二节 鸭球虫病

鸭球虫病（coccidiosis in duck）是由艾美耳科鸭球虫引起的常见原虫病，其中危害严重的是毁灭泰泽球虫和菲莱氏温扬球虫。各种日龄鸭均可感染，3 ~ 6周龄幼鸭最易感。急性球虫病特征为血便、迅速死亡。慢性球虫病仅见食欲减退、消瘦、贫血，偶见腹泻。

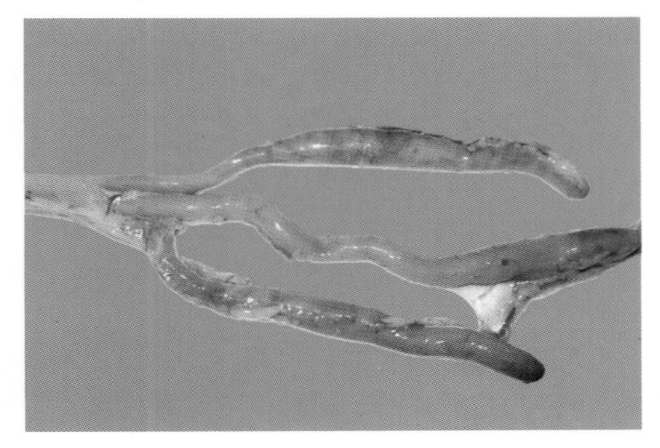

图5-8 鸭球虫病
盲肠明显膨胀，浆膜有出血点（岳华、汤承供图）

1. 病理特征　呈出血性或出血坏死性肠炎变化：肠道膨大增粗，充满血性内容物或鲜血，肠黏膜弥漫性出血，多见于盲肠，严重时整个肠道内均充满出血性凝栓（图5-8至图5-10）。

2. 诊断要点　根据血便和肠炎病变可做初步诊断，检出粪便卵囊即可确诊。

3. 防治措施　同鸡球虫病。

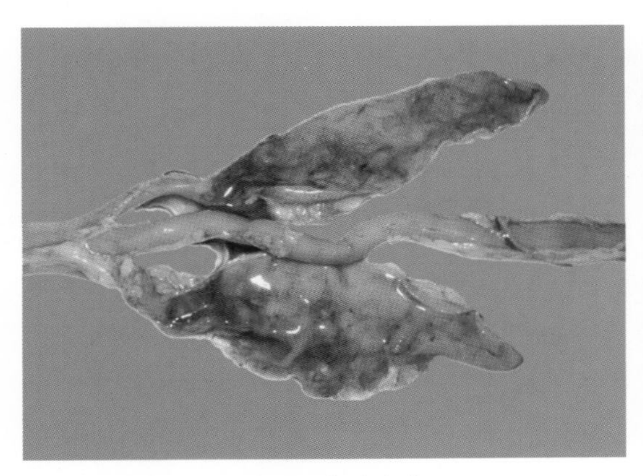

图5-9 鸭球虫病
盲肠内充满血性内容物（岳华、汤承供图）

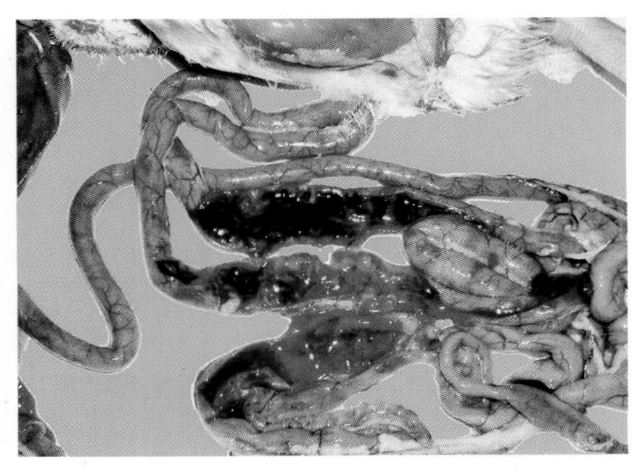

图5-10 鸭球虫病
肠管内充满血凝块和坏死物（岳华、汤承供图）

## 第三节 鸡住白细胞虫病

鸡住白细胞虫病（leucocytozoonosis in chicken）主要是由卡氏住白细胞虫（*Leucocytozoon caulleryi*）引起的一种原虫病。多发生于媒介昆虫（库蠓）滋生的季节。4 ~ 6周龄的雏鸡多发，呈急性暴发，死亡率高。临诊特征为排翠绿色稀粪，偶见咯血或便血，鸡冠苍白有细小出血点，呼吸困难。

1.病理特征　血液稀薄，凝固不良。皮下、肌肉和内脏器官多发性出血，如胸肌、腿肌、腹腔浆膜、心、肝、肺、肾脏等处有出血点，出血点的中央有灰白色的小点（巨型裂殖体），严重病例肾脏被膜下有巨大出血疱。肝、肾等组织切片可见数量不等的巨型裂殖体，内含裂殖子。急性病例可见血细胞中的裂殖子和配子体。同时有坏死性血管炎，血管周围有异嗜性粒细胞和淋巴细胞浸润（图5-11至图5-18）。

2.诊断要点　根据流行特点和症状可怀疑本病，结合病理特点和血液涂片检出虫体可以确诊。

3.防治措施

（1）清除鸡舍周围的杂草、积水，并于发病季节在鸡舍周围喷洒农药，消灭媒介昆虫。

（2）发病季节进行药物治疗。可选用磺胺二甲氧嘧啶、复方磺胺嘧啶预混剂、克球粉（主要成分为氯羟吡啶）等药物。为了防止耐药性的产生可交替用药。

图5-11　鸡住白细胞虫病
卡氏住白细胞虫病的传播媒介——库蠓（王兆久供图）

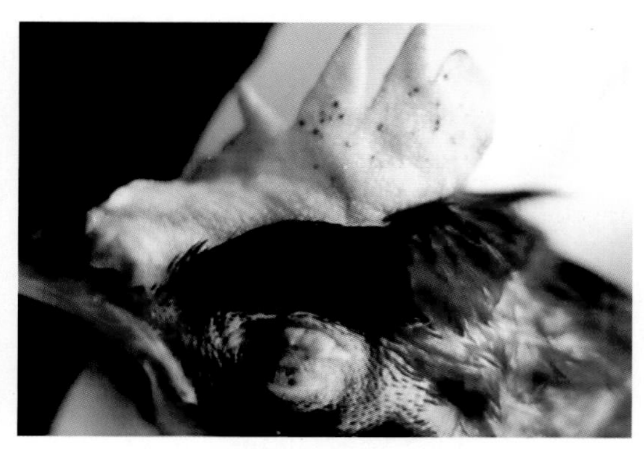

图5-12　鸡住白细胞虫病
鸡冠苍白，有针尖大小的出血点（王新华、王方供图）

图5-13　鸡住白细胞虫病
肠浆膜和肠系膜上的出血点，中心为灰白色的裂殖体（王新华、王方供图）

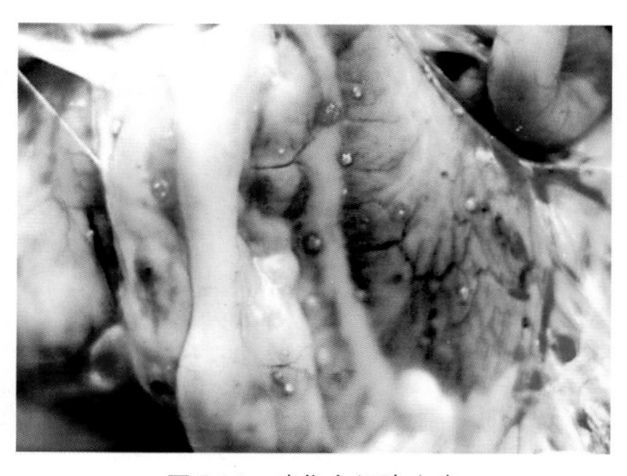

图5-14　鸡住白细胞虫病
肠浆膜和肠系膜有周边出血中心灰白色的病灶（巨型裂殖体）（王新华、王方供图）

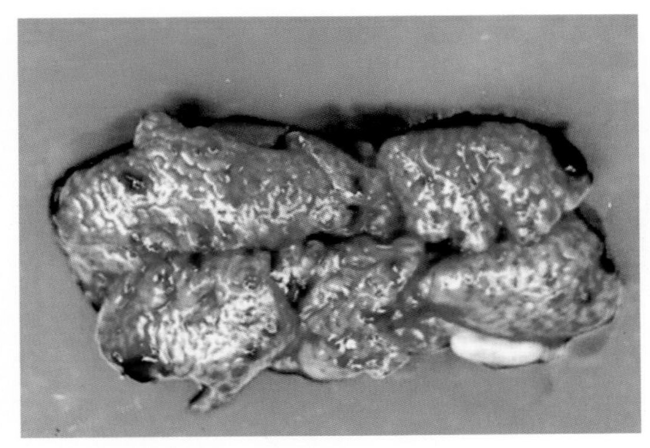

图5-15 鸡住白细胞虫病
肾脏中有许多出血斑点（王新华、王方供图）

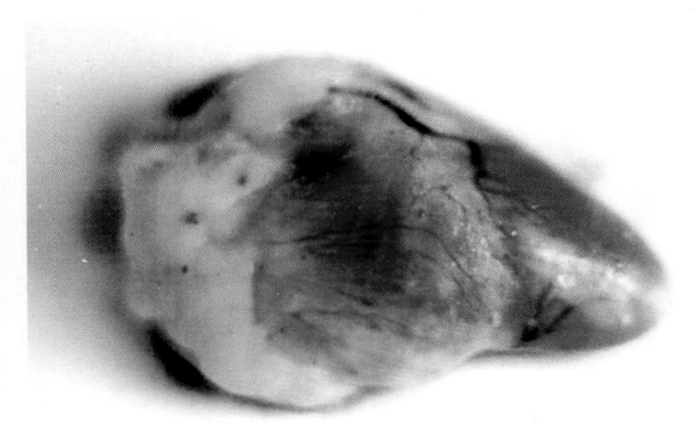

图5-16 鸡住白细胞虫病
心外膜上散在有出血点（王新华、王方供图）

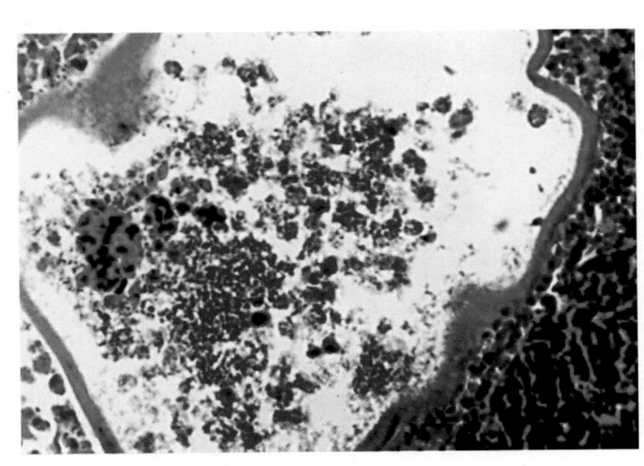

图5-17 鸡住白细胞虫病
肝脏切片可见裂殖体，内含大量深蓝色的裂殖子。HE×1 000（王新华、王方供图）

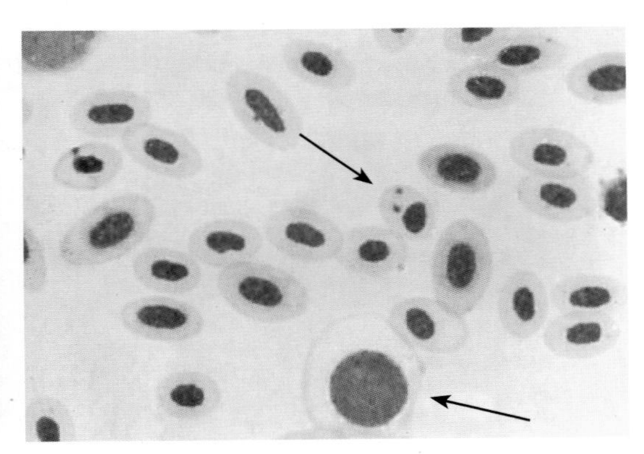

图5-18 鸡住白细胞虫病
血液涂片，红细胞内的裂殖子和大配子（王兆久供图）

## 第四节 组织滴虫病

组织滴虫病（histomoniasis）是由火鸡组织滴虫（*Histomonas meleagridis*）寄生于火鸡和鸡盲肠和肝脏引起的一种原虫病，因炎症主要位于盲肠和肝脏，故又称盲肠肝炎，因病禽冠髯暗红，俗称“黑头病”。

1. 病理特征 出血坏死性盲肠炎：一侧或两侧盲肠高度肿大、变硬，肠腔内有干硬的干酪样坏死物，肠黏膜出血、溃烂，严重时可致肠壁穿孔。坏死性肝炎：肝脏有圆形中央凹陷、大小不等的坏死灶，有时坏死灶互相融合成大片斑驳样坏死区。组织学检查可见肝和盲肠坏死区附近有大量圆形的组织滴虫以及淋巴细胞、巨噬细胞、异嗜性粒细胞和巨细胞（图5-19至图5-22）。

2. 诊断要点 生前可根据症状和肠内容物检出虫体做出诊断。死后根据特征性病理变化并在组织中检出虫体而确诊。注意与鸡球虫病鉴别。

3.防治措施 加强卫生管理，特别注意清除鸡场内的蚯蚓和昆虫等。加强鸡粪管理，消灭异刺线虫和虫卵。药物治疗可用二甲硝咪唑、甲硝唑等。驱除异刺线虫可用左旋咪唑。

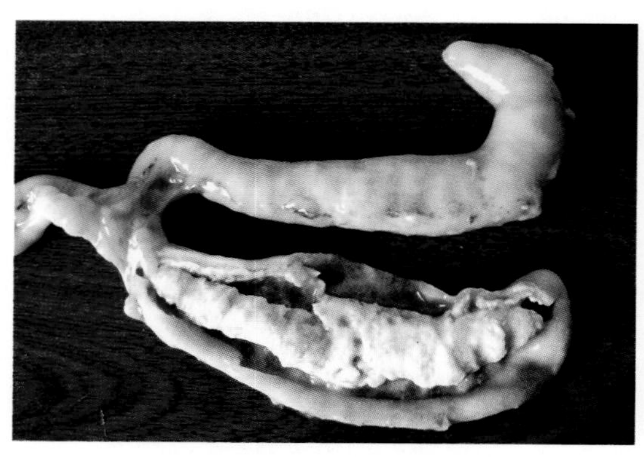

图5-19 组织滴虫病

盲肠粗硬、肠腔充满干酪样坏死物，肠黏膜出血、溃烂（王新华、王方供图）

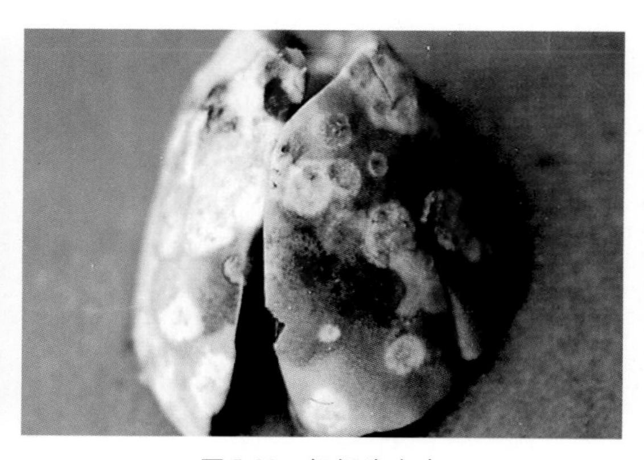

图5-20 组织滴虫病

肝脏表面有许多大小不等中央凹陷的圆形坏死灶（王新华、王方供图）

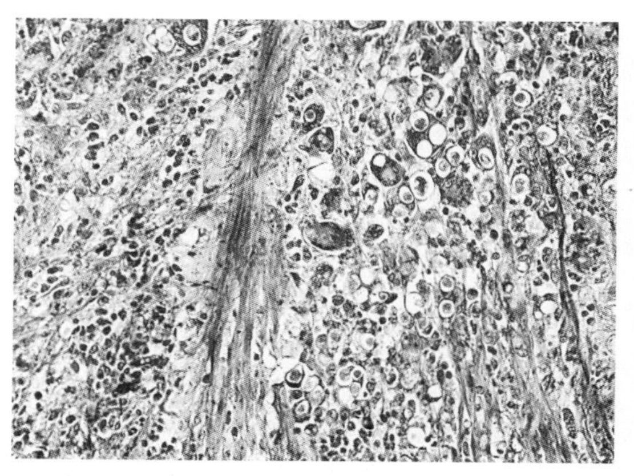

图5-21 组织滴虫病

盲肠黏膜和固有层坏死，黏膜下层和肌层有大量炎性细胞浸润以及大量大小不等的圆形虫体。HE×400（陈怀涛供图）

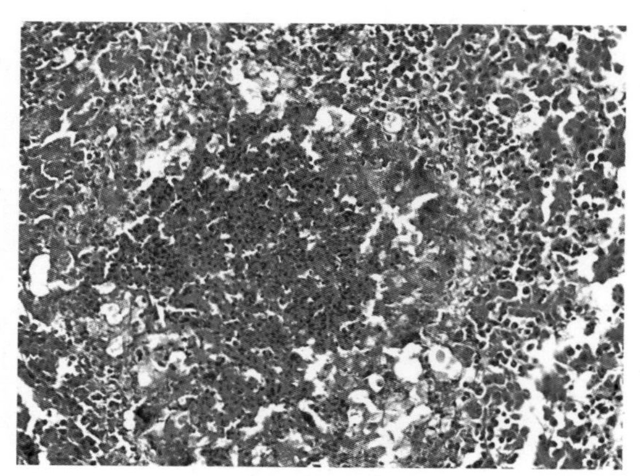

图5-22 组织滴虫病

本图显示一个肝坏死灶，坏死灶周围是异物巨细胞、上皮样细胞和虫体等。HE×400（陈怀涛供图）

## 第五节 腺胃线虫病

腺胃线虫病（proventriculus nematodosis）由寄生于禽类腺胃的线虫引起，主要有巨鼻分咽线虫（*disphatynx ansuta*）、美洲四棱线虫（*Tetrameres americana*）和裂刺四棱线虫（*T.fissispinus*）等，本节所指的是由美洲四棱线虫和裂刺四棱线虫寄生于鸡、火鸡、鸭等禽类腺胃引起的疾病。美洲四棱线虫与裂刺四棱线虫相似。雄虫纤细，游离于前胃腔中，平时很难发现。雌虫呈卵圆形、深咖啡色，寄生于腺胃腺窝中。

1. 病理特征 病鸭表现消瘦、贫血和腹泻。有四棱线虫寄生的腺胃壁出现不均匀的黑色斑点，浆膜面可见虫体寄生部位稍隆起，虫体可从腺窝处被挤出，压破虫体时有液体流出（图5-23至图5-26）。

2. 诊断要点 根据病鸭表现消瘦、贫血和腹泻等症状结合剖检时在腺胃黏膜发现线虫体即可确诊。

3. 防治措施

（1）消灭中间宿主 可用溴氰菊酯或杀灭菊酯水悬液喷洒禽舍。

（2）药物治疗 阿苯达唑或左旋咪唑内服。

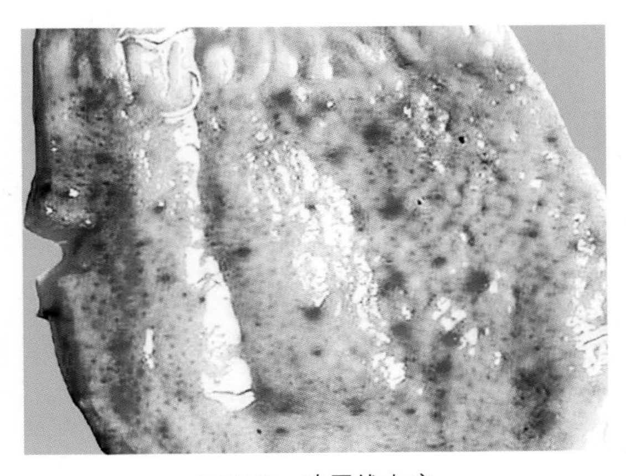

图5-23 腺胃线虫病

鸭，雌性线虫寄生于鸭腺胃腺窝内，致使胃黏膜外观有很多暗红色斑点（岳华、汤承供图）

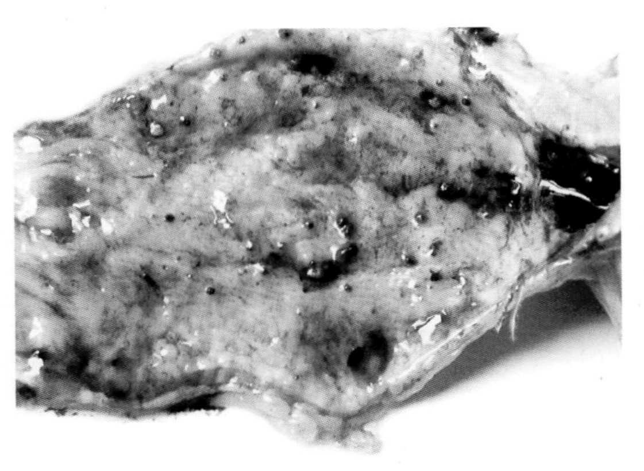

图5-24 腺胃线虫病

鸭，虫体寄生于腺胃壁，使胃黏膜颜色不均，有些腺胃中的虫体溢出，多数在腺胃内呈暗红色斑点状，隐约可见（岳华、汤承供图）

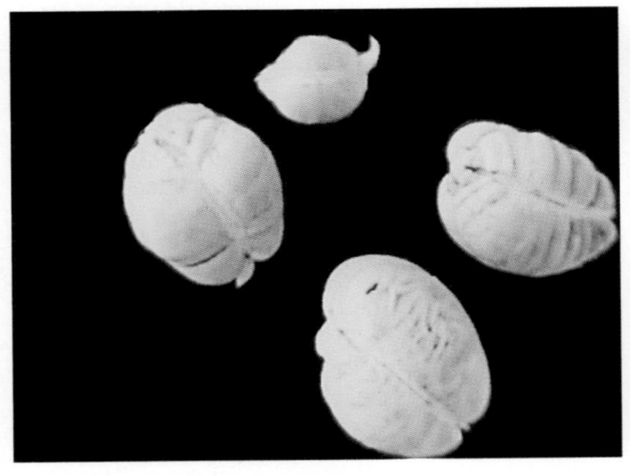

图5-25 腺胃线虫病

鸡美洲四棱线虫，雌虫呈球状，深红色或黑红色（固定标本颜色已退），有四条纵沟，虫体前、后端各有似圆锥形尖锐突起（李祥瑞供图）

图5-26 腺胃线虫病

从腺胃中挤出的鸡美洲四棱线虫虫体（王新华供图）

## 第六节 鸭棘头虫病

鸭棘头虫病（acanthosis of duck）是由多形科多形属（*Polymorphus*）和细颈属（*Filicollis*）的多种棘头虫寄生于鸭等禽类的小肠中引起的疾病。虫体寄生于小肠中段，其吻突吸附肠胃壁时，可引起出血、溃疡、化脓性炎症或造成其他病原菌的继发感染。同时在虫体的毒素作用下，病鸭消瘦，发育受阻，粪便带血，食欲下降。幼禽的死亡率高于成年家禽。

1.病理特征　鸭棘头虫感染季节多为春、夏季，高峰在7—8月。成年鸭感染症状不明显，多为带虫者。幼鸭感染严重时，可造成大量死亡。病鸭消瘦，发育受阻，粪便带血，食欲下降。尸检时，可见橘红色的虫体固着在肠黏膜上（图5-27）。

图5-27　棘头虫病

寄生于鸭肠道黏膜上的棘头虫

2.诊断要点　本病无特异性症状，确诊需靠实验室检查，可进行尸体剖检和虫卵检查。

3.防治措施　可用硝硫氰醚或阿苯达唑内服。

## 第七节 绦 虫 病

绦虫病（taeniasis）是由绦虫寄生于禽体内引起的寄生虫病。绦虫属于扁形动物门的绦虫纲（Cestoda），虫体扁平呈带状、分节。寄生于禽类的绦虫都是雌雄同体的两性动物，种类很多，据记载，可寄生于家禽和野禽的绦虫有1 400多种。绦虫体长为0.5mm到12m或更长。虫体由头节、颈节和体节三部分组成。头节和颈节各一节而且很小，体节较大且其数目因种的不同而各异。

1.主要种类　对家禽危害较大的绦虫有以下几种。

（1）节片戴文绦虫（*Davainea proglottina*）

①形态　成熟的虫体很短，不超过4mm，头节很小，其节片不超过9个（图5-28）。

②宿主　鸡、鸽、鹌鹑。

③寄生部位　小肠（十二指肠）。

（2）四角赖利绦虫（*Raillietina tetragona*）

①形态　中等大小，长25cm，宽0.3cm。头节顶突较小，有1～2圈钩（90～100个）。

②宿主　鸡、火鸡、孔雀和鸽。

③寄生部位　小肠后段。

（3）棘沟赖利绦虫（*R.echinobothrida*）

①形态　与前者相似，但较大，长34cm，宽0.4cm。顶突上有两圈钩（200～250个）。

②宿主　鸡、火鸡和雉。

③寄生部位　小肠。

(4) 有轮赖利绦虫 (*R.cesticillus*)

①形态　虫体较小，一般不超过4cm，偶有长达13cm的。顶突宽大且肥，呈轮状，其上有很多小钩 (400 ~ 500个) 排成两圈 (图5-29至图5-31)。

②宿主　鸡、火鸡、雉和珍珠鸡。

③寄生部位　小肠 (十二指肠和空肠)。

2.致病性

(1) 节片戴文绦虫不同年龄的鸡都可感染，但对幼禽的致病力较强，可使幼禽的生长率下降12%。病鸡发生急性肠炎、腹泻，粪便带血和腥臭的黏液，精神沉郁，羽毛污秽，行动迟缓，呼吸困难，麻痹以至死亡。

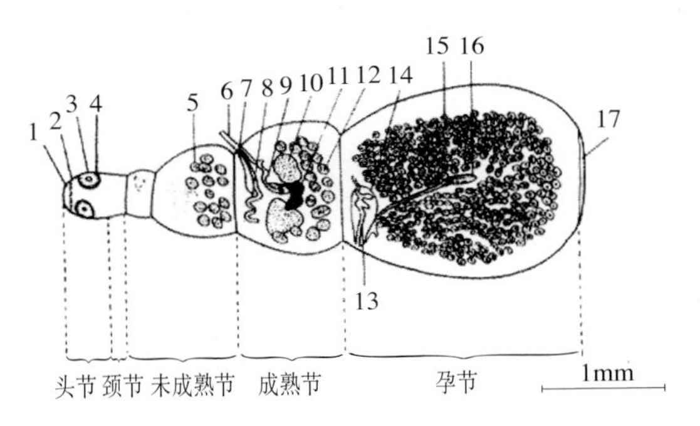


图5-28　绦虫病
节片戴文绦虫
1.顶突　2.顶突钩　3.吸盘　4.吸盘钩　5.睾丸
6.雄茎　7.生殖孔　8.输精管　9.阴道　10.卵巢
11.卵黄腺　12.睾丸　13.雄茎　14.雄茎囊　15.六钩蚴
16.受精囊　17.脱落节片附着点
(甘孟侯，2003.　中国禽病学.)

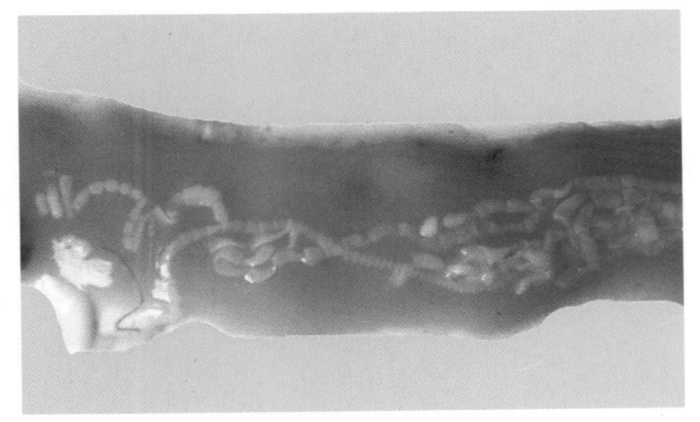

图5-29　绦虫病
赖利绦虫，鸡小肠内的虫体（王新华供图）

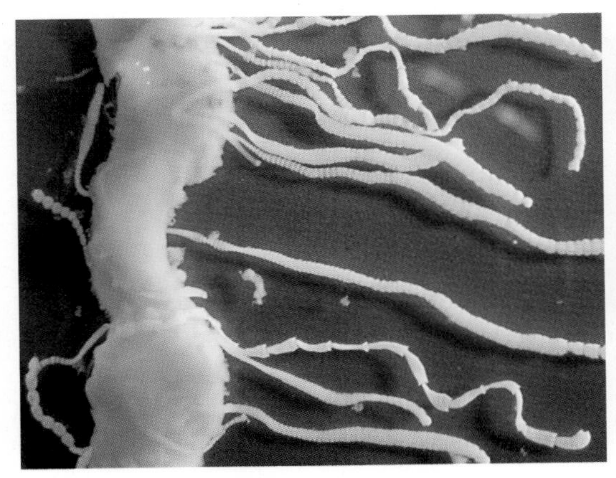

图5-30　绦虫病
赖利绦虫，虫体头节牢固吸附在肠黏膜中（王新华供图）

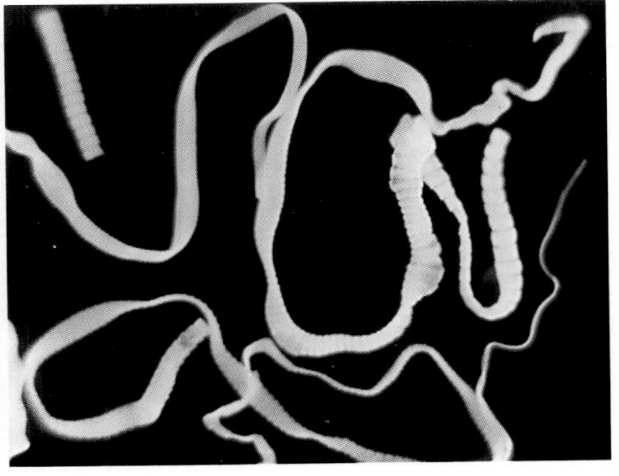

图5-31　绦虫病
赖利绦虫（王新华供图）

（2）以上几种赖利绦虫均为全球性分布，危害很广。各种年龄的鸡均可感染，死亡率最高的通常是20 ～ 40日龄的雏鸡。虫体夺取大量营养、产生毒素和机械刺激，从而引起宿主鸡肠炎、腹膜炎、神经性痉挛，产蛋量减少或停产。雏鸡生长发育受阻，并常继发其他疾病，严重时可引起死亡。

3.防治措施

（1）预防　消灭中间宿主，以下措施可以减少中间宿主：经常清扫禽舍，及时清除粪便，防止蝇虫滋生；幼禽与成禽分开饲养；实行“全进全出”制度；定期进行药物驱虫。

（2）治疗　当禽类发生绦虫病时，可用硫氯酚、氯硝柳胺、吡喹酮、丙硫苯咪唑、氟苯哒唑 、羟萘酸丁萘脒等治疗。

# 第六章 CHAPTER SIX
# 家禽营养代谢性疾病的病理特征和诊断

## 第一节 维生素A缺乏症

维生素A缺乏症（vitamin A deficiency）是由于饲料中维生素A及其前体胡萝卜素不足或缺乏所引起的营养代谢病。其特征为上皮角化、夜盲和生长缓慢。

1.病理特征 口腔、咽、食道等处黏膜因黏液腺及其导管上皮鳞状化生与角化，而出现散在的灰白色小米粒大结节，或覆盖一层假膜。病禽还表现结膜炎、鼻炎、肾脏和浆膜尿酸盐沉积、营养性支气管肺炎（图6-1至图6-3）。

2.诊断要点 根据雏鸡精神沉郁、食欲减退、生长缓慢、羽毛松乱，流涕、干眼、夜盲、流泪等特征病变以及血浆与肝脏维生素A和胡萝卜素含量测定可建立诊断。注意与白喉型鸡痘、传染性支气管炎、支原体感染、传染性鼻炎以及各种原因引起的结膜炎鉴别。

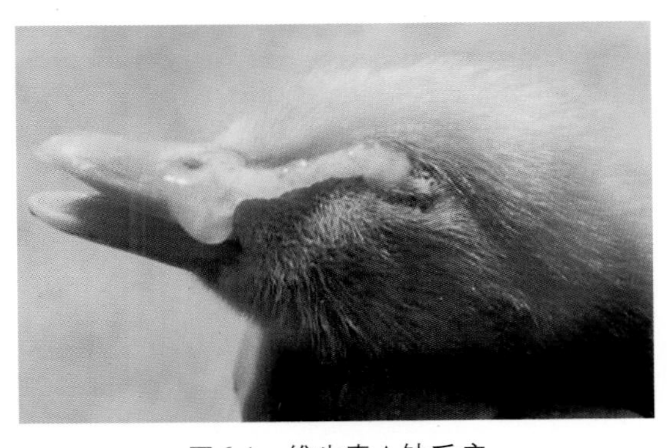

图6-1 维生素A缺乏症
上、下眼睑粘连，挤压时从眼内流出干酪样渗出物（张济培供图）

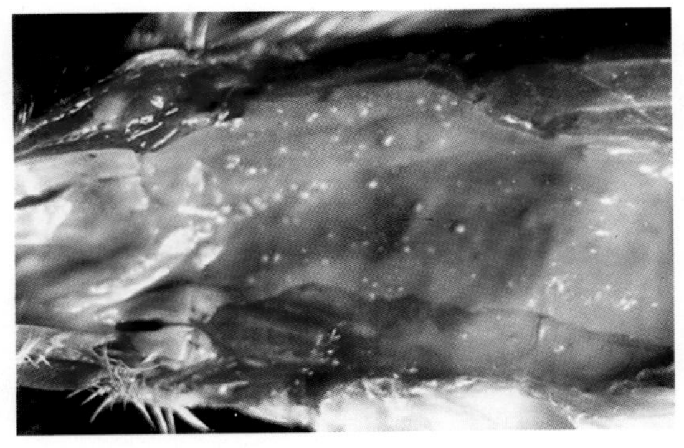

图6-2 维生素A缺乏症
食道黏膜散在小米大灰白色结节（王新华供图）

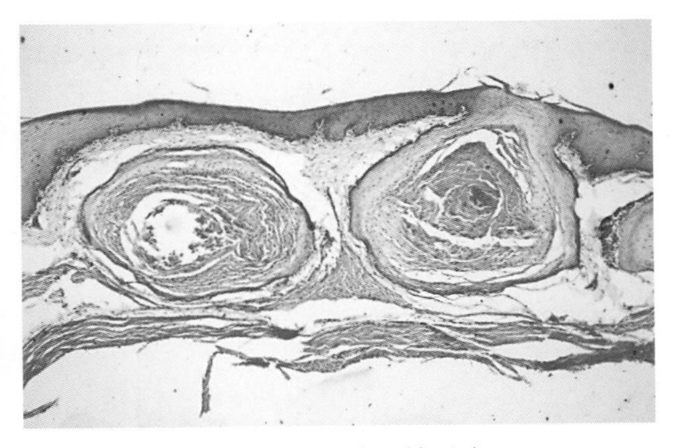

图6-3 维生素A缺乏症
食道腺鳞状上皮化生、角化，腺体中含有角化的坏死物，因此眼观呈灰白色结节。HE×100（陈怀涛供图）

## 第二节 维生素D–钙磷缺乏症

维生素D-钙磷缺乏症（vitamin D–calcium phosphorus deficiency）是由于饲料中维生素D不足或钙磷比例不合理、日光照射不足、消化功能障碍以及患有肝、肾疾病等引起骨和其他硬组织受损的一种营养代谢性疾病。

1.病理特征　病禽肋骨与胸椎接触处有佝偻珠形成，龙骨弯曲；长骨、喙变软。组织上见长骨骨骺生长板增生带的增生细胞极向紊乱；海绵骨类骨组织大量增生包绕骨小梁；哈氏管内面类骨组织增生致使哈氏管骨板断裂、消失等（图6-4至图6-15）。

2.诊断要点　维生素D与钙磷的代谢有密切关系，因此维生素D缺乏可引发骨组织的变化和蛋壳的变化。雏禽维生素D缺乏可导致骨软症或佝偻症，病鸡生长缓慢，行走吃力，长骨、喙、爪等变得柔软，肋骨与胸椎连接处呈球状膨大，龙骨弯曲；产蛋鸡维生素D缺乏可引发笼养鸡疲劳症，病鸡不能站立，产蛋减少，蛋壳变薄、变脆，破蛋增多，龙骨弯曲，股骨容易骨折。根据上述骨和其他硬组织的病变，一般可做出诊断。必要时可测定饲料中钙、磷、维生素D含量。

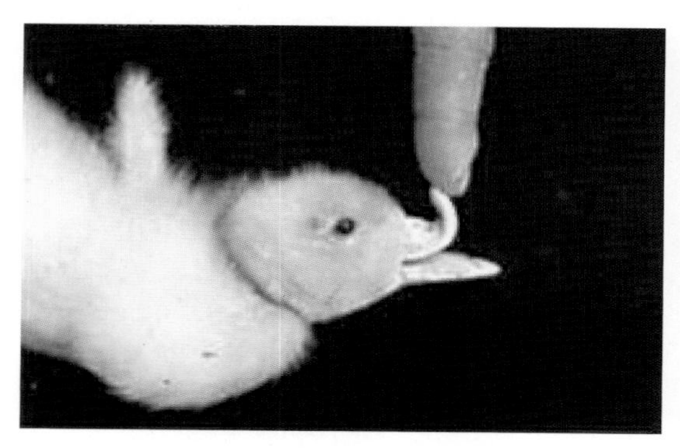

图6-4　维生素D-钙磷缺乏症
雏鸭变软的喙可以随意弯曲（崔恒敏供图）

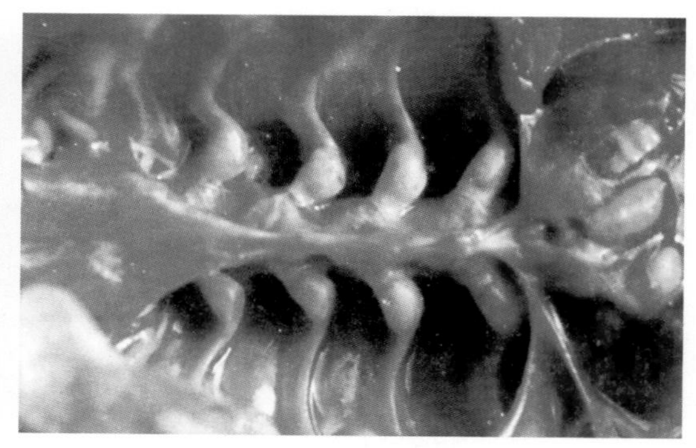

图6-5　维生素D-钙磷缺乏症
病雏肋骨弯曲，肋骨头呈球状膨大（刘晨供图）

图6-6　维生素D-钙磷缺乏症
雏鸭脊椎骨变软、弯曲、变形（崔恒敏供图）

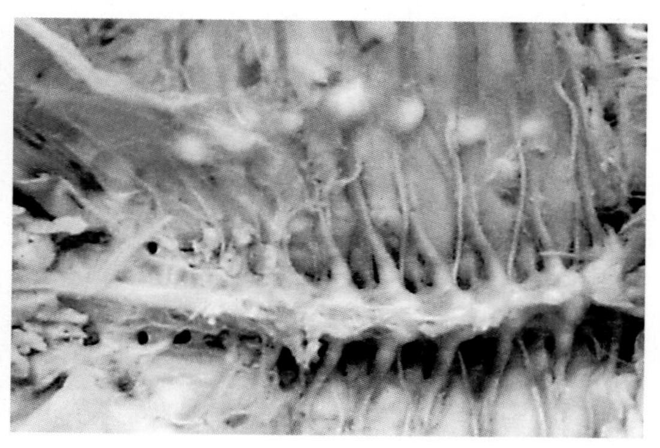

图6-7　维生素D-钙磷缺乏症
雏野鸭肋骨内面见串珠状的佝偻珠（崔恒敏供图）

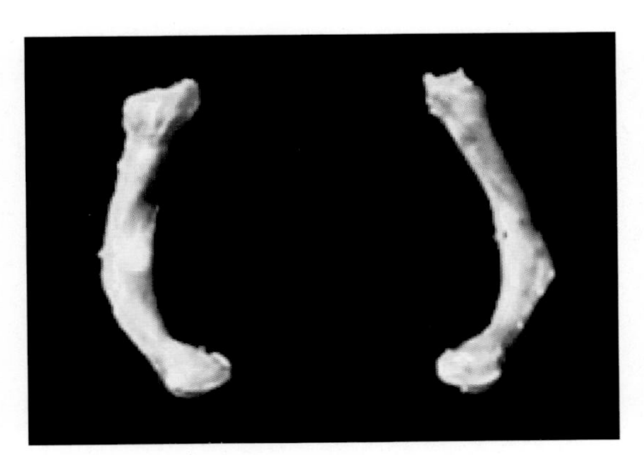

图6-8　维生素D-钙磷缺乏症
雏鸭佝偻病，胫骨弯曲、变形，呈括弧状（崔恒敏供图）

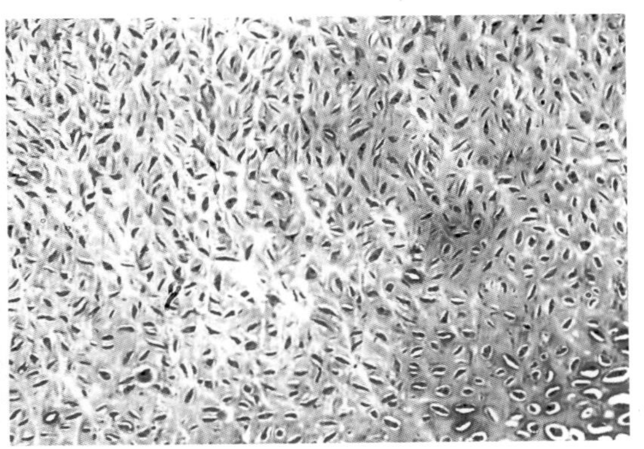

图6-9　维生素D-钙磷缺乏症
病鸡长骨骨骺生长板增生带的增生细胞极向紊乱。HE×400（崔恒敏供图）

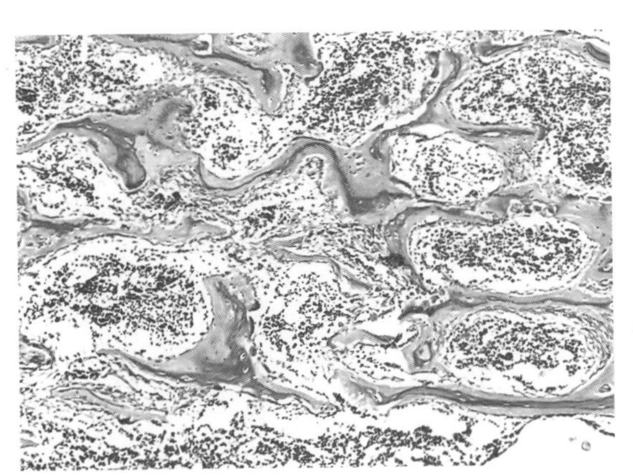

图6-10　维生素D-钙磷缺乏症
病鸡长骨骺端海绵骨的类骨组织大量增生并包绕骨小梁。HE×100（崔恒敏供图）

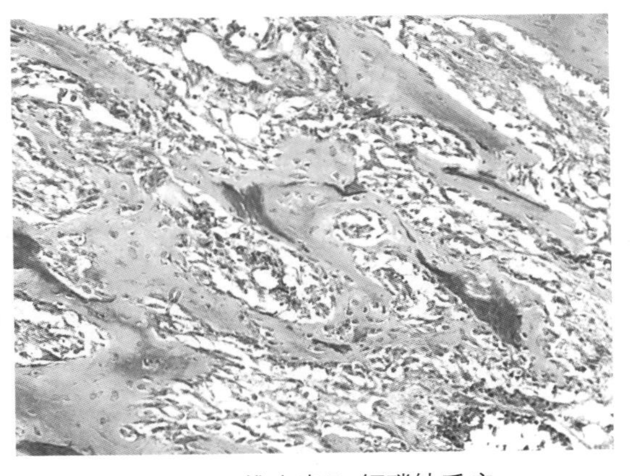

图6-11　维生素D-钙磷缺乏症
病鸡长骨骺端海绵骨类骨组织大量增生形成类骨小梁。HE×100（崔恒敏供图）

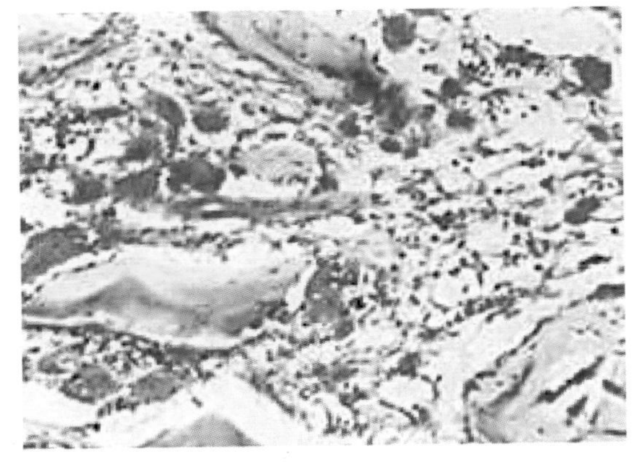

图6-12　维生素D-钙磷缺乏症
破骨细胞增多，分布于骨小梁周围。HE×100（崔恒敏供图）

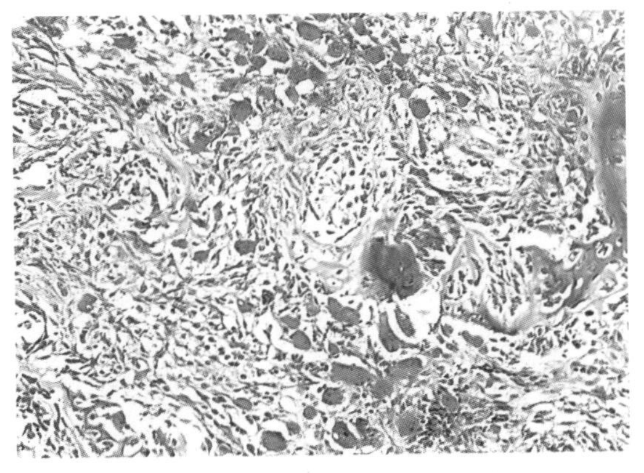

图6-13　维生素D-钙磷缺乏症
增生的破骨细胞呈团状分布于增生的结缔组织中。HE×100（崔恒敏供图）

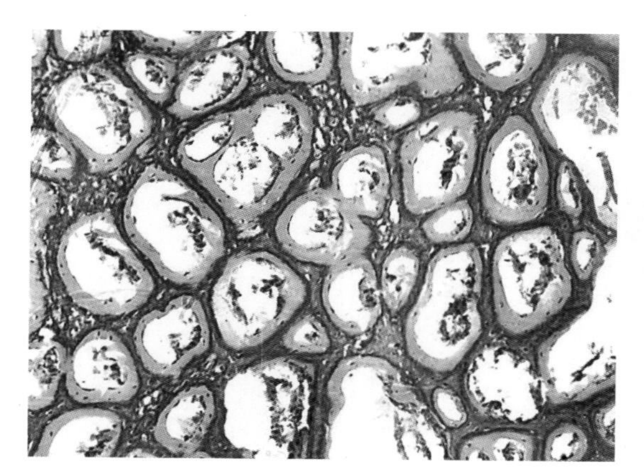

图6-14 维生素D-钙磷缺乏症
中央管内面类骨结缔组织增生。HE×100（崔恒敏供图）

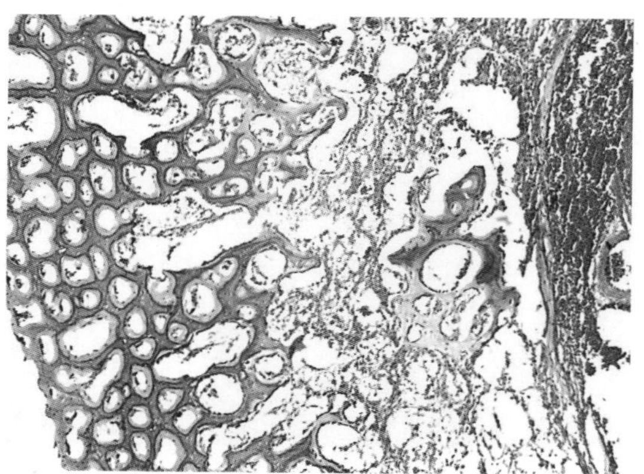

图6-15 维生素D-钙磷缺乏症
类骨结缔组织增生致使中央管骨板断裂消失。HE×40（崔恒敏供图）

## 第三节 维生素$B_1$缺乏症

饲料原料中富含维生素$B_1$（硫胺素），一般情况下不会缺乏，但是由于对饲料蒸煮、加热、碱化处理或饲料中（大量新鲜鱼虾、软体动物内脏等）含有硫胺酶等，均可破坏硫胺素造成维生素$B_1$缺乏症（vitamin $B_1$ deficiency）。另外，饲料中含有硫胺素的拮抗物质（如蕨类植物、氨丙啉、真菌、细菌等）也可导致硫胺素缺乏而致病。

1. 病理特征 皮肤广泛水肿，心肌萎缩，多发性外周神经炎，肾上腺皮质肥大，性腺萎缩（图6-16、图6-17）。

2. 诊断要点 多发生于3周龄左右的雏禽，主要表现为共济失调、角弓反张、两肢麻痹、生长停滞、消化不良、心力衰竭等。根据发病特点、主要症状和病理变化可做诊断。注意与新城疫、传染性脑脊髓炎等鉴别。

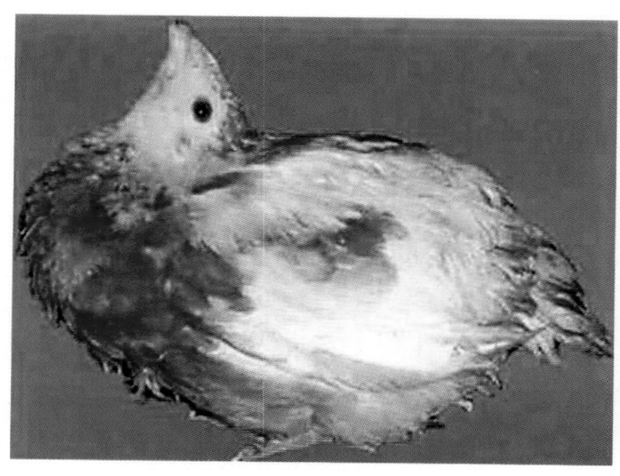

图6-16 维生素$B_1$缺乏症
病鸡出现角弓反张或"观星"症状（崔恒敏供图）

图6-17 维生素$B_1$缺乏症
病鸭头颈侧向一边，脚软弱无力（张济培供图）

## 第四节 维生素$B_2$缺乏症

长期饲喂谷类饲料及高脂肪、低蛋白饲料容易造成维生素$B_2$（核黄素）缺乏，另外饲料被紫外线照射或含有碱和重金属都可破坏核黄素，而引起维生素$B_2$缺乏症（vitamin $B_2$ deficiency）。本病多发生于雏鸡，表现为腿麻痹与“卷趾”、生长缓慢、皮炎等。

1.病理特征 腿麻痹与“卷趾”，坐骨神经肿大。外周神经施万细胞肿大，神经纤维脱髓鞘，轴突变性、崩解（图6-18至图6-22）。

2.诊断要点 根据饲养情况、典型症状和神经病变可做诊断，必要时可测定血液维生素$B_2$含量以及红细胞谷胱甘肽酶活性。注意与马立克氏病、维生素A缺乏症等疾病鉴别。

图6-18 维生素$B_2$缺乏症

病雏鸡站立困难，脚趾向内弯曲呈“卷趾”症状（王雯慧供图）

图6-19 维生素$B_2$缺乏症

病鸡脚趾向内弯曲呈“卷趾”症状（崔恒敏供图）

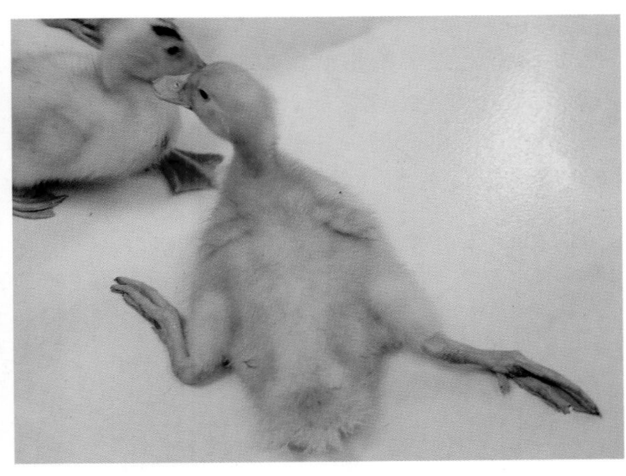

图6-20 维生素$B_2$缺乏症

病鸭腿瘫痪，不能站立（胡薛英供图）

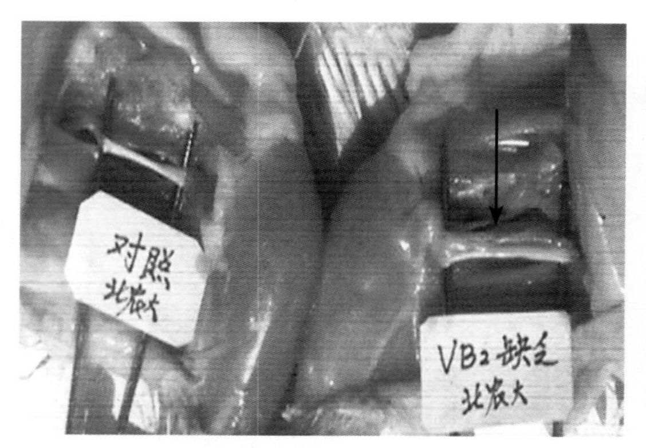


图6-21　维生素$B_2$缺乏症

坐骨神经肿大（↓），左为正常对照（王雯慧供图）

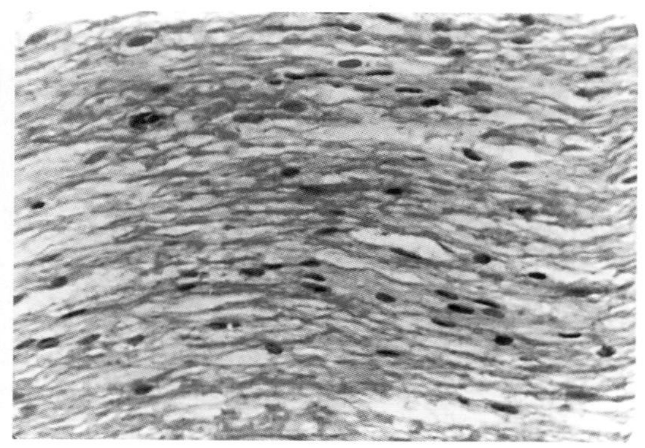

图6-22　维生素$B_2$缺乏症

外周神经施万细胞肿大、神经纤维脱髓鞘与轴突变性、崩解。HE×100（王雯慧供图）

## 第五节　维生素E-硒缺乏症

饲料中维生素E或硒的含量不足或长期存放使维生素E结构被破坏，或饲料中含有维生素E的拮抗物质，都可能导致雏禽发生维生素E-硒缺乏症（vitamin E -selenium deficiency）。

1.病理特征　主要表现为脑软化、渗出性出血素质、肌营养不良、胰腺坏死和法氏囊淋巴细胞减少、生殖紊乱等。

2.诊断要点　根据临诊特征（为消化障碍、心脏衰弱、肌营养不良）和病变（腹部皮下呈蓝绿色黏液性水肿等），结合饲料、血液硒含量分析综合考虑做出诊断。注意与传染性脑脊髓炎、维生素$B_2$缺乏症、新城疫、巴氏杆菌病等疾病鉴别（图6-23至图6-31）。

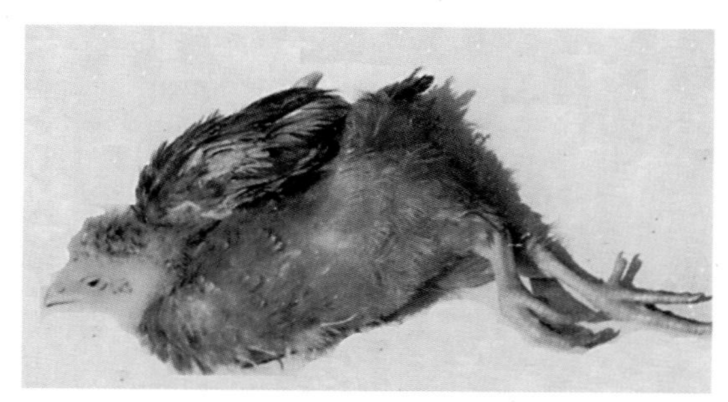

图6-23　维生素E-硒缺乏症

病雏共济失调，不能站立，倒向一侧（刘晨供图）

图6-24　维生素E-硒缺乏症

病雏共济失调，出现仰卧、侧卧、仰头等怪异姿势（王新华供图）

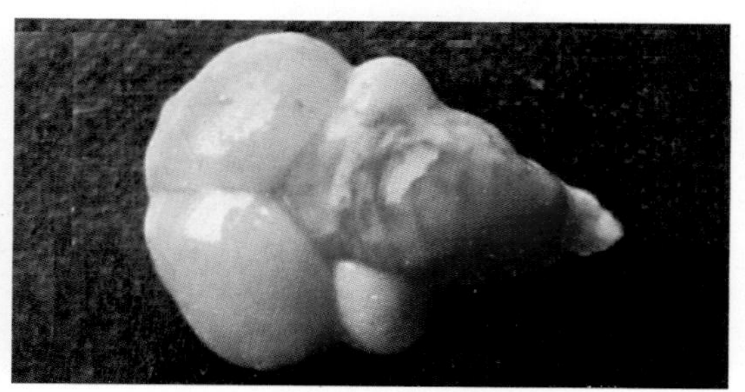

图6-25　维生素E-硒缺乏症

小脑脑膜充血、出血（刘晨供图）

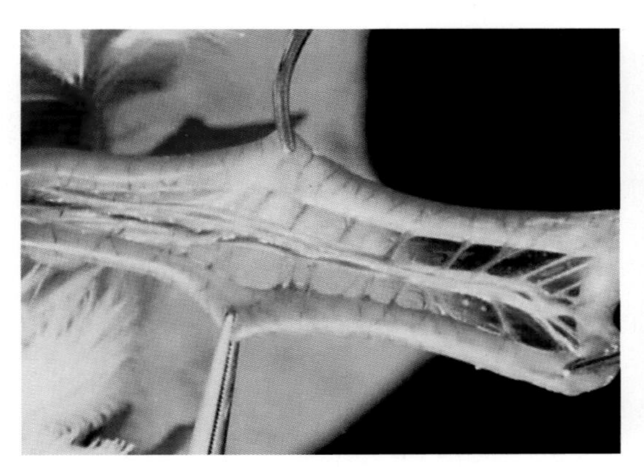

图6-26 维生素E-硒缺乏症
胰腺显著萎缩几乎消失（崔恒敏供图）

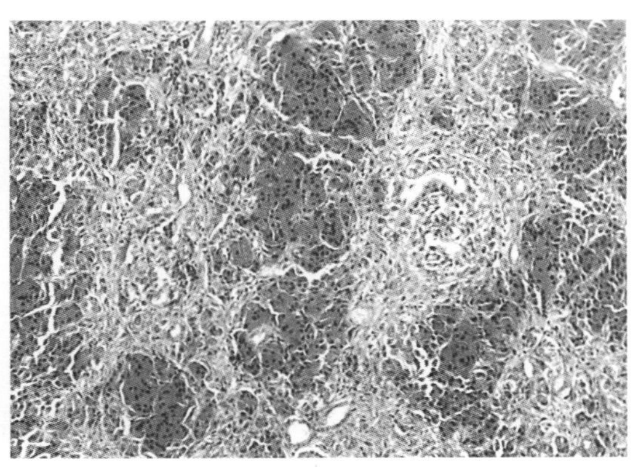

图6-27 维生素E-硒缺乏症
胰腺腺泡发生凝固性坏死，间质中纤维组织增生。HE×100（崔恒敏供图）

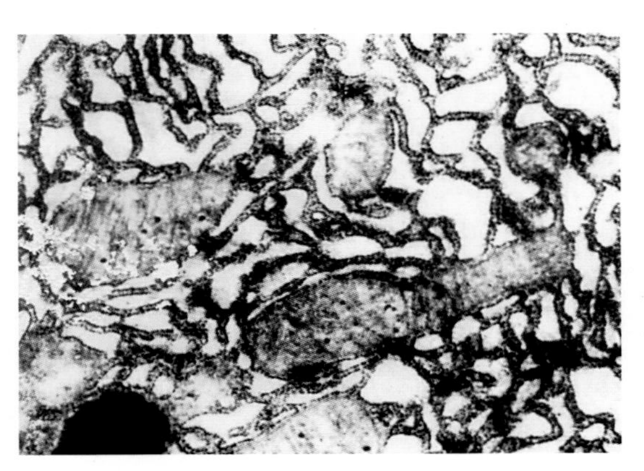

图6-28 维生素E-硒缺乏症
胰腺上皮细胞的粗面内质网扩张，呈大小不等的囊泡状，线粒体肿胀、嵴断裂、结构模糊。电镜×12 000（崔恒敏供图）

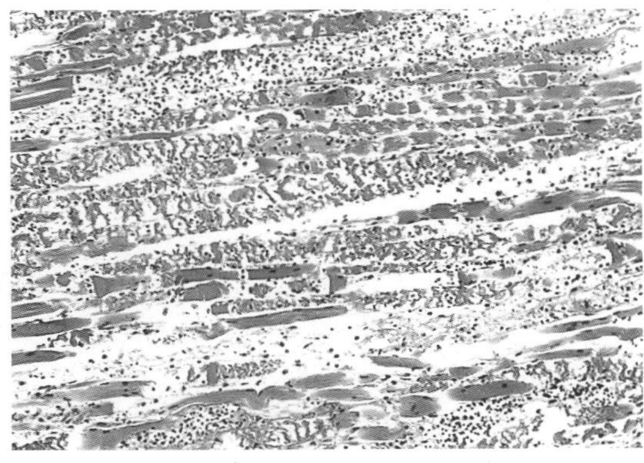

图6-29 维生素E-硒缺乏症
骨骼肌纤维肿胀、断裂，肌浆均质红染。HE×100（崔恒敏供图）

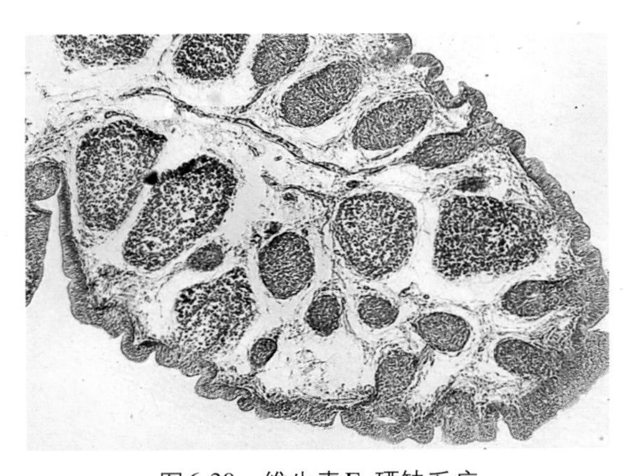

图6-30 维生素E-硒缺乏症
法氏囊滤泡萎缩，其中淋巴细胞显著减少，滤泡间隔增宽。HE×100（崔恒敏供图）

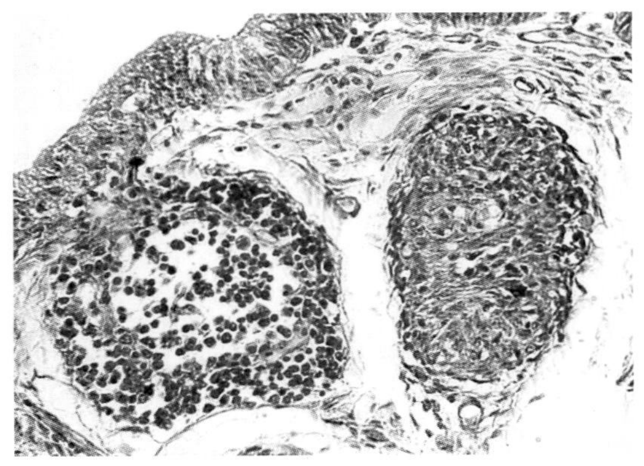

图6-31 维生素E-硒缺乏症
法氏囊滤泡淋巴细胞显著减少，但网状细胞大量增生。HE×400（崔恒敏供图）

## 第六节　锰缺乏症

饲料中锰含量过低或家禽存在对锰的吸收、利用障碍可导致锰缺乏症（manganese deficiency）。已经证实饲料中钙、磷、铁和植酸盐含量过高可影响机体对锰的吸收与利用。高磷酸钙含量的日粮会加重禽类锰缺乏。家禽患球虫病以及肠道疾病时也会妨碍对锰的吸收与利用。本病临诊特征为胫跖关节肌腱滑脱、领骨短粗、肢体异常和运动障碍。

1. 病理特征　病雏一侧或两侧跖骨抬起向外或向内弯转，腓肠肌腱向外侧或向内侧滑脱，骨短粗。

2. 诊断要点　锰缺乏是导致滑腱症和骨短粗症的主要原因，多发于雏鸡、雏鸭和雏火鸡，病雏一侧跖骨抬起向外或向内弯转；雏鸭多发生于两侧，病鸭以胫跖关节着地，后肢向前内侧翘起，患侧腓肠肌腱向外侧或向内侧滑脱。根据症状和特征性病变可以做出诊断。必要时可检测日粮、土壤和病禽体内的锰含量，用锰添加剂可以治疗，同时也是一种诊断方法（图6-32至图6-38）。

图6-32　锰缺乏症
病鸡站立时一腿向前抬起（王新华供图）

图6-33　锰缺乏症
病鸡站立时一腿抬起向外翻转（刘晨供图）

图6-34　锰缺乏症
由于腓肠肌腱滑脱，病鸡站立时一腿向前外侧伸出呈“稍息”姿势（王新华供图）

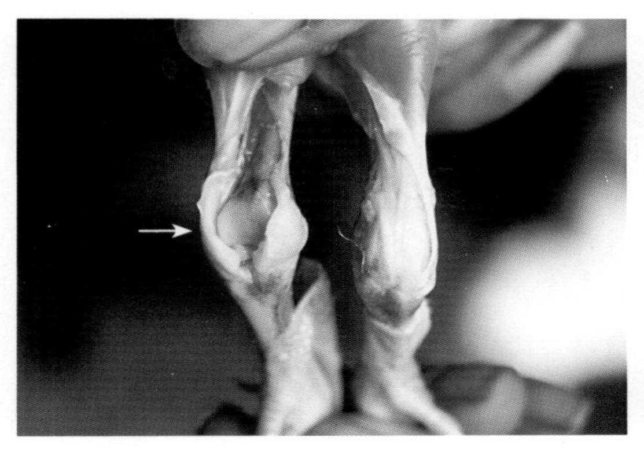

图6-35 锰缺乏症

病鸡一侧腓肠肌腱向外滑脱（→）（王新华供图）

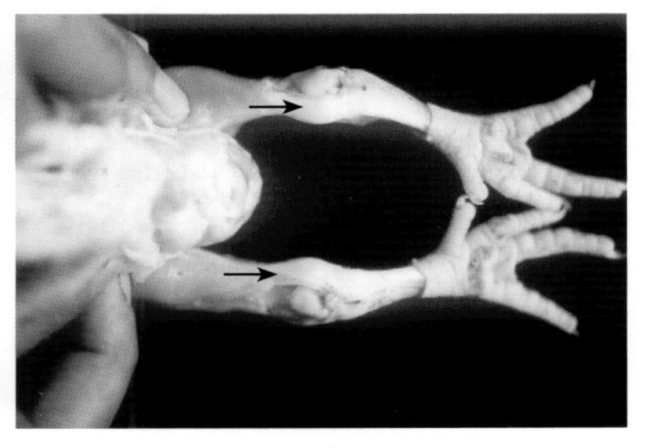

图6-36 锰缺乏症

两侧腓肠肌腱均向内侧滑脱（→）（崔恒敏供图）

图6-37 锰缺乏症

雏鸭不能站立，后肢翘起外翻，以胫跖关节和喙部三点着地（王新华供图）

图6-38 锰缺乏症

雏鸭不能站立，两腿外展向背部抬起不能伸直，以胸腹部着地（王新华供图）

## 第七节 痛 风

家禽痛风（gout in poultry）是由于蛋白质代谢障碍引起的高尿酸血症。其原因复杂，病因主要有以下几种：①大量食入富含核蛋白和嘌呤碱的蛋白饲料；②饲料钙镁含量过高；③饲料中缺乏维生素A；④肾功能不全；⑤禽舍阴暗潮湿、密度过大；⑥遗传因素。

1.病理特征 病鸡心、肝、肾、胸腹腔浆膜、关节囊等处沉积大量灰白色尿酸盐。肾、肺、脾等器官中由于尿酸盐沉积而形成肉芽肿（痛风石）。

2.诊断要点 病鸡精神、食欲不佳，羽毛干燥，消瘦，皮肤干燥，排灰白色稀粪，关节肿大，关节囊内有尿酸盐沉积。根据症状和病变一般可以确诊（图6-39至图6-50）。

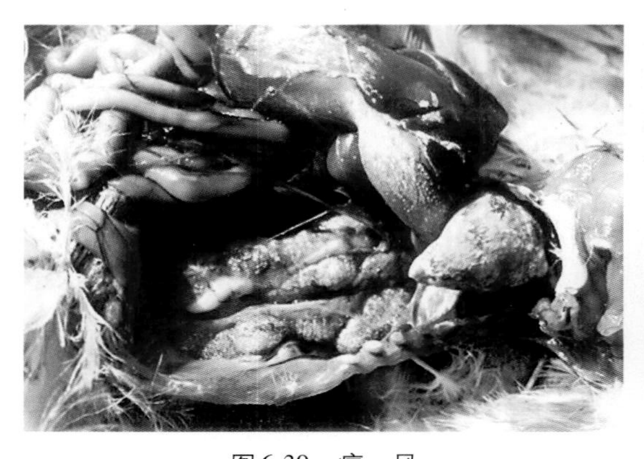

图6-39 痛 风

病鸡心包腔、肾脏、腺胃、肌胃、腹膜等处有大量灰白色尿酸盐沉积（王新华供图）

图6-40 痛 风

肝脏表面和心包、心外膜被覆大量尿酸盐（王新华供图）

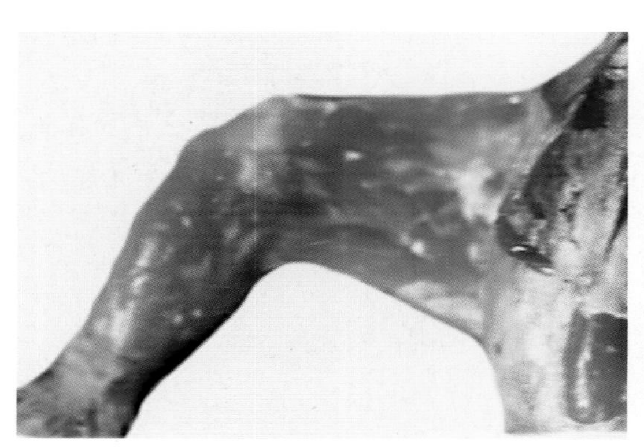

图6-41 痛 风

腿肌中尿酸盐沉积，呈灰白色斑块状（王新华供图）

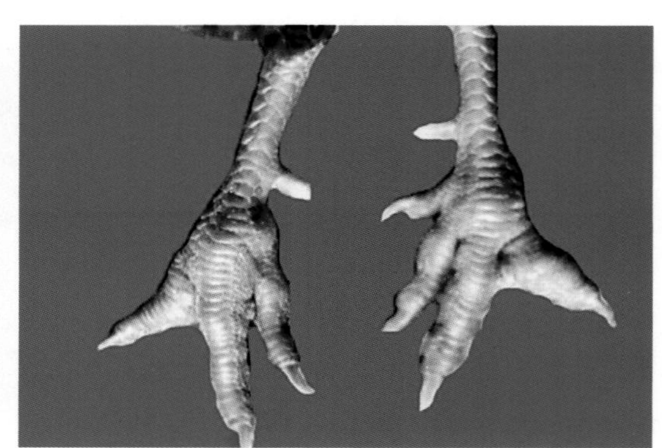

图6-42 痛 风

患侧关节明显肿大，呈结节状（王新华供图）

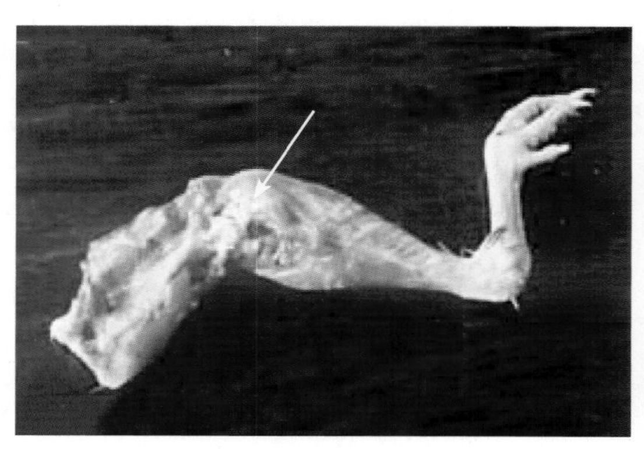

图6-43 痛 风

关节腔内沉积多量尿酸盐（↓）（崔恒敏供图）

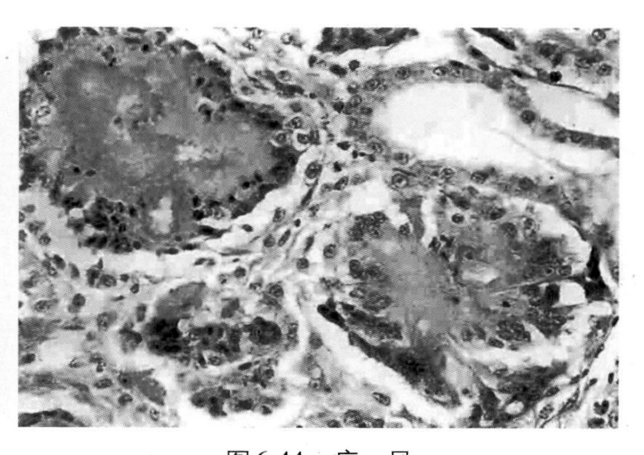

图6-44 痛 风

肾小管内尿酸盐沉积形成的肉芽肿（痛风石），周围有许多异嗜性细胞。HE×400（崔恒敏供图）

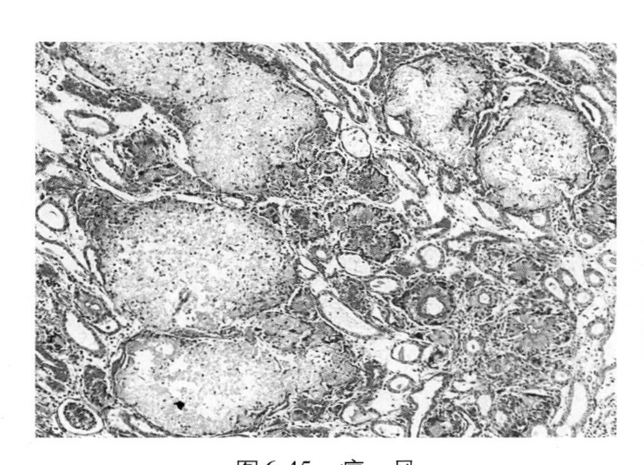

图6-45 痛 风

尿酸盐沉积致使肾小管上皮细胞坏死、崩解。HE × 100（崔恒敏供图）

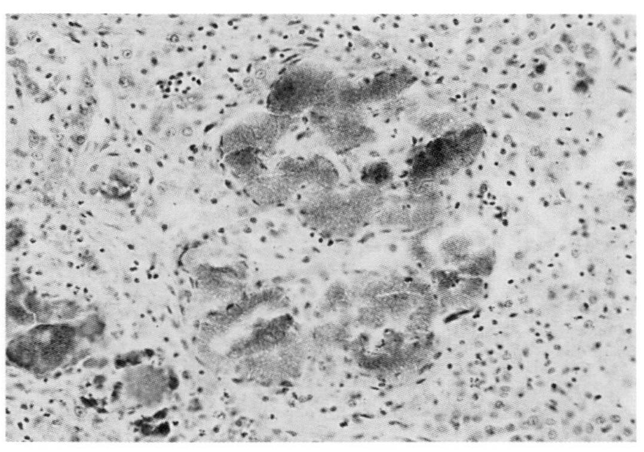

图6-46 痛 风

肾小管中沉积的尿酸盐，呈黄褐色放射状。尿酸盐染色 × 400（陈怀涛供图）

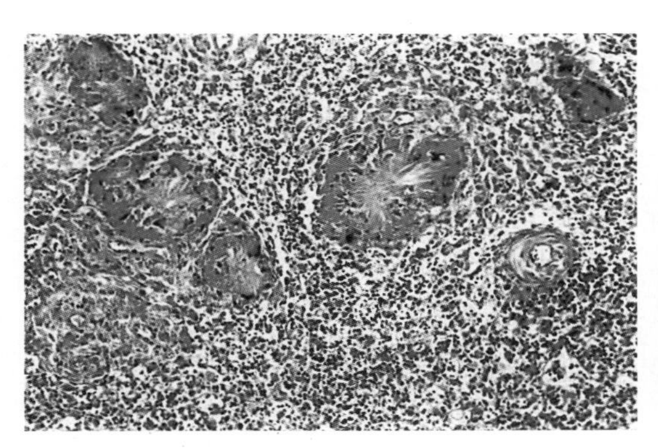

图6-47 痛 风

脾脏内尿酸盐沉积形成肉芽肿。HE × 100（崔恒敏供图）

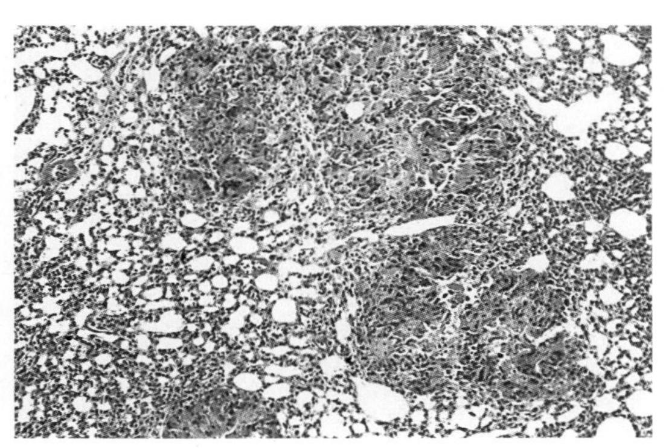

图6-48 痛 风

肺脏组织内尿酸盐沉积，局部组织坏死并形成肉芽肿。HE × 100（崔恒敏供图）

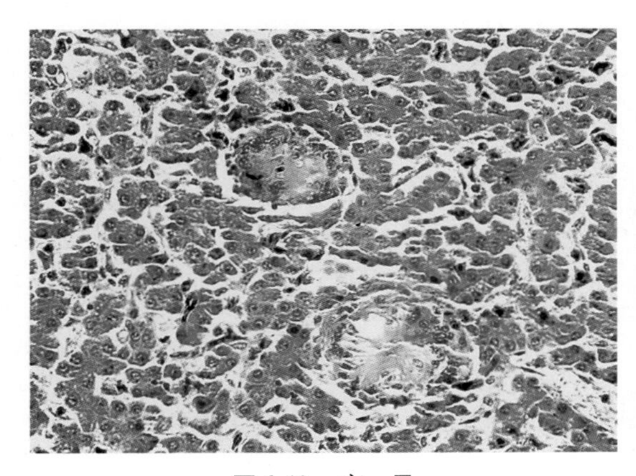

图6-49 痛 风

肝脏内尿酸盐沉积形成肉芽肿。HE × 100（崔恒敏供图）

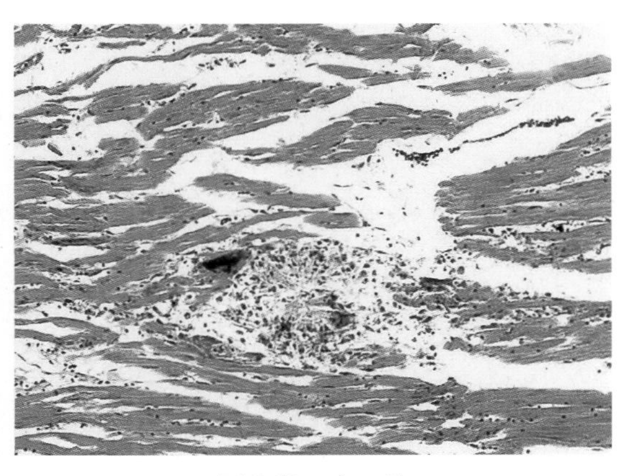

图6-50 痛 风

心肌中尿酸盐沉积形成肉芽肿。HE × 100（崔恒敏供图）

# 第七章 CHAPTER SEVEN 家禽中毒性疾病的病理特征和诊断要点

## 第一节　磺胺类药物中毒

磺胺类药物是一类广谱抗菌药物，在养禽业生产中，广泛用于防治细菌性疾病和球虫病，但若应用不当就会引起中毒。磺胺类药物中毒（sulfonamide poisoning）的表现主要是出血综合征和对淋巴系统及免疫功能的抑制。临床上以皮肤、皮下组织、肌肉和内脏器官出血为特征。

1.病理特征　剖检病死家禽可见各种出血性病变，皮下、肌肉（胸肌、腿肌）有点状或斑状出血，肌胃角质膜下和腺胃、肠管黏膜也有出血。肝肿大，呈紫红或黄褐色，并有点状出血和坏死病灶。脾肿大，有的有灰色结节。肾肿胀，呈土黄色，有出血斑，输尿管变粗，充满白色尿酸盐或有结石形成。心包内充满灰白色尿酸盐。肝脏、腹腔浆膜等处被覆灰白色尿酸盐。心脏表面呈刷状出血，有的心肌出现灰白色病灶。血液稀薄，凝血时间延长。骨髓变成淡红色或黄色（图7-1至图7-8）。

2.诊断要点　依据发病情况和用药物情况结合家禽表现可做初步诊断，如：急性中毒时表现为兴奋、拒食、腹泻、痉挛、麻痹等症状，并大批死亡；慢性中毒者，表现精

图7-1　磺胺类药物中毒

急性磺胺中毒，造成青年鸡大批死亡（王新华供图）

图7-2　磺胺类药物中毒

鸡冠颜色变淡，眼上部皮肤呈淡绿色（↓），为皮下出血所致（范国雄供图）

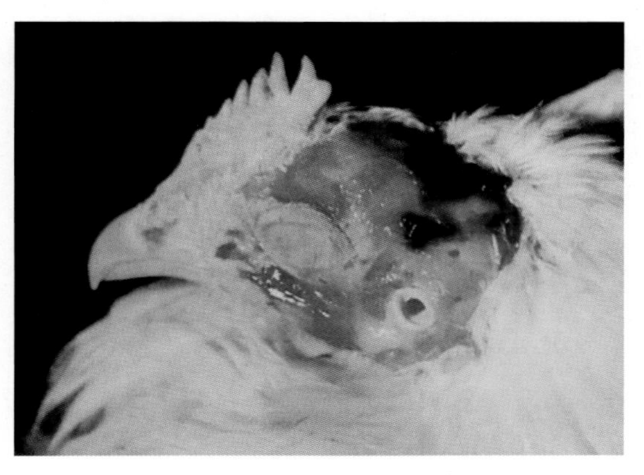

图7-3　磺胺类药物中毒
头部骨膜出血呈黑红色（范国雄供图）

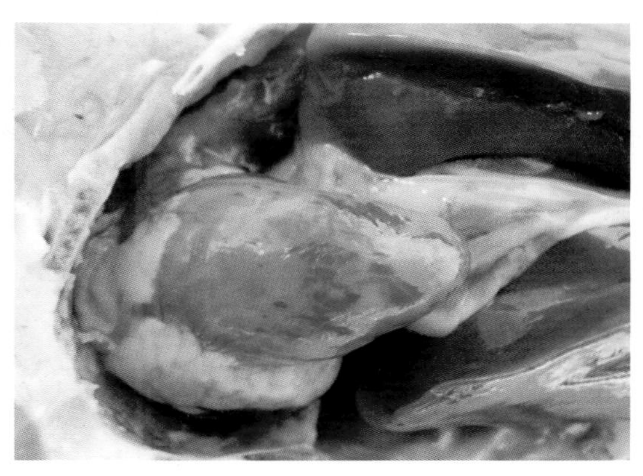

图7-4　磺胺类药物中毒
心肌呈涂刷状出血（王新华供图）

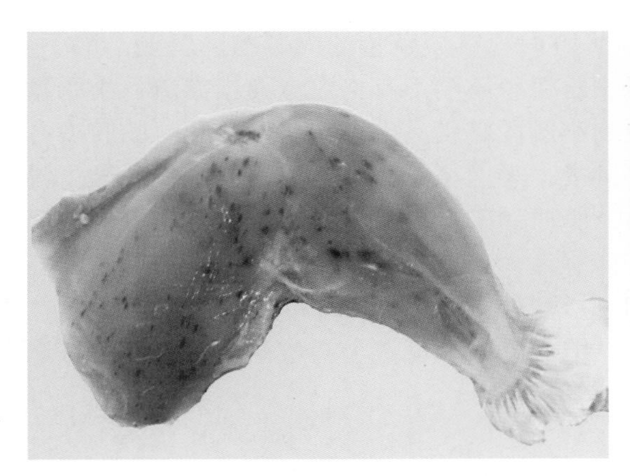

图7-5　磺胺类药物中毒
腿肌中的出血点（王新华供图）

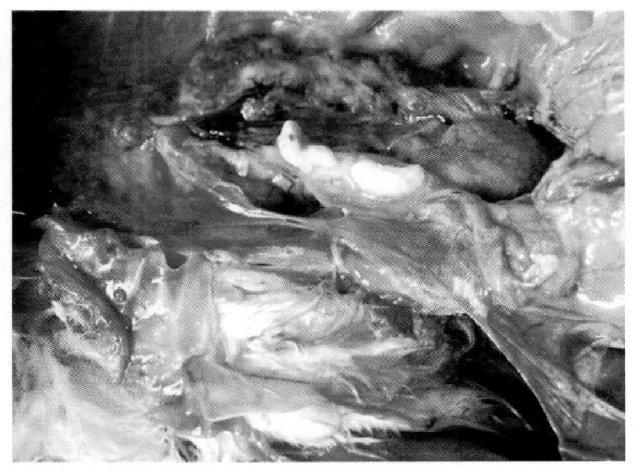

图7-6　磺胺类药物中毒
肾脏肿大，输尿管内有一巨大灰白色结石（王新华供图）

图7-7　磺胺类药物中毒
心包内充满尿酸盐（王新华供图）

图7-8　磺胺类药物中毒
肝脏和腹膜上有多量尿酸盐沉积（王新华供图）

神沉郁，食欲减退或废绝，饮欲增加，可视黏膜黄染，贫血，羽毛松乱，头面部肿胀，皮肤呈蓝紫色，翅膀下出现皮疹，便秘或腹泻，粪便呈酱色或灰白色；成年母鸡产蛋量急剧下降，并出现软壳蛋、薄壳蛋，最后衰竭死亡，并有明显病理变化。注意与包涵体肝炎、传染性贫血、维生素A缺乏症、肾型传染性支气管炎、痛风等病区别。

## 第二节 喹乙醇中毒

喹乙醇（olaquindox）又名倍育诺、快育灵、喹酰胺醇，因其具有良好的广谱抗菌效果，尤其是对大肠杆菌、沙门氏菌等革兰氏阴性致病菌所致的消化道疾病具有良好的疗效，并具有促进生长、提高饲料转化率等作用，曾被广泛应用于生产实践，现已在禽类中禁用。但由于存在误食等问题，在家禽生产实践中喹乙醇中毒（olaquindox posoning）现象时有发生，常造成重大损失。

1.病理特征 病雏因采食、饮水减少，出现严重脱水，眼球下陷，喙部前端和趾部呈紫红色。口腔有黏液，多数病鸡的嗉囊和肌胃内含有淡黄色的内容物。鸡冠、胸下、肛门部位有散在淤血斑，皮下组织干燥无光。肌胃角质层下有出血点及出血斑，小肠黏膜呈弥散性出血，尤以十二指肠为甚。腺胃到小肠段黏膜易剥离，呈糜烂状，肠腔内含有大量灰黄色黏液。泄殖腔严重出血。肝脏肿大，表面呈土黄色，切面外翻，质脆。肾脏可见轻微肿大，密布针尖状出血点，皮质、髓质呈暗灰色，界限不清，输尿管多有淡黄色或白色沉积物。血液呈深紫褐色。心脏体积增大，右心扩张淤血，冠状沟脂肪及心外膜等处可见针尖大小的出血点，心肌色淡且弛缓（图7-9、图7-10）。

2.诊断要点 根据临床症状和病理变化，结合用药史可做出初步诊断。必要时可送含药饲料进行实验室化验，以最终确诊。

图7-9 喹乙醇中毒

病雏鸡严重脱水，眼球下陷，喙前端呈污黑色（王新华供图）

图7-10 喹乙醇中毒

病鸡趾部呈紫红色（王新华供图）

## 第三节 铜中毒

铜中毒（copper poisoning）是由于饲料中铜含量过高而引起的中毒，急性铜中毒较少见，多是饲料中铜盐含量过高、长期饲喂引起的慢性中毒。另外，饲料或饮水中添加硫酸铜时混合不均也可造成部分家禽发生中毒而导致肌胃糜烂。

1. 病理特征　肌胃角质层增厚、皲裂，呈淡绿色；肠腔充有蓝绿色或铜绿色、黑褐色内容物，黏膜肿胀潮红或有出血斑点；肝脏肿大，呈黄褐色或淡黄色；肌肉、淋巴器官发育不良（图7-11至图7-20）。

2. 诊断要点　根据病变特征，结合饲料、血液和肝的铜含量测定，一般可做出诊断。

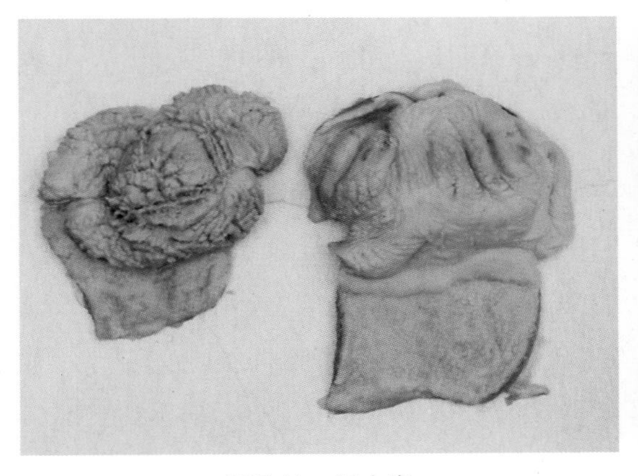

图7-11　铜中毒
雏鸭，肌胃角质层增厚、皲裂，呈淡绿色，右为正常对照（崔恒敏供图）

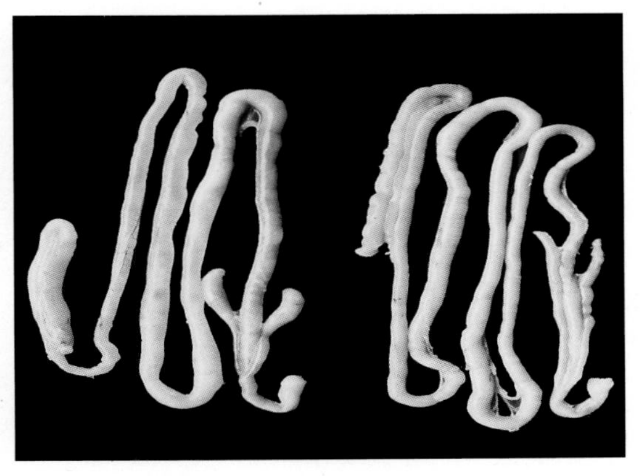

图7-12　铜中毒
肠道充满蓝绿色内容物，肠壁变薄且半透明，右为正常对照（崔恒敏供图）

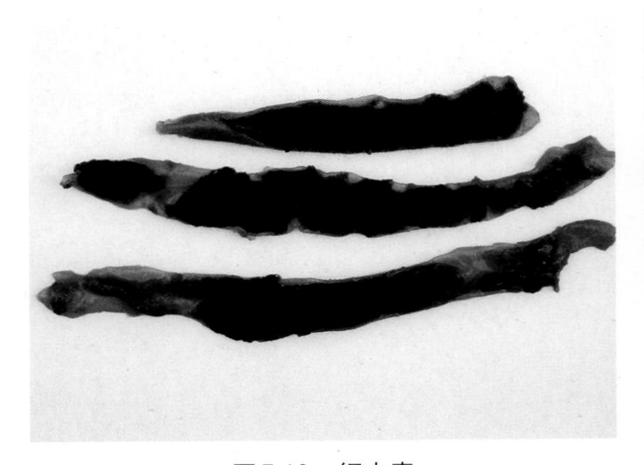

图7-13　铜中毒
雏鸭，小肠黏膜肿胀、潮红，其上附着有黑褐色肠内容物（崔恒敏供图）

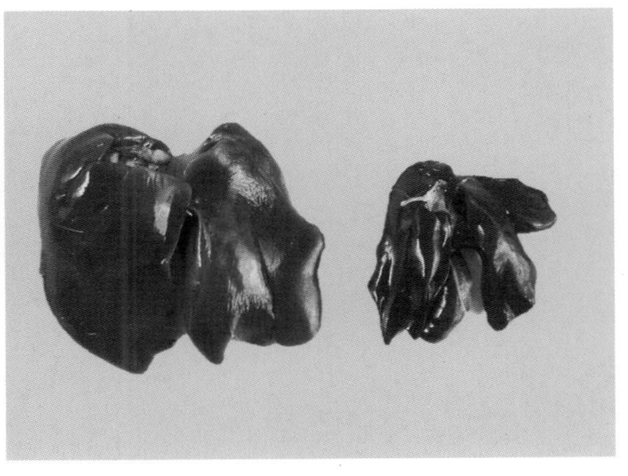

图7-14　铜中毒
肝脏体积缩小、呈铜褐色，胆囊肿大充满胆汁，左为正常对照（崔恒敏供图）

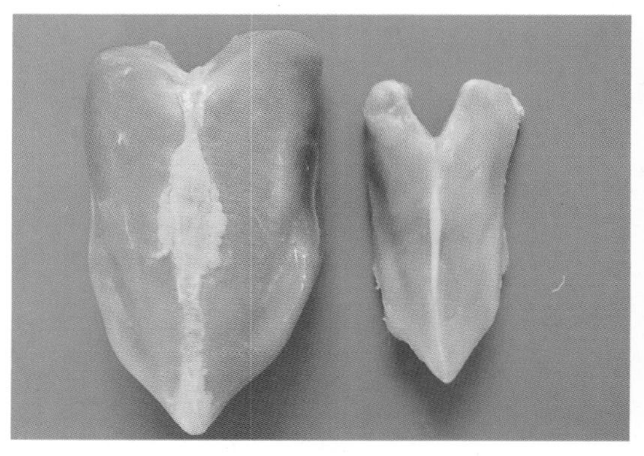

图7-15 铜中毒

胸肌色泽苍白，发育不良，左为正常对照（崔恒敏供图）

图7-16 铜中毒

淋巴免疫器官体积缩小，色泽变淡（自左至右分别为胸腺、脾和法氏囊），下排为正常对照（崔恒敏供图）

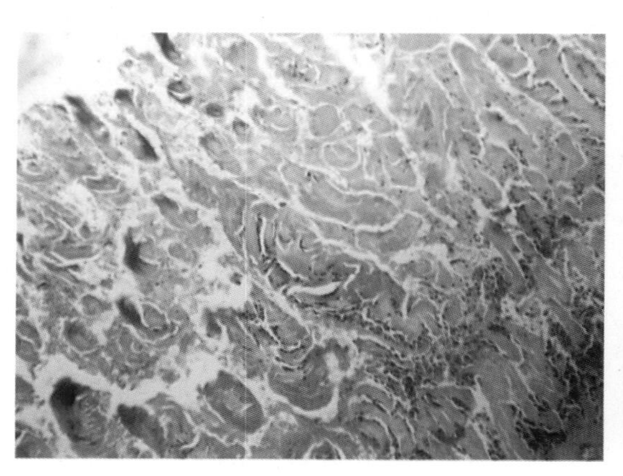

图7-17 铜中毒

雏鸭，肌胃角质层显著增厚、皲裂，黏膜上皮细胞变性、坏死。HE × 180（崔恒敏供图）

图7-18 铜中毒

雏鸭，小肠黏膜上皮细胞变性、坏死脱落，肠绒毛末端坏死。HE × 180（崔恒敏供图）

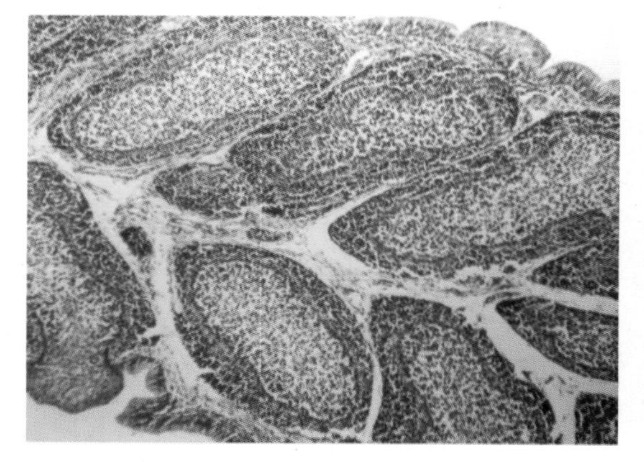

图7-19 铜中毒

雏鸭，法氏囊淋巴滤泡增大，髓质明显，淋巴细胞减少。HE × 180（崔恒敏供图）

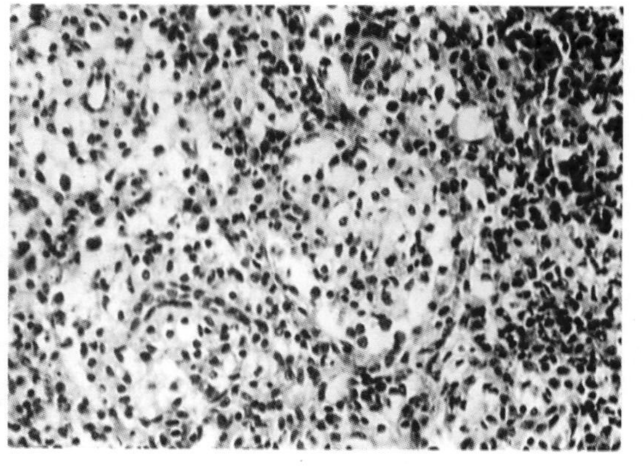

图7-20 铜中毒

雏鸭，脾脏白髓组织松散，淋巴细胞显著减少。HE × 330（崔恒敏供图）

# 第八章 CHAPTER EIGHT 家禽杂症的病理特征和诊断要点

## 第一节 鸡脂肪肝综合征

鸡脂肪肝综合征（fatty liver syndrome in chickens，FLS）是由于长期食入能量过高的饲料或其他因素使脂肪代谢平衡失调，而引起的一种高产蛋鸡的代谢性疾病。

1.病理特征　病鸡腹腔、肠系膜、皮下等处沉积大量脂肪。肝脏肿大，边缘钝圆，色灰黄，或有出血点及坏死灶，质地脆弱。组织上可见肝细胞严重脂肪变性（图8-1至图8-5）。

2.诊断要点　多发生于产蛋高峰期的笼养鸡，病鸡体格过度肥胖，产蛋量显著减少，腹部膨大、下垂，冠髯苍白，常因肝脏破裂而突然死亡。

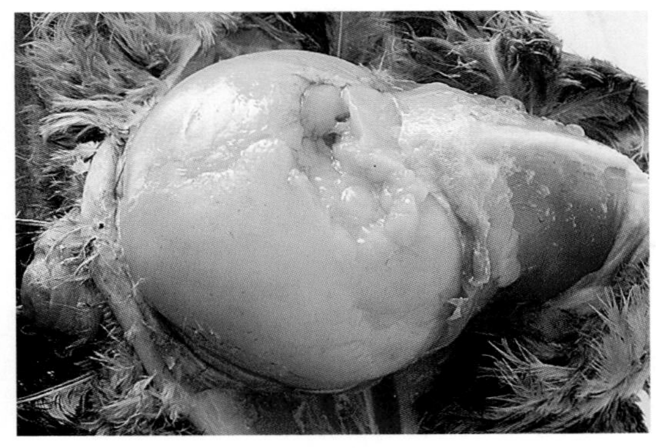

图8-1　鸡脂肪肝综合征
腹腔大量脂肪沉积并形成黄色脂肪垫（王新华供图）

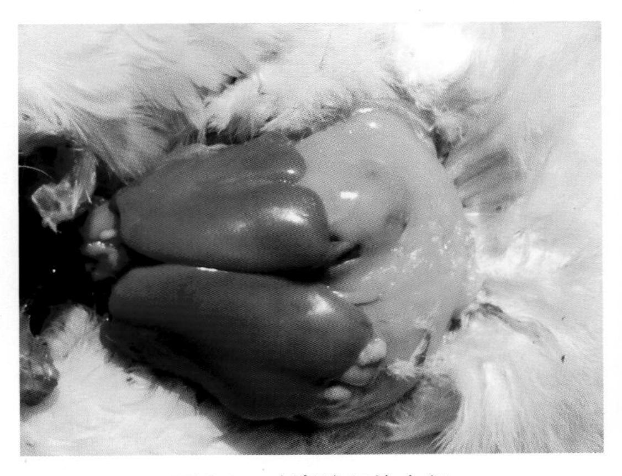

图8-2　鸡脂肪肝综合征
肝脏肿大、发黄，质脆，有油腻感，腹腔有大量脂肪沉积并形成黄色脂肪垫（王新华供图）

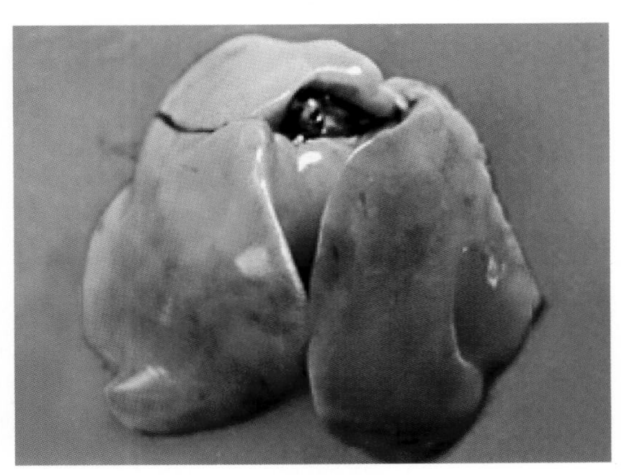

图8-3　鸡脂肪肝综合征
肝脏肿大色黄，并见出血斑点（崔恒敏供图）

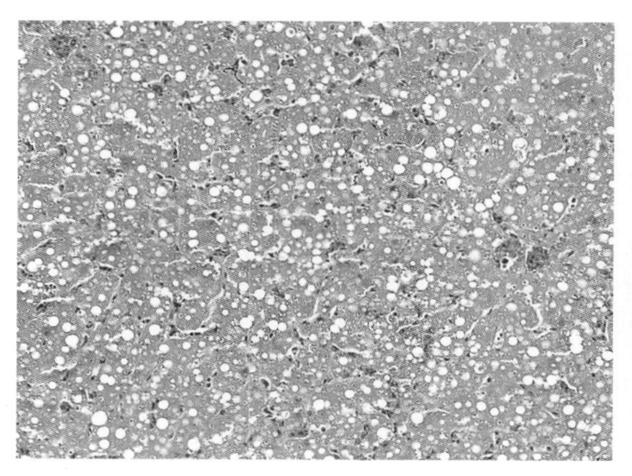

图8-4 鸡脂肪肝综合征
肝细胞肿大，细胞质内充满大小不等的圆形脂肪滴。HE × 100（崔恒敏供图）

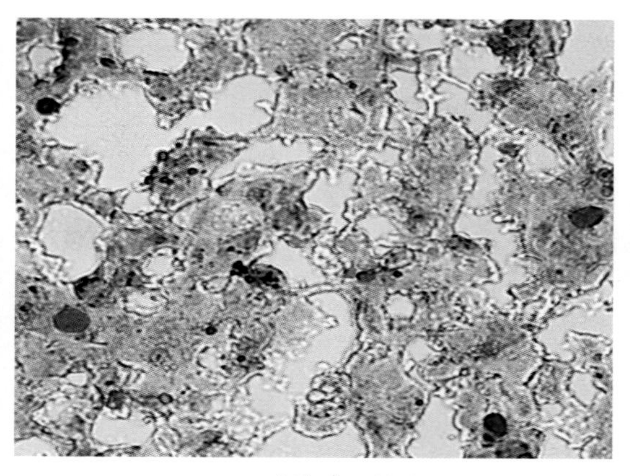

图8-5 鸡脂肪肝综合征
肝细胞内大小不等的脂肪滴呈橘红色颗粒状。肝脏冰冻切片，苏丹Ⅲ染色 × 400（崔恒敏供图）

## 第二节 腹水综合征

腹水综合征（ascites syndrome）多发生于肉鸡，临诊特征为腹部膨大、行走困难，状似企鹅。本病的发生原因十分复杂，多认为与缺氧有关，或许还与遗传因素有关，发病机理目前还不是很清楚。根据病理变化特征推断，可能是由于肉仔鸡体格生长迅速，耗氧量大，使心、肺负担过重，引起心脏扩张、心力衰竭、腹腔器官淤血，继而导致肝硬化和腹腔积液。因此，腹水综合征中的缺氧不一定完全由环境因素导致，循环性缺氧可能是缺氧的主要原因。

1. 病理特征 腹腔充满淡黄色或无色液体。肝脏体积缩小，质地变硬。心脏扩张。脾脏和肠道显著淤血（图8-6至图8-9）。

2. 诊断要点 根据典型症状和病理变化可做出诊断。注意与其他疾病引起的腹水鉴别。另外，卵巢囊肿也表现腹部膨大和企鹅姿势，可能混淆。

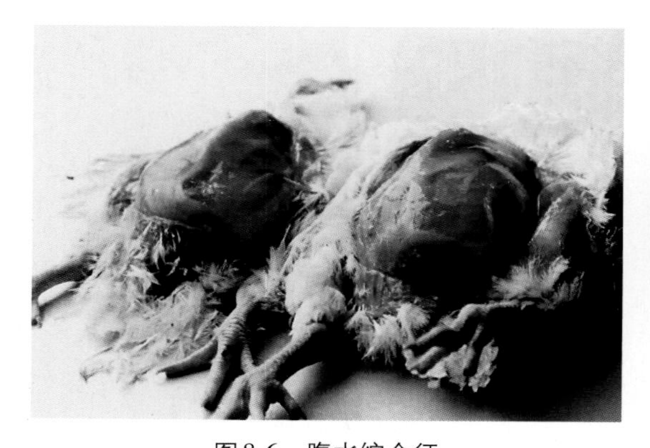

图8-6 腹水综合征
病鸡腹部膨大，腹腔积满淡黄色清亮的液体和胶冻样物（崔恒敏供图）

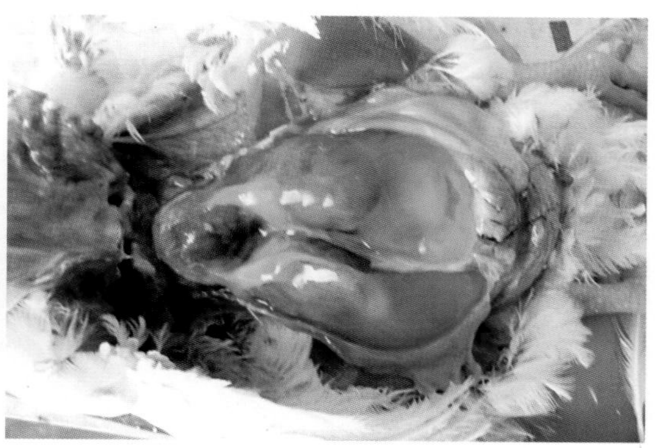

图8-7 腹水综合征
腹腔积满淡黄色澄清的液体和胶冻样物（王新华、逯艳云供图）

图8-8 腹水综合征
肝脏体积缩小，质地变硬，心脏扩张（王新华、逯艳云供图）

图8-9 腹水综合征
病鸡肠管明显淤血（王新华、逯艳云供图）

## 第三节 肌胃糜烂

肌胃糜烂（gizzard erosion，GE）是由多种病因引起的肌胃角质膜糜烂、溃疡和腺胃出血、溃疡的一种消化道疾病，类似于人的胃溃疡。多发生于鸡和鸭，发病的多为2周到2.5月龄的鸡，也可见于较大的鸡。主要临床特征是食欲减退、精神沉郁、消瘦贫血、呕吐出黑色液体或食物。病理特征是肌胃或腺胃出血、糜烂、形成溃疡。

1.病理特征 病鸡嗉囊膨胀、松软，充满黑色液体，腺胃体积增大、松软，腺胃黏膜出血、糜烂或有溃疡。肌胃角质膜褪色、皲裂，角质膜下有出血或溃疡，严重时可导致腺胃或肌胃穿孔。其他脏器变化不大（图8-10、图8-11）。

2.诊断要点 根据病理变化结合饲料垫料霉变情况、饲味劣质鱼粉、缺乏维生素等情况可以确诊。注意与传染性腺胃炎、新城疫、马立克氏病等区别。

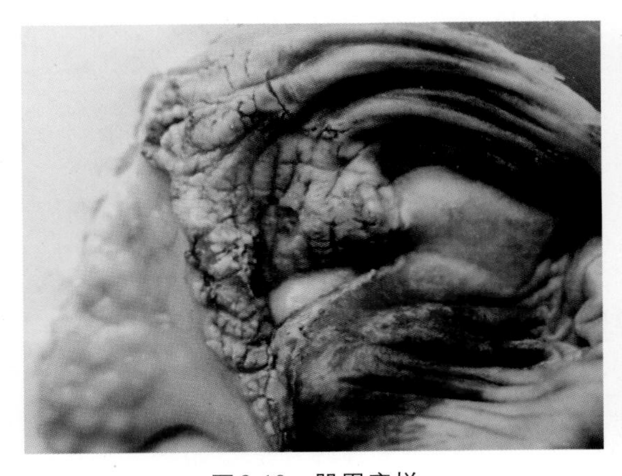

图8-10 肌胃糜烂
肌胃角质膜褪色、皲裂，角质膜下有出血或溃疡（王新华供图）

图8-11 肌胃糜烂
腺胃黏膜出血、糜烂或有溃疡（王新华供图）

## 第四节　鸭光过敏症

鸭光过敏症（photo sensition of duck）是由于鸭采食了含有某些光过敏物质（如大软骨草籽、川芎根块等）的饲料，在阳光照射后发生的一种过敏反应性疾病。本病见于20 ~ 100日龄鸭，发病率一般为20% ~ 60%，死亡率低，但病残率高。其特征是病鸭上喙、脚蹼变形及角质层脱落。

1.病理特征　病鸭上喙角质层出现出血斑点，或角质下层水肿形成黄豆至蚕豆大的水疱，水疱逐渐增大、破溃、痂皮脱落，露出红色的角化下层，严重者上喙变短或边缘向上翻卷。亦可见脚蹼形成水疱、破溃，甚至脚蹼变形。也可见眼结膜炎、鼻炎病变（图8-12至图8-14）。

2.诊断要点　根据病史和鸭喙、脚蹼的特征性病变可做出诊断。

图8-12　鸭光过敏症
上喙角质层形成水疱（张济培供图）

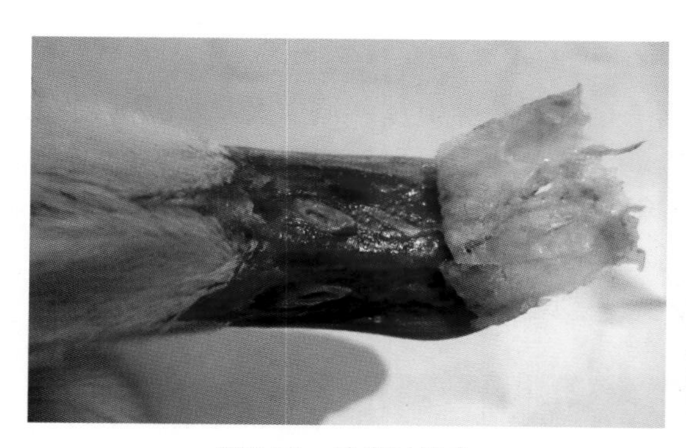

图8-13　鸭光过敏症
上喙角质层水疱痂皮脱落，露出红色的角化下层（张济培供图）

图8-14　鸭光过敏症
上喙缩短，边缘向上卷曲（张济培供图）

## 第五节　鸡卵巢囊肿

鸡卵巢囊肿（cystic ovaries in chickens）是发生于产蛋鸡的一种疾病。它不同于输卵管囊肿，输卵管囊肿存在于输卵管内，可导致排卵困难。卵巢囊肿发生于卵巢，不影响排卵。但是两者的外观症状则极为相似。其发病原因不明，可能与激素紊乱有关。

1.病理特征　腹腔内有大小不等的与卵巢相连的囊肿，内含清亮液体。

2.诊断要点　多发生于产蛋鸡，病鸡冠大而鲜红、挺立，模仿公鸡鸣叫；腹部显著膨大下垂，呈企鹅姿势。根据症状和特征性病变可做出诊断。生前注意与腹水综合征鉴别（图8-15至图8-17）。

图8-15　鸡卵巢囊肿

病鸡腹部膨大、下垂，行走时状如企鹅（范国雄，1995.动物疾病诊断图谱.）

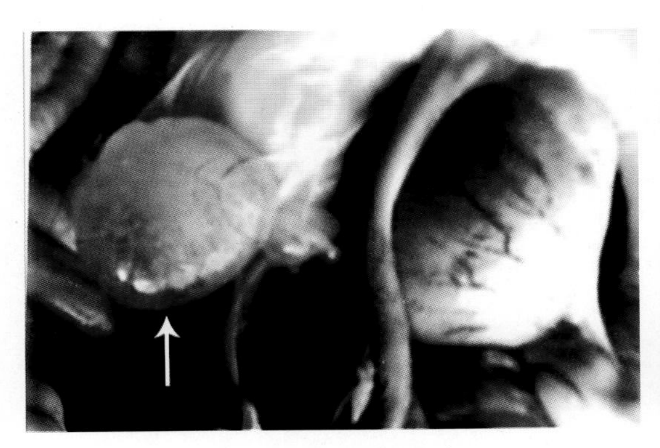

图8-16　鸡卵巢囊肿

腹腔内有几个大小不等的囊肿（↑），囊壁极薄，内含清亮液体，输卵管内有一发育正常的鸡卵（王新华供图）

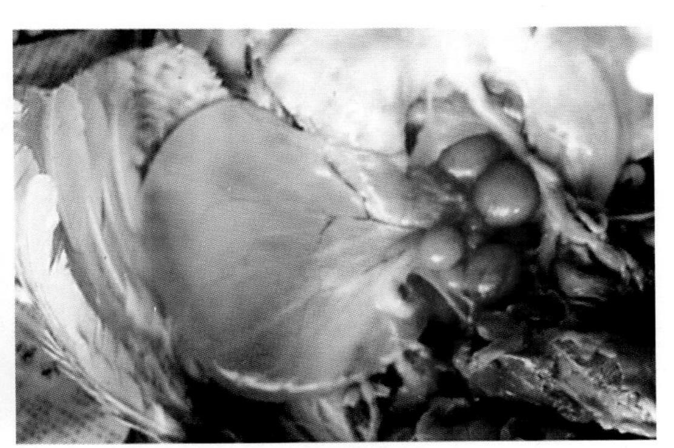

图8-17　鸡卵巢囊肿

腹腔内有巨大囊肿，与卵巢相连，内为清亮液体（王新华供图）

## 第六节　热应激病

热应激病（heat stress disease）是指动物受到热应激源的强烈刺激而发生的一种适应性疾病（或称适应性综合征）。临诊特征为沉郁、昏迷、呼吸促迫、心力衰竭，严重时可导致动物休克死亡。本病多发生于春末夏初，气候突然变热的季节或鸡群密度过大通风不良的鸡舍，病鸡常于午夜后死亡。

1.病理特征　病死鸡脑部有出血斑点，肺部严重淤血，心衰，心脏周围组织呈灰红色出血性浸润，以及多器官组织淤血、出血，血液循环障碍。由于高温（胸肌中温度可达50 ～ 60℃）胃腺中的消化酶活性增高致使腺胃黏膜自溶，胃壁变薄，胃腺内可挤出灰红色糊状物，多见腺胃穿孔（图8-18至图8-20）。

2.诊断要点　根据发病季节、病鸡症状和病理变化即可做出诊断。

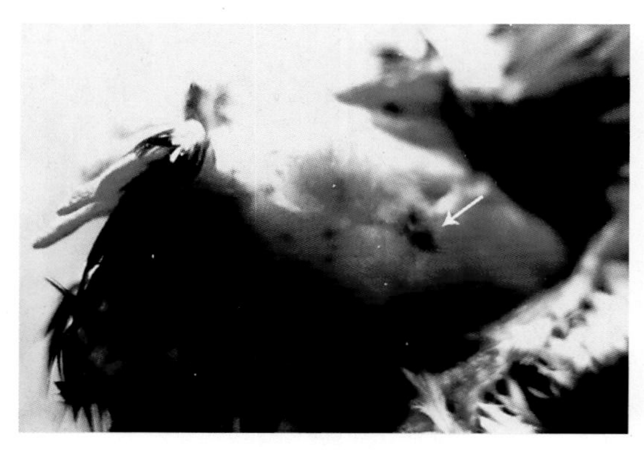

图8-18　热应激病

病鸡颅骨有大小不等的出血斑点（↓）（王新华供图）

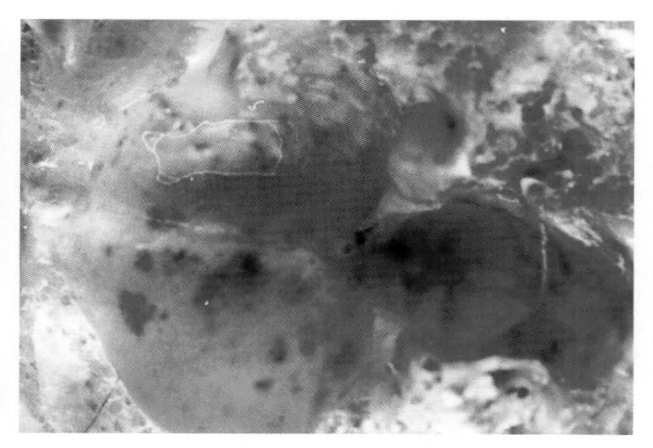

图8-19　热应激病

病死鸡大脑和小脑软脑膜有大小不等的出血斑点（王新华供图）

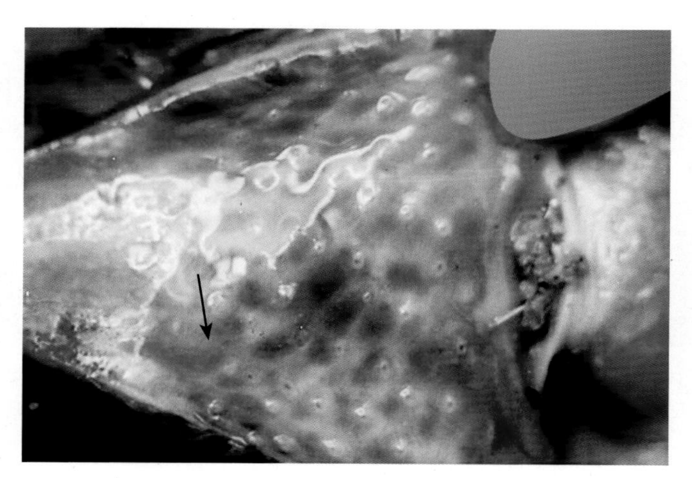

图8-20　热应激病

腺胃黏膜自溶、出血，胃壁显著变薄，即将穿孔（↓）（王新华供图）

## 第七节　注射劣质油乳剂疫苗后的病理变化

注射劣质油乳剂疫苗可引起局部或邻近部位发生肿胀、坏死等病理变化。

1. 病理特征　在油苗注射部位或周围出现大小不等的肿块，切开时可见灰黄色或灰白色凝块或坏死物，有时可见没有吸收的疫苗。组织内可见有大量多核巨细胞和嗜酸性粒细胞以及残留的疫苗和坏死物（图8-21至图8-26）。

2. 诊断要点　依据疫苗接种史和特征性病理变化可做出诊断。

图8-21 注射劣质油乳剂疫苗后的病理变化
鸡颈部皮下注射油乳剂疫苗后引起的头、面、颈下部肿胀（王新华供图）

图8-22 注射劣质油乳剂疫苗后的病理变化
鸡颈部皮下注射油乳剂疫苗后引起的颌下和颈部肿胀（王新华供图）

图8-23 注射劣质油乳剂疫苗后的病理变化
鸡颈部皮下的结节，切开皮肤时可见增生的结缔组织和乳白色的疫苗（王新华供图）

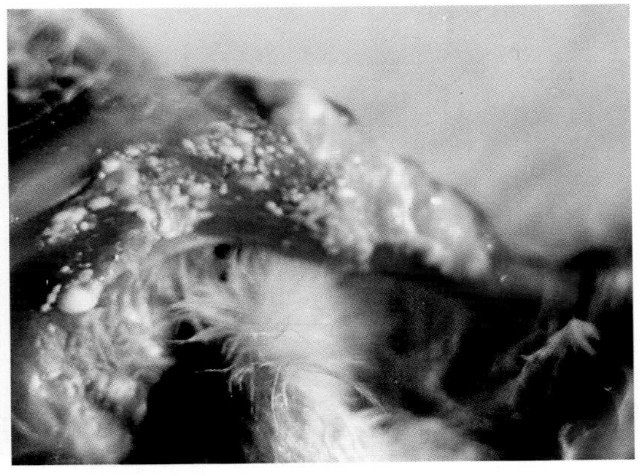

图8-24 注射劣质油乳剂疫苗后的病理变化
腿部注射油乳剂疫苗引起腿肌变性、坏死，皮下和肌间残留黄白色的油苗（王新华供图）

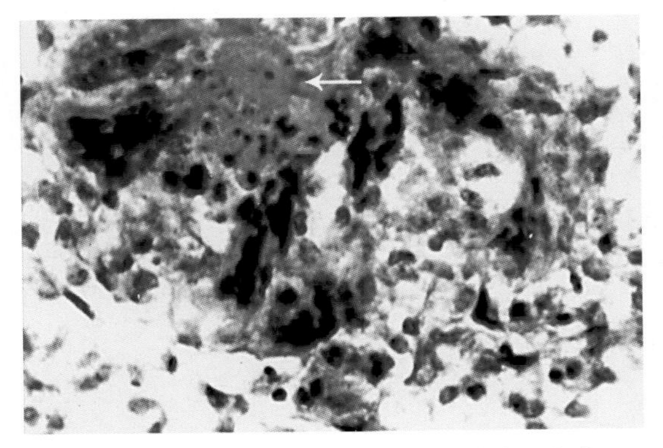

图8-25 注射劣质油乳剂疫苗后的病理变化
油乳剂疫苗未完全吸收（←），周围有多量异物巨细胞。HE×400（王新华供图）

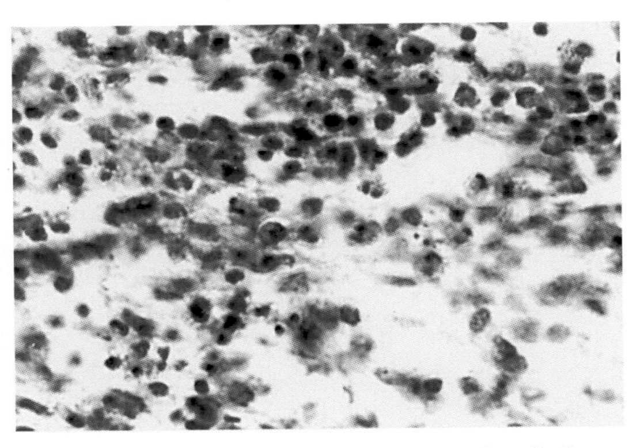

图8-26 注射劣质油乳剂疫苗后的病理变化
疫苗注射部位周围组织中有多量嗜酸性粒细胞浸润。HE×400（王新华供图）

陈怀涛, 2008. 兽医病理学原色图谱[M]. 北京: 中国农业出版社.

崔恒敏, 2007. 禽类营养代谢病病理学[M]. 2版. 成都: 四川科学技术出版社.

崔治中, 2003. 禽病诊治彩色图谱[M]. 北京: 中国农业出版社.

单艳菊, 龚建森, 施祖灏, 等, 2009. Ⅰ型鸭疫里默氏杆菌的分离与鉴定[J]. 吉林畜牧兽医, 2: 5-12.

杜元钊, 朱万光, 2005. 禽病诊断与防治图谱[M]. 济南: 济南出版社.

范国雄, 1995. 动物疾病诊断图谱[M]. 北京: 北京农业大学出版社.

甘孟侯, 2004. 禽流感[M]. 北京: 中国农业出版社.

黄兵, 2006. 中国畜禽寄生虫形态分类图谱[M]. 北京: 中国农业科学技术出版社.

降浩琳, 杨世敏, 2009. 禽网状内皮组织增殖病的实验室诊断技术[J]. 畜牧与饲料科学, 30: 11-12.

吕荣修, 2004. 禽病诊断彩色图谱[M]. 北京: 北京农业大学出版社.

王新华, 2004. 家畜病理学[M]. 3版. 成都: 四川科学技术出版社.

王新华, 2008. 鸡病诊治彩色图谱[M]. 2版. 北京: 中国农业出版社.

王新华, 2009. 鸡病类症鉴别诊断彩色图谱[M]. 北京: 中国农业出版社.

王新华, 2013. 禽病检验与防治[M]. 北京: 中国农业出版社.

王新华, 2015. 鸡病诊疗原色图谱[M]. 北京: 中国农业出版社.

辛朝安, 王民桢, 2000. 禽类胚胎病[M]. 北京: 中国农业出版社.

中国人民解放军兽医大学, 1979. 兽医检验[M]. 北京: 农业出版社.

周继勇, 2000. 传染性腺胃炎病毒ZJ971株的一些生物学特性[J]. 畜牧兽医学报, 31(3): 229-234.

**图书在版编目（CIP）数据**

禽病病理诊断与防治彩色图谱／王新华，逯艳云，王秋霞主编．—北京：中国农业出版社，2023.5
ISBN 978-7-109-30693-6

Ⅰ.①禽… Ⅱ.①王…②逯…③王… Ⅲ.①禽病－诊疗－图谱 Ⅳ.①S858.3-64

中国国家版本馆CIP数据核字（2023）第084652号

中国农业出版社出版
地址：北京市朝阳区麦子店街18号楼
邮编：100125
责任编辑：刘　伟　尹　杭
版式设计：王　晨　　责任校对：吴丽婷　　责任印制：王　宏
印刷：中农印务有限公司
版次：2023年5月第1版
印次：2023年5月北京第1次印刷
发行：新华书店北京发行所
开本：787mm × 1092mm　1/16
印张：9.25
字数：220千字
定价：98.00元